U1014745

KNOWLEDGE ENCYCLOPEDIA

动物知识大百科

DK Penguin Random House

Original Title: Knowledge Encyclopedia Animal!
Copyright © Dorling Kindersley Limited,2016
A Penguin Random House Company
北京市版权登记号：图字01-2019-7059
审图号：GS（2020）204号

图书在版编目（CIP）数据

DK动物知识大百科 / 英国DK公司编著；马雪云译.—北京：中国大百科全书出版社，2021.1
书名原文：Knowledge Encyclopedia Animal!
ISBN 978-7-5202-0855-0

Ⅰ.①D… Ⅱ.①英… ②马… Ⅲ.①动物—儿童读物 Ⅳ.①Q95-49

中国版本图书馆CIP数据核字（2020）第206563号

译　　者：马雪云

策 划 人：武　丹
责任编辑：吴　琴
专业审定：张劲硕　吴海峰
封面设计：邹流昊

DK动物知识大百科
中国大百科全书出版社出版发行
（北京阜成门北大街17号　邮编 100037）
http://www.ecph.com.cn
新华书店经销
当纳利（广东）印务有限公司印制
开本：889毫米×1194毫米　1/8　印张：36
2021年1月第1版　2021年12月第2次印刷
ISBN 978-7-5202-0855-0
定价：218.00元

FOR THE CURIOUS
www.dk.com

FSC www.fsc.org 混合产品 源自负责任的森林资源的纸张 FSC® C018179

DK

KNOWLEDGE ENCYCLOPEDIA

动物知识大百科

马雪云 译

中国大百科全书出版社

目　录

鸟类

哺乳动物

比例和大小

本书中给出的大小为最大平均值。关于比例，参照物为成年男子的平均身高、成人的手或半截大拇指的长度。书中动物体长的测量方式如下：对于鱼类、两栖动物和爬行动物，体长指从头到尾巴的长度。对于鸟类，体长指从喙到尾巴的长度。对于哺乳动物，体长指从头到身体的长度（不包括尾巴）。

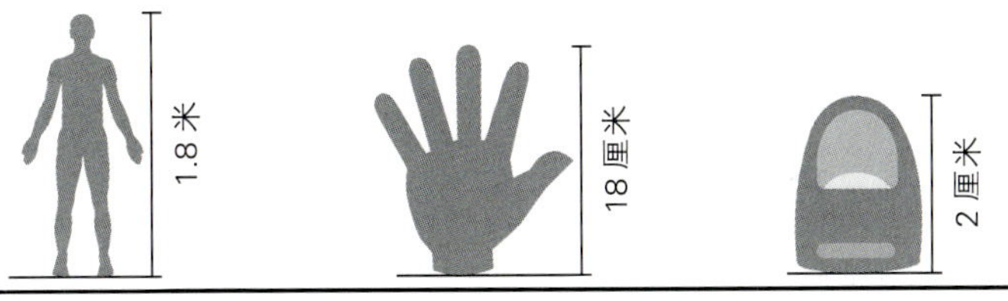

什么是动物？

动物的生命形态和生活方式多种多样，不一而足。我们时常觉得有些动物很熟悉，那是因为我们自己也是动物。比如，我们本能地就能理解猫这种动物的需求，了解它们如何对其所处环境做出反应。但有些动物的生命形态和生存方式就没那么容易理解了，比如珊瑚，它们看起来更像植物。是什么把珊瑚、猫和人类联系在一起的呢？为什么它们是动物，而不是其他形式的生命？

生物的七大界

目前科学家将地球上的生物分成了七大界。其中四界——古生菌、细菌、藻类和原生动物——都是微生物。虽然我们的生存离不开它们，但我们却很少注意到它们。另外三界是真菌、植物和动物。植物能够利用太阳能制造食物，而真菌和动物则需要取食。真菌主要吸收分解的物质，而大多数动物则需要四处寻找并吃掉其他有机体。

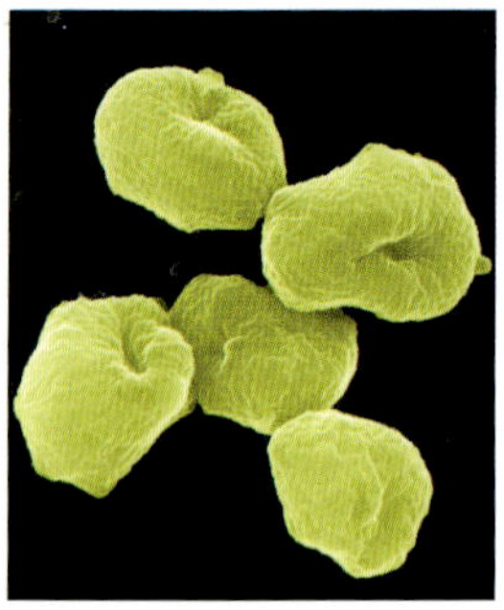

古生菌

大多数单细胞古生菌生活在恶劣的环境中，比如热的酸性水域，甚至动物体内。

动物的六大共同特征

从微小的蠕虫到巨大的鲸，不同的动物在身体形态、大小以及骨骼结构方面，都不尽相同。但它们具有一些共同特征，比如身体的最基本构造，促进生长和繁殖的方法，感知环境的能力和移动能力。

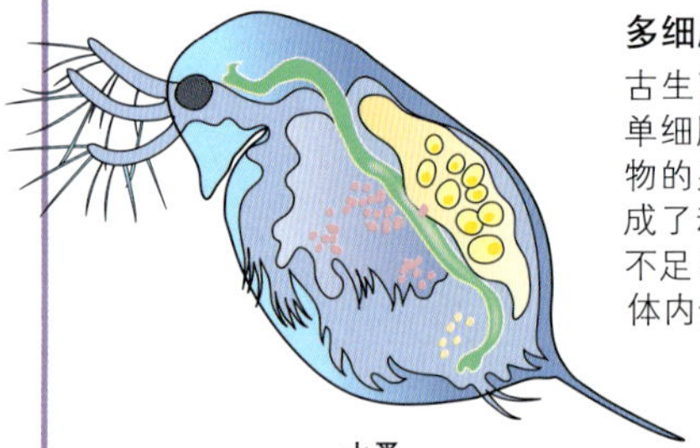

水蚤

多细胞体

古生菌、细菌和大部分原生动物都由单细胞构成。单细胞里包含有生命所需的复杂的化学物质。而动物的身体则是由很多这样的细胞组成。这些细胞构成了动物体内的组织和器官。即便如左图这只体长不足5毫米的水蚤（一种生活在淡水中的甲壳动物），体内也有多个不同的器官。

能量和食物

生物需要能量维持生命。植物利用光合作用存储能量。动物吃掉这些植物组织或其他生物的组织，并在消化的过程中释放出能量和它们所需的化学物质供自己使用。

毛毛虫吃树叶补充能量

过滤水中食物的姥鲨

觅食

动物吃活的或者死掉的有机体。大部分动物能在消化系统里分解这些食物，将它们转化成营养物质。部分水生动物直接过滤水里的食物，而其他大部分动物有嘴巴，能抓捕和吞咽食物。动物感觉灵敏，可以灵活移动。正是具备这两点，它们才能够寻找食物，必要的时候，还可以抓捕食物。

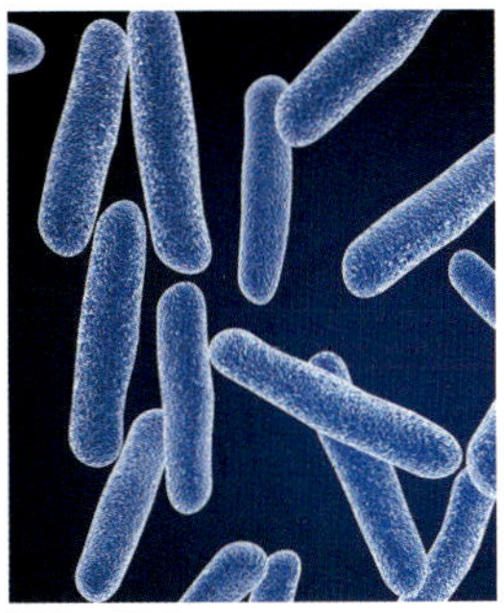

细菌

单细胞细菌大量存在于地球上。许多细菌通过营养物质的循环来帮助其他生物维持生命,但也有一些会导致疾病。

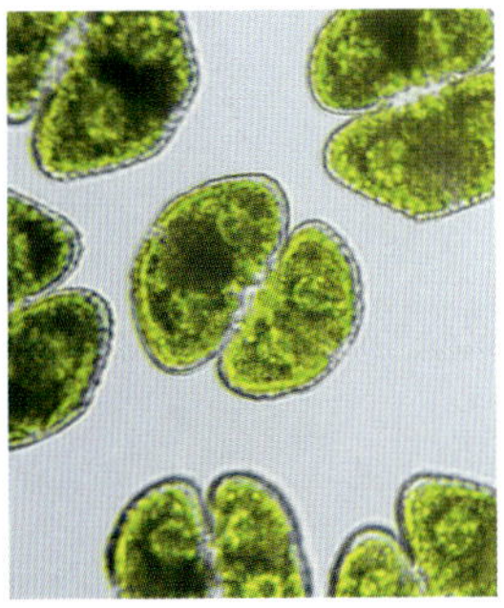

藻类

就像植物一样，藻类能够利用太阳能制造食物。它们结构简单，大多生活在水中。

植物

植物由许多细胞构成，通常生活在陆地上，它们利用太阳能促进其生长。

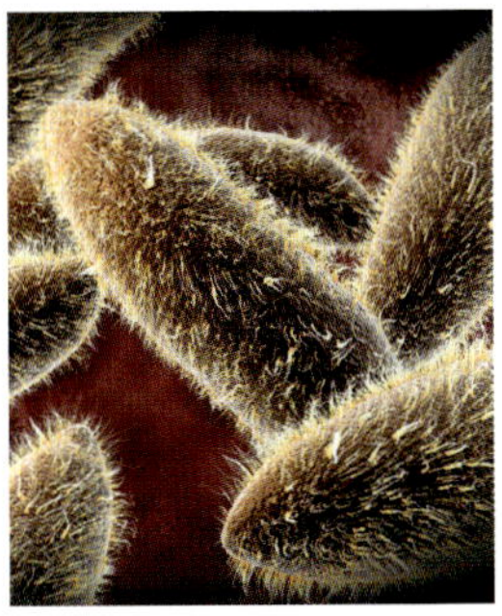

原生动物

大多数原生动物由单细胞构成，但比细菌复杂，具有不同功能的结构。在显微镜下可以看到它们能够四处活动和进食。

真菌

真菌分为单细胞真菌和多细胞真菌。它们能够从死亡的动植物中获取能量。

动物

几乎所有的动物都是多细胞生物。大多数动物具有肌肉组织和神经系统，可以帮助它们运动和捕食。

气体交换

动物需要消耗氧才能获得食物中的能量，这个过程会产生二氧化碳。昆虫的身体具有能将空气输送到肌肉和器官的通道，体内的器官吸收空气中的氧，释放代谢废物二氧化碳。而对于大多数的动物来说，气体交换发生在鳃或者肺。鳃或肺通过血液将氧气输送到全身各个部位。

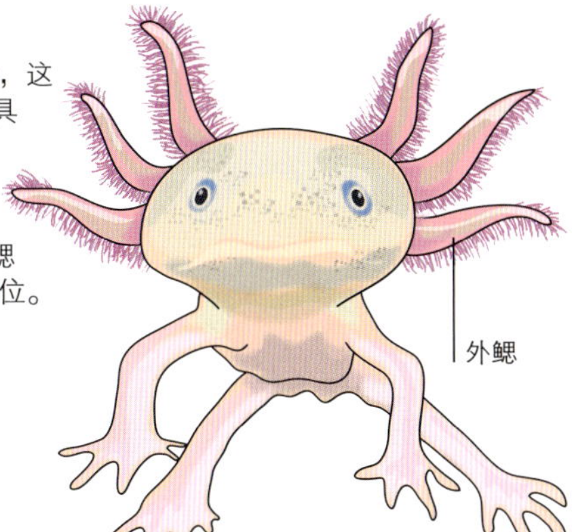

墨西哥钝口螈用鳃呼吸

感觉系统

几乎所有动物的皮肤里都有感受触觉的神经细胞网络。一些较为高级的动物具有专门感受光、热、气味、味道、声音、压力，甚至电场的感觉器官。它们的大脑可以记住这些刺激的模式，因此这些动物能凭经验学会辨别这些刺激。动物的大多数感官都集中在头部，靠近嘴巴和大脑，如左图这只白头海雕。

白头海雕的视力极为敏锐

运动

动物最显著的特征是运动能力。像贻贝和藤壶这样的动物终生附着在岩石上，可能看不到它们移动，但它们也会开关身上的壳，泵出和泵入水分。大多数动物可以爬行、游动、奔跑，甚至飞行。正是具备这些能力，动物才可以寻找食物、躲避天敌和寻找配偶。

猎豹是陆地上跑得最快的动物之一

进化和灭绝

动物物种的多样性是不断进化的结果。进化就是生物随着环境变化而改变的过程。世界不断变化，最适应这种变化的动物才能生存，并不断繁育后代，这就是适者生存。而不能适应环境的物种就会慢慢灭绝，永远消失。

个体变异

动物繁殖时，父母的某些特征会遗传给后代。例如，后代中有的毛色和妈妈一样，有的和爸爸一样，还有的是兼有父母毛色的混合色。如果后代中由于基因突变而出现了一种和这些都不一样的颜色，而这种颜色使其更难被天敌识别，那么这个后代就具有了其他同类不具有的优势。

自然选择

自然选择的过程就是适者生存并繁衍后代的过程。在时间的长河里，同一物种中那些具有有益适应特征的动物会越来越多，不具有这种特征的则会越来越少，物种因此而产生进化。例如，在 19 世纪的英国，一种本来罕见的深灰色桦尺蛾，在受到工业污染的地区，突然变得很常见。这些地区的树木因污染而变黑，所以深灰色桦尺蛾更易于伪装，躲避饥饿的鸟类。

翅膀和被煤烟熏黑的树皮颜色相似

深色型的桦尺蛾

翅膀和覆盖着苔藓的树皮颜色相似

浅色型的桦尺蛾

谁是谁的祖先

新物种出现，原有的物种灭绝，地球上的物种一直处在变化中。由于化石证据很不完整，想要知道哪类物种是哪类物种的祖先，几乎不可能，而且时间越往前追溯，研究就越难。科学家致力于寻找物种间的相似点，但物种之间即使有相似点，也不一定就有亲缘关系。

地球上曾经存在的物种中，存活到现在尚未灭绝的不足10%。

分支的系谱图

图中的远古动物并非现代象的直接祖先，但科学家认为它们都是同一个祖先的后代，所以它们在同一个族谱上。

嵌齿象

始祖象

渐新象

恐象

新的挑战

进入新栖息地的动物要面对新的挑战，它们曾经有用的特征可能会失去原有价值。如果某种鸟类迁移到一个没有天敌的岛上，它们就不必靠飞行躲避敌人了。飞行需要消耗巨大的能量，因此不善飞行的个体会越来越多。随着时间推移，就进化出一个不会飞行的新物种，比如下图中生活在科隆群岛不会飞行的鸬鹚。

弱翅鸬鹚

不断变化的世界

某些物种可能已经非常适应它们所生存的环境，但环境自身却改变了。北极熊就遇到了这种情况。北极熊每年都有段时间生活在海面的浮冰上。气候变化使得冰块融化，浮冰减少，而北极熊已经非常适应以前的冰上生活，短时间内难以适应新的环境。因此，北极熊可能会灭绝。

大规模灭绝

有时候，一场大灾难可能会彻底改变环境，最后只有少数物种能幸免于难。据说大约 6600 万年前，一颗小行星或者彗星撞上了地球，导致巨型恐龙和翼龙灭绝。现代哺乳动物和鸟类的祖先等则幸存了下来。

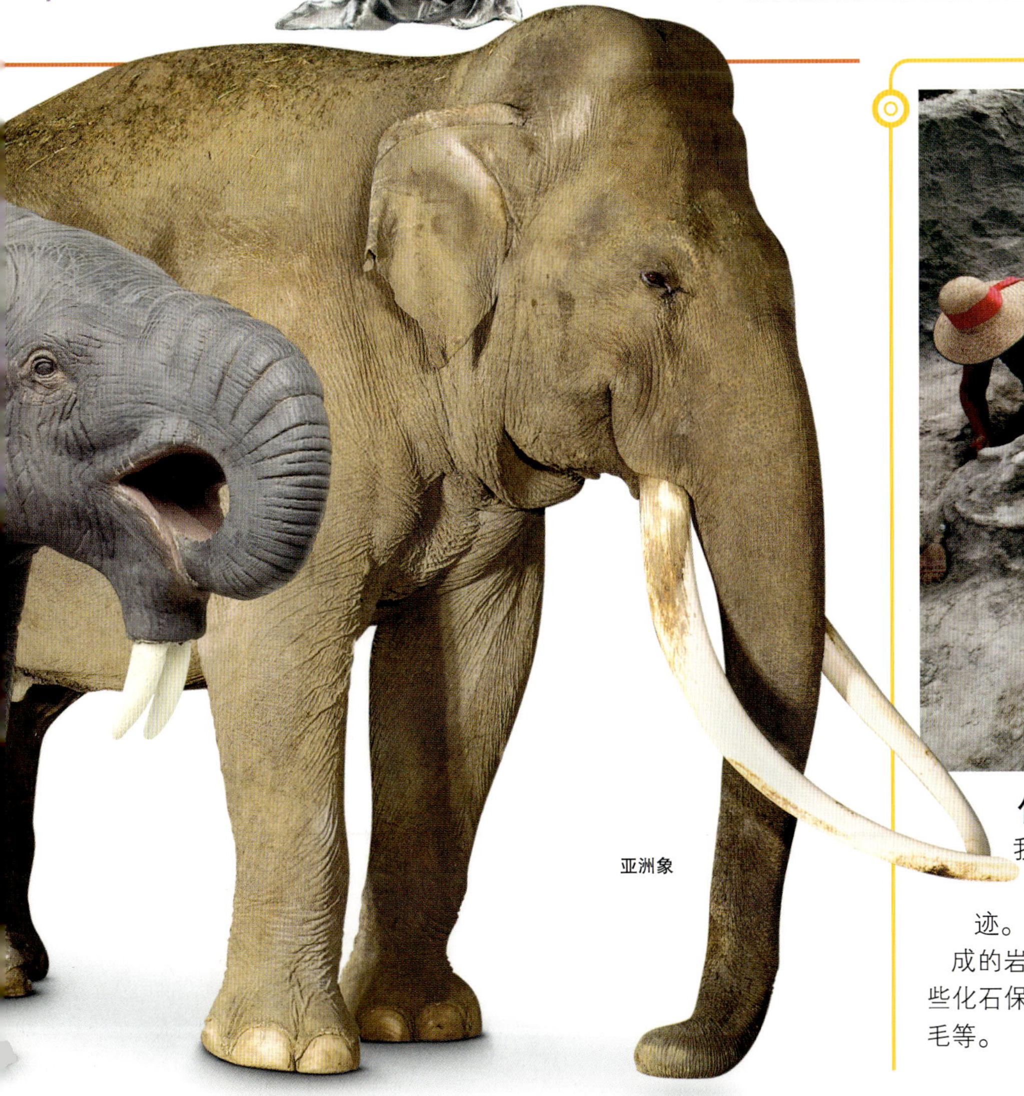

亚洲象

化石证据

我们所知的所有关于已灭绝物种的信息，都是从化石中推断出来的。化石就是经历了正常腐烂过程的古生物的遗体或遗迹。多数化石是贝壳和骨骼，这些贝壳和骨骼埋在泥土或砂石形成的岩石中。岩石中的矿物质促使这些动物组织转变成石头。还有些化石保存的是软体动物或动物柔软的组织在沉积物上的压痕，如羽毛等。

动物历史

地球已经存在46亿年了。很长一段时间，地球上只有像细菌这样的微生物。大约6亿年前，地球上出现了一种新的生命形态——最早的结构简单的动物。这些动物诞生在海洋中，因为海水中含有构成生命的复杂物质所需的所有元素。约4.3亿年前，出现了最早的陆生无脊椎动物。自此，陆生动物就开始在地球上各个地方繁衍生存。

地质年代

科学家对地球的历史进行了划分，分成不同的代，每个代再细分出不同的纪。本页中展示的是最基础的时间轴。在这条时间长河中，幸存或淘汰的物种不计其数。

图例

- 早期地球
- 古生代
- 中生代
- 新生代

前寒武纪

46亿—5.41亿年前

前寒武纪这段漫长的时期里，绝大部分时间，地球上的生物只有单细胞有机体。最后，这些有机体终于开始聚在一起。大约6亿年前，一些单细胞生物的聚集群里，出现了第一批多细胞生物。

火山海

远古火山喷发出的水蒸气，形成海洋。最早的生命就在这样的海洋里形成。

狄更逊水母

这种早期生物和如今的水母或蠕虫有些相似，它们的身体没有坚硬部位，因此，很难见到它们的化石。

泥盆纪

4.19亿—3.59亿年前

许多新的海洋鱼类在这一时期出现。约3.75亿年前，一些种类的鱼依靠4个具有骨骼的肢鳍爬上岸，开始了陆地生活。这是最早的两栖动物，也是所有陆生脊椎动物的祖先。

节甲鱼

节甲鱼出现在泥盆纪末期，它们用自己的大嘴捕食甲壳动物。

石炭纪

3.59亿—2.99亿年前

石炭纪时期，原始的树木开始形成森林。陆地开始被繁茂的森林覆盖。昆虫和蜘蛛大量出现，同时它们也为两栖动物提供了食物。

鱼石螈

鱼石螈是最早的四足动物之一，它们的尾鳍以及身上类似鱼鳞的小鳞片，都还保留着鱼类的特征。

白垩纪

1.45亿—6600万年前

白垩纪是恐龙的盛世，见证了一些最大、最壮观的恐龙的进化历程。发生在白垩纪末期的灭绝事件，造成了恐龙在内的大部分物种灭绝。

暴龙

最为人熟知的暴龙生活在白垩纪末期。

始祖鸟

侏罗纪末期，一群带羽毛的恐龙进化出了翅膀，可以飞行。始祖鸟是我们知道的最早的飞行脊椎动物之一。

古近纪

6600万—2300万年前

恐龙家族在大灭绝之后退出历史舞台。幸存的小型哺乳动物进化为更大型的食草动物和食肉动物，它们取代了灭绝的恐龙。

辽西鸟

早期会飞的恐龙具有牙齿和以骨骼支撑的长尾。但到白垩纪时，第一批真正的鸟类才出现。

尤因它兽

如现代犀牛大小的尤因它兽是食草动物，身体笨重。

新近纪

2300 万—260 万年前

在新近纪，地球上出现了很多现代哺乳动物。一些凶猛的食肉动物，进化出了捕食大型食草动物的能力。

袋剑齿虎

袋剑齿虎的牙齿像两把长剑。它们生活在约 300 万年前的南美洲。

第四纪

260 万年前至今

这段时期包括几段冰川期。冰川期和冰川期之间是相对温暖的间冰期，比如我们现在所处的这个时期就是间冰期。在第四纪，人类的崛起导致很多物种灭绝。

猛犸象

猛犸象于 3700 年前灭绝。它们适应冰冷的气候环境，是亚洲象的近亲。

侏罗纪

2.01 亿—1.45 亿年前

罗纪时期，恐龙是地球上的统治者。其中有大型食草恐龙、强大的食肉恐龙，以及体形较小、长有羽毛的恐龙。

摩尔根兽

摩尔根兽覆有体毛，和老鼠差不多大，喜食昆虫，是大约 2.25 亿年前出现的第一批哺乳动物的典型代表。

伊森龙

伊森龙利用四肢行走，是食草动物。它们可以抬起前腿，直立起来吃到树上的叶子。

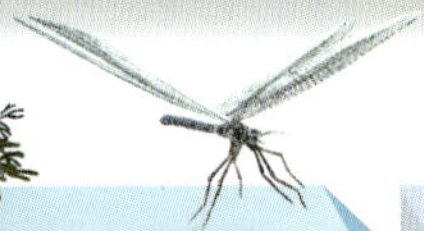

巨脉蜻蜓

巨脉蜻蜓的形状看起来类似现在的蜻蜓，但它们的翼展达到 75 厘米。

鳞木

像鳞木这样的植物能长到 30 米高，为动物提供食物和栖息地。

二叠纪

2.99 亿—2.52 亿年前

到了二叠纪时期，两栖动物已经进化为覆盖着鳞片的爬行动物，这类动物可以全天在温暖的陆地上栖息。

异齿龙

异齿龙的背像一面船帆，科学家认为它们是哺乳动物的祖先。

三叠纪

2.52 亿—2.01 亿年前

二叠纪末期，地球遇到了一场巨大的灾难，很多物种灭绝了。但到三叠纪末期，地球上诞生了第一批恐龙和会飞的翼龙，以及最古老的哺乳动物。

库克逊蕨

库克逊蕨是最早的有茎植物之一。这样的植物为类似蝎子和蜈蚣的早期陆生无脊椎动物提供了食物。

志留纪

4.43 亿—4.19 亿年前

这一时期出现了硬骨鱼类，它们的上、下颌可以活动。生物也从海洋登上陆地，最早的陆生生物是绿色植物。

甲胄鱼

最早的鱼类像现今的七鳃鳗一样，没有可开合的上、下颌。它们也没有胸鳍和腹鳍，很可能不怎么擅长游泳。

> 已知最古老的陆生动物是一种小型马陆，生活在大约
> **4.28亿年前。**

寒武纪

5.41 亿—4.85 亿年前

寒武纪初期，地球上的物种经历了一个繁盛期。新生物种大多具有坚硬的外壳，因此比之前存在的软体动物更有可能形成化石。

马尔三叶形虫

约 5 亿年前，具硬壳的多棘的马尔三叶形虫生活在海底。它们的附肢长度不到 2 厘米，像螃蟹一样分节。

奥陶纪

4.85 亿—4.43 亿年前

早期鱼类——最早的脊椎动物——出现在奥陶纪时期的海洋里，同时期还有三叶虫等其他动物。但在奥陶纪末期的生物大灭绝事件中，很多动物遭到灭顶之灾。

动物界

动物界

目前，约有 150 万种现生动物被科学地命名和描述，每天还有更多的动物被发现和分类。这些动物被归为 35 个大类，每一个类别被称为一个门。比如脊索动物门，包括所有的脊椎动物——鱼类、两栖动物、爬行动物、鸟类和哺乳动物。其他的都是无脊椎动物，包括所有体内没有骨骼的动物。另外，节肢动物门包含的物种比其他所有门的物种总和还多。

无脊椎动物

无脊椎动物

无脊椎动物不是一个科学分类的术语，而是指所有体内没有骨骼的动物。无脊椎动物共有 30 多个门类。本图中仅展示其中一些主要门类。

多孔动物门

这是所有动物中最简单的门类。它们没有专门的器官，只是一堆相似的细胞。

刺胞动物门

水母、珊瑚虫、水螅和海葵都是长有带刺的触角的水生动物。

棘皮动物门

棘皮动物包括海胆、海星、海参和蛇尾等。

节肢动物门

多足亚门

这个亚门包括长着很多足的蜈蚣和马陆。它们都生活在陆地上，特别是潮湿生境。

甲壳亚门

这个亚门包括蟹和龙虾等很多种动物。除木虱之外，其他动物都是水生的。

螯肢亚门

这个亚门主要包括肢口纲和蛛形纲，有鲎、蜘蛛、蝎子和蜱等。这些动物具有 4 对足，多数有毒。

六足亚门

这个亚门包括昆虫纲和内口纲。有 3 对足，多数有翅膀。昆虫是数量最多的动物类群。

苔藓动物门

这些水生苔藓动物，依附在坚硬物体的表面生活，从水中过滤食物。

线虫动物门

这些细长的蠕虫生活在各种环境里，有的甚至寄生在其他动物体内。

扁形动物门

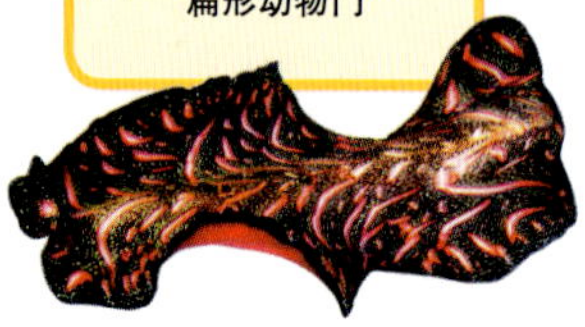

这类非常简单的带状动物通过其皮肤吸收食物。

软体动物门

大部分软体动物生活在海洋里。这个类群包括蜗牛、蛤蜊、章鱼及它们的亲属。

环节动物门

这个类群包括蚯蚓、沙蚕等。

动物的分类

所有被科学描述的现生生物，都被归为一个按类群划分的多级系统中。大类下面分成多个小类，每个类群都有自己的名称，里面包括一些具有亲缘关系的物种。

界

所有动物都归属为动物界。另外还有植物界和真菌界以及 4 个微生物界。

门

动物界分成门——动物的主要分类。一个门可以分成两个或多个亚门。

纲

每个门通常会分出几个纲。有些纲能合并成超纲。

目

每个纲包含很多目。比如哺乳纲包含食肉目。

科

一个目通常分为几个科。比如食肉目，下面有个科是猫科，包括所有的“大猫”和“小猫”。

属

科分为更小的群，每一群叫作一属。豹属均为大型猫科动物。

种

属是一些独立物种的集合。每个物种的学名由属名加种名两部分构成，比如雪豹的学名：*Panthera uncia*。

科学家认为，地球上所有的动物物种中，**只有不到20%的物种**被科学地分类和描述。

物种间的关系

不同种类的物种，根据它们身上的一些共同特征，被划分为不同的大类。有些类别之间，具有明显的亲缘关系，因此可以将它们放在一棵“家族树”上。这样可以清楚看出，不同类别的物种的共同祖先是谁。不过这些信息常常会因为有了新发现而被重新修订。

脊索动物门

脊索动物

脊索动物指那些具有贯穿整个身体的脊索的动物。包括所有的脊椎动物、尾索动物（海鞘和海樽）和头索动物。

圆口纲

这个类群包括七鳃鳗，可能还包括它们的远亲盲鳗。

软骨鱼纲

鲨鱼、鳐鱼和银鲛体内都有软骨骨骼。

硬骨鱼纲

这类鱼包括典型的辐鳍鱼和肉鳍鱼，其中肉鳍鱼与第一批四肢动物有亲缘关系。

两栖纲

两栖类包括蛙类、蟾蜍、蝾螈以及它们那些在陆地生活但在水里繁殖的亲属们。

哺乳纲

哺乳动物身体被毛、体温恒定，人类也为其中一种。

鸟纲

鸟类最大的特征是体覆羽毛。鸟类是会飞的脊椎动物的主要类群。

爬行纲

体表覆盖鳞片和体温不恒定是这类动物的主要特征。爬行动物主要包括蜥蜴、蛇、龟和鳖等。

无脊椎动物

地球上占多数的动物不是毛茸茸的哺乳动物，不是体被鳞片的爬行动物，也不是身披羽毛的鸟类，而是无脊椎动物，就是那些体内没有脊椎的动物。很多无脊椎动物生活在海洋里，但更多的生活在陆地上。它们包括动物中数量最多、进化最成功的种类——昆虫。

什么是无脊椎动物？

所有体内没有脊椎的动物，都属于无脊椎动物。这个概念包括很多动物类群，从微小的蠕虫到巨型的乌贼，这些动物除了全都没有脊椎之外，几乎没有别的共同点了。有些无脊椎动物是软体动物，还有其他许多无脊椎动物则带有起保护作用的坚硬外壳。其中数量最多的是甲壳类、昆虫类和螯肢类等具有坚硬外骨骼的节肢动物。

寡不敌众

无脊椎动物物种的数量约占地球动物物种总数的 97%。体形较大的动物大多是脊椎动物，但比起无脊椎动物，它们的数量少得可怜。

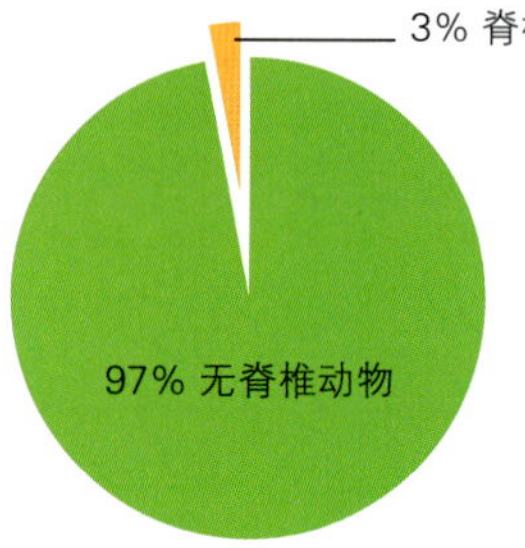

无脊椎动物的种类

动物界主要分为 35 个门。脊椎动物只占 1 个门。另外 34 个门都是无脊椎动物。下面给大家展示一些无脊椎动物。

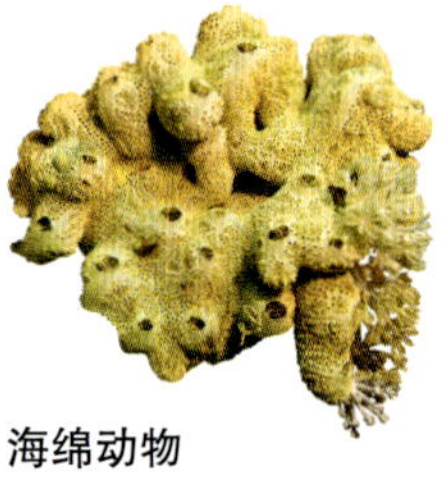

海绵动物

这类水生生物是构造最简单的动物。它们虽然由多细胞构成，但并不具备专门的器官。它们通过过滤水流获取食物。

环节动物

环节动物包括蚯蚓和一些海生蠕虫。它们的身体由一些相似的体节组成。

软体动物

这个大类包括蜗牛、蛤蜊、章鱼及其他类似的动物。大部分软体动物生活在海里，很多具有起保护作用的石灰质外壳。

棘皮动物

棘皮的意思是“多刺的皮肤”。这个名称非常适合这个多刺的类群。棘皮动物包括全身长满刺的海胆，还有海星和海参。

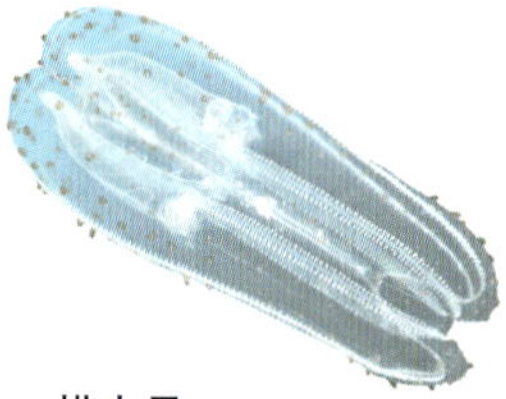

栉水母

这些大海的漂流者们，利用自己透明的身体做陷阱，吸引小动物靠近，再将它们吸入自己的身体。栉水母靠体表成排的栉板游动。

刺胞动物

这个类群包括海葵、珊瑚虫和水母。它们全部生活在水中，伸展自己多刺的触手，捕食猎物。

节肢动物

节肢动物门是动物界中最大的门，其中的动物具有坚硬的外骨骼和分节的身体。它们结实的外骨骼，让它们无论在陆地还是水中，都能生存。

节肢动物

目前已知的动物物种中，80% 以上属于节肢动物，其中昆虫占绝大多数。另外，节肢动物还包括甲壳动物、多足动物以及螯肢动物等。

昆虫

甲壳动物

多足动物

螯肢动物

节肢动物内部结构

节肢动物的身体由多个部分构成，每部分都有坚硬的外骨骼支撑。节肢动物的表皮由加厚的几丁质形成保护身体的铠甲。体节之间的连接部位纤细灵活，便于活动。

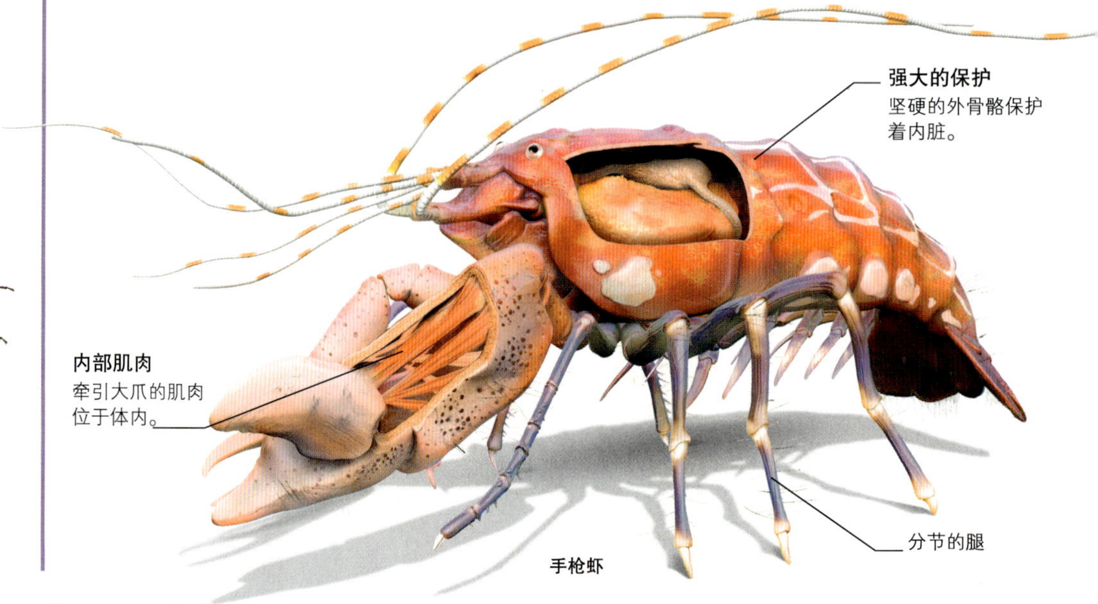

手枪虾

头和尾

无脊椎动物的身体形状多种多样。多数具有类似的身体结构：头部有脑和发育良好的感觉器官，身体上有腿，身体末端有尾。这些动物的身体通常为两侧对称，身体的左侧和右侧互为镜像。但是还有很多无脊椎动物的对称形式非常不同，甚至像海绵一样完全不对称。

昆虫
瓢虫的身体两侧对称。它们的头部很明显，胸部有3对足，最后是腹部。

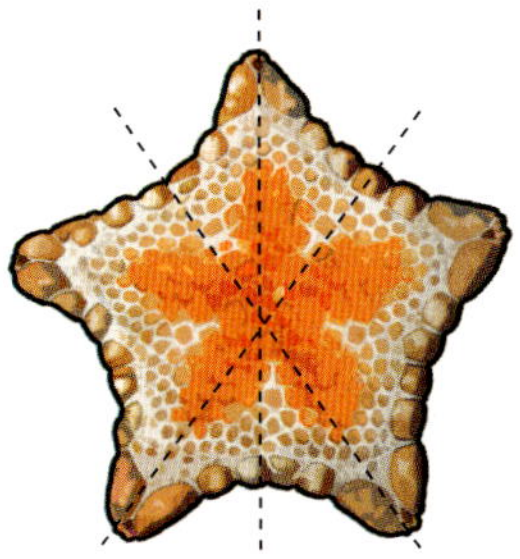

海星
海星及其近亲的身体为辐射对称。它们的身体围绕着一个中心点展开。

章鱼
乌贼、章鱼及它们的近亲身体结构比较特殊。它们的腕直接长在头部，其他器官则长在袋子一样的外套膜内。

砗磲
掰开一个双壳类软体动物的壳，你会发现它们并没有明显的身体构造。它们没有头和脑，只有一些基本的感觉器官。

身体和外壳

很多无脊椎动物身体柔软，不需要骨骼支撑。它们靠自身肌肉和体液维持身体形状。但柔软的身体很脆弱，所以部分无脊椎动物具有保护性的外壳。节肢动物坚硬的外骨骼同时具有保护和支撑的作用。

柔软的身体
蚯蚓的身体由土壤支撑，所以不需要坚硬的骨骼。蚯蚓通过拉伸自己的头部带动身体向前移动，再通过收缩身体带动尾部前行。很多水生无脊椎动物的身体是由水支撑。

蚯蚓

保护性的外壳
陆生蜗牛具有柔软的身体，它们还具有坚硬的外壳。遇到威胁时，它们可以把整个身体缩入壳内。天气干旱时，它们也可以存活下去，因为外壳可以减少身体的水分流失。

散大蜗牛

坚硬的外骨骼
坚硬的外骨骼不仅支撑着图中这只蜘蛛的身体，还构成了它的毒牙。但外骨骼也阻碍了蜘蛛的成长，因此它不得不过一段时间就蜕掉原本的外壳，再长出新壳。新的外壳需要过一段时间才能变硬，这段时间蜘蛛非常脆弱。

秋麒麟蟹蛛

水生无脊椎动物

很多无脊椎动物生活在海洋里。海水支撑起它们的身体，为它们提供源源不断的食物。陆生动物需要自己寻找食物，而水生无脊椎动物可以等待水流送来食物。

沟迎风海葵

钉在原地
这种海葵一生中大部分时间都附着在一块岩石上。它们不需要移动，因为四周的水流会把小动物送过来，它们只需利用自己的长触手抓捕即可。

丰富的食物
海岸区域食物非常丰富，所以很多无脊椎动物成群聚集在海岸边的岩石上。这些贻贝从流经自己身体的海水里获取食物颗粒。海水里的食物足够它们食用。

贻贝

刺柳珊瑚

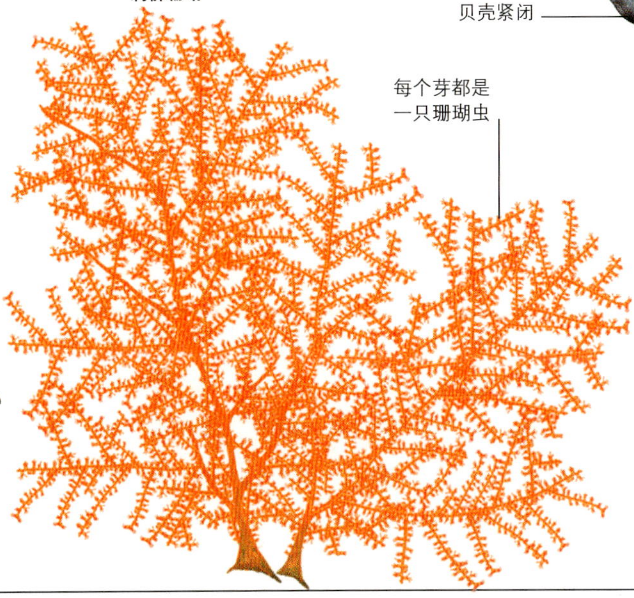

相连的聚居地
多数无脊椎动物的群落都由分散的个体聚集在一起形成，而有些动物，则像芽一样，连在一起形成树枝，再形成树一样的结构。刺柳珊瑚就是这样的结构，上面的芽都是正在捕食的珊瑚虫。

水母**看不见具体的形象**，但它们能通过一种叫作**单眼**的器官**感受光明和黑暗**。

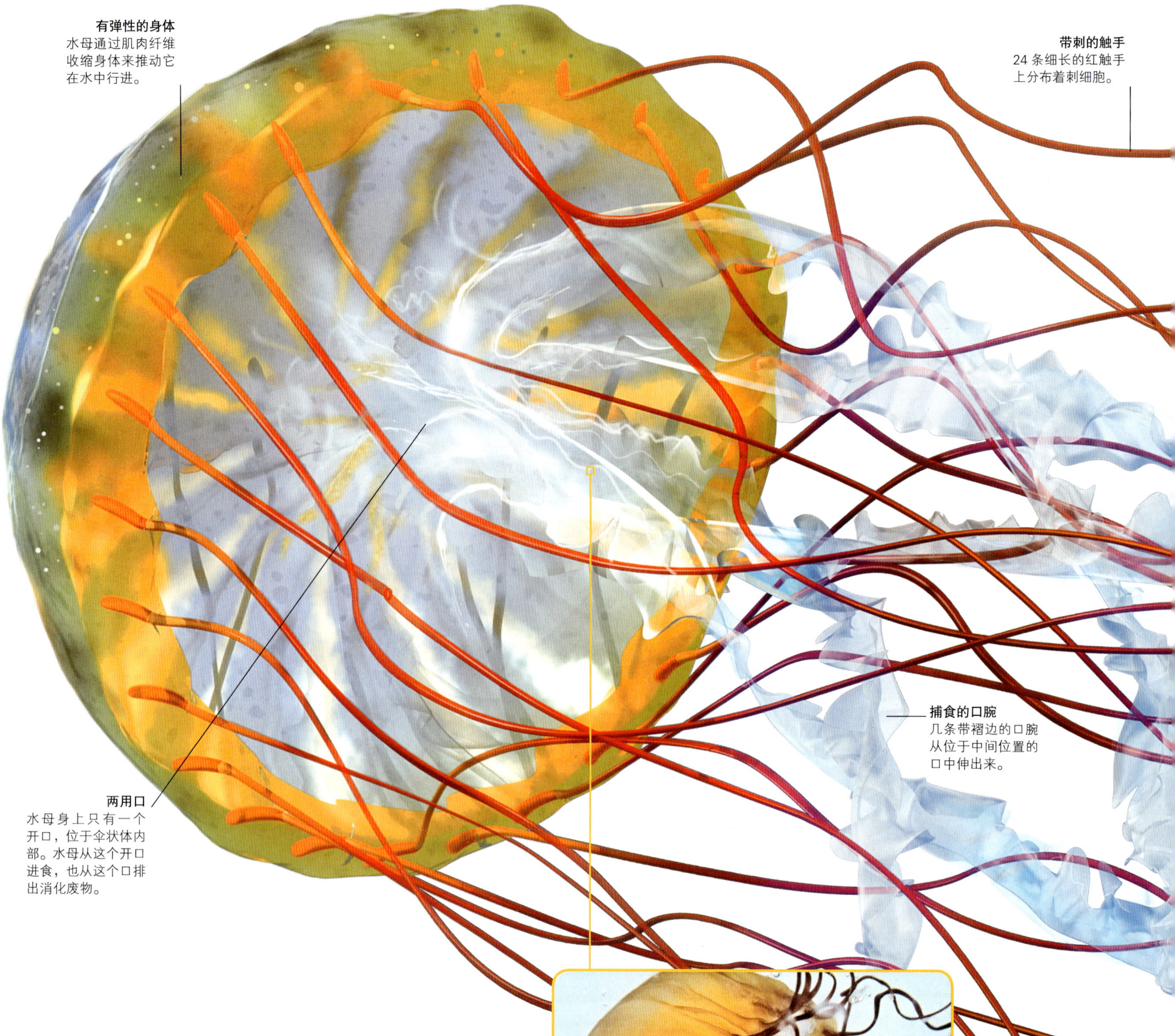

太平洋海刺水母

这种大型彩色水母漂浮在北太平洋里，利用自己带刺细胞的长触手抓获食物，再卷起触手，送进体腔中进行消化。水母可以通过收缩自己伞状的身体慢慢游动。不过多数情况下，它们随着洋流漂浮。

水母是一类结构最简单的动物。它们几乎没有感官，也没有用来处理和储存信息的大脑，只有最基本的消化系统。不过它们有一个复杂的生命周期，还有拖在身后的长触手，上面长着可怕的有毒的刺细胞，利于它们快速捕食。

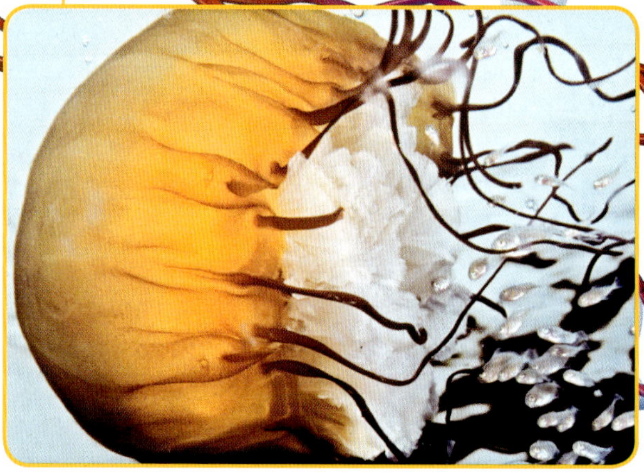

毒素的保护
太平洋海刺水母的毒可以致命，但像太平洋鲳鱼这样的鱼却不会受到影响，因为它们身上厚厚的黏液阻挡了刺细胞的侵袭。这种鱼常常游弋在水母的触手间，以躲避天敌。

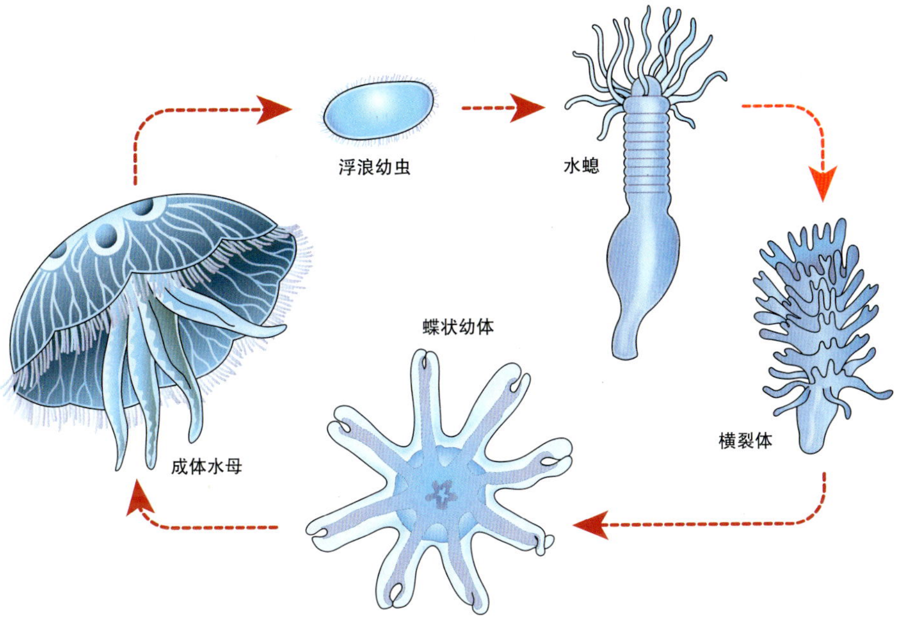

复杂的生命周期

成体水母产生的幼体叫作浮浪幼虫。幼体成长为花朵形状的水螅，可以附着在坚硬的物体表面上。每个水螅再经过横裂，发展出很多被称作蝶状幼体的小水母，小水母独自漂流，最终成为成体水母。

刺细胞

多刺水母的触手和口腕上布满了刺细胞。每个刺细胞具有一个有倒刺的空心刺丝，刺丝末端极为锋利。平时，刺丝连同倒刺，头朝下隐于刺细胞内的刺丝囊中。若有猎物碰触了刺细胞上的开关，刺细胞受到刺激，盖板就会打开，弹出刺丝，朝猎物释放毒液。

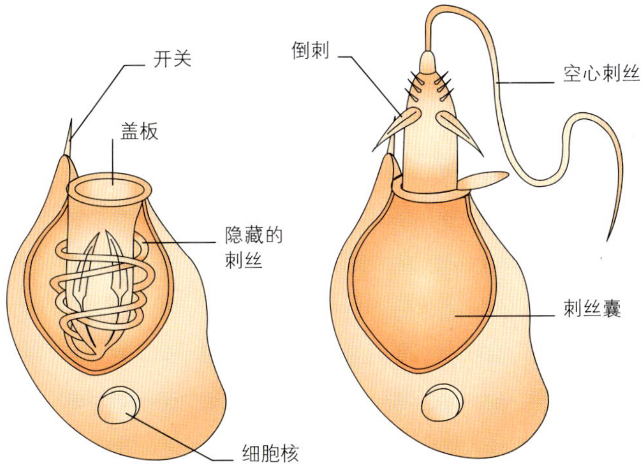

平时的刺细胞　　**受激后的刺细胞**

无脊椎动物

太平洋海刺水母

Chrysaora fuscescens

分布区域：北太平洋

伞径：最长76厘米

食物：小型海洋动物

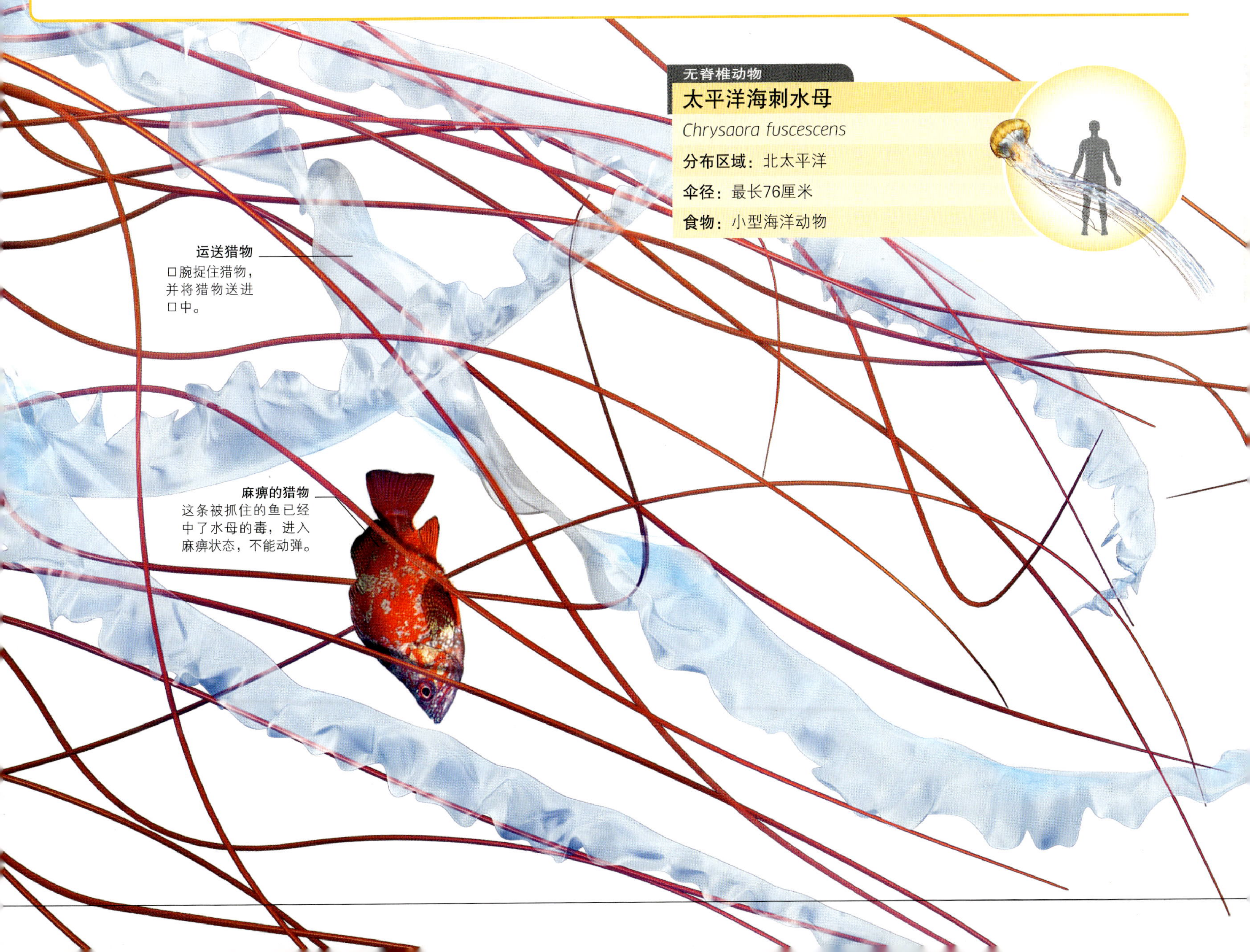

僧帽水母即使**死后被冲到沙滩上**，也能给人**致命一刺**。

24 只——**箱水母**的**眼睛数量**。

沟迎风海葵

Anemonia viridis

分布区域：地中海和大西洋

直径：最长7厘米

海岸区的潮汐池里经常能看到这种海葵。带刺细胞的长触手，正是它们捕捉猎物的利器。沟迎风海葵身上呈现的绿色，来自寄居在它们身上微小的海藻。海藻利用阳光进行光合作用，产生糖类等能量物质，也可以为海葵提供能量。

附着在岩石上的海葵身体

草莓海葵

Actinia fragacea

分布区域：大西洋东北部

直径：最长10厘米

和其他几种海葵一样，草莓海葵也生活在海岸区的岩石上，随着每天退潮露出水面两次。露出水面时，它们就把自己的触手都缩进体腔，保持水分。直到再次涨潮，它们再把触手伸出来捕获食物。

退潮时缩起触手

蘑菇珊瑚

Ctenactis echinata

分布区域：印度洋–太平洋海域

直径：最长25厘米

单体的珊瑚虫和海葵类似，它们的身体呈圆柱形或卵圆形，顶部有触手，触手围绕在其中央的口的四周。这是一种能形成珊瑚礁的珊瑚虫。因为它们从其生活区域的海水里吸收矿物质，形成了石灰岩骨架。

刺胞动物

水母、珊瑚虫、海葵及它们的近亲都属于刺胞动物，它们都是具有柔软身体的水生动物，身上长着用来捕捉猎物的刺细胞。很多刺胞动物看起来非常优雅，但有些可能是致命的。

典型的刺胞动物身体由内外两个胚层构成，胚层之间是它们分泌的胶状物。其中内胚层围成了身体内具有消化循环作用的内腔。刺胞动物一般还有一个可移动触手的冠状物。部分刺胞动物是能够自由漂流的水母，但更多的是附着在岩石或海床上的水螅(被触手包围着的圆筒状空腔)。很多珊瑚虫和海葵互相依附，形成一个整体，共享它们从水里捕获的食物。

脑珊瑚

Diploria labyrinthiformis

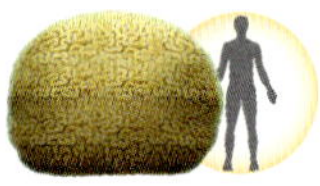

分布区域：加勒比海

直径：最长2米

这种珊瑚看起来像人脑。数以万计的珊瑚虫互相依附，形成珊瑚礁。每只珊瑚虫能用触手捕食，同时它们还得益于寄宿在身上的利用光能制造食物的微小藻类。

刺柳珊瑚

Swiftia exserta

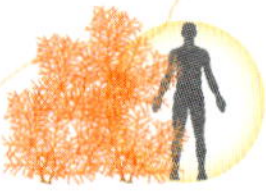

分布区域：大西洋西部

高度：最长2米

又称扇珊瑚，可以形成珊瑚礁。许多珊瑚虫连在一起，依附在一个角质的、具有柔韧性的骨架上，再进一步形成扁平的树枝形状。它们从流经枝条间的水流获取食物。

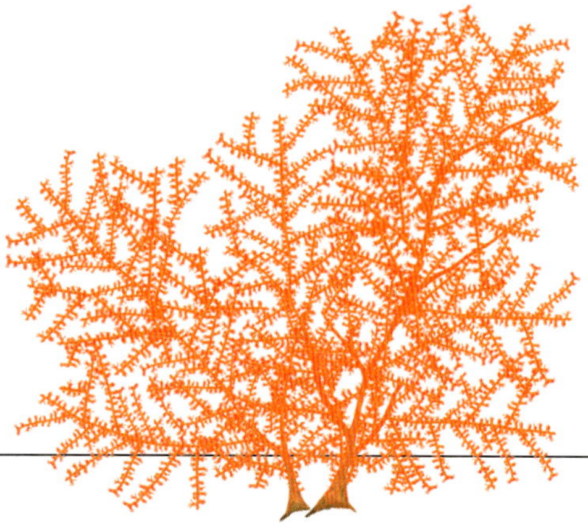

紫海鳃

Virgularia sp.

分布区域：大西洋东北部和地中海

高度：最高50厘米

紫海鳃中间的梗是一个大水螅，两边吸附许多小水螅，看起来像一只鹅毛笔。它们和刺柳珊瑚一样，从流经身体间隙的水流获取食物。

绿水螅

Hydra viridissima

分布区域：北温带

高度：最高3厘米

这是生活在淡水中的为数不多的刺胞动物。它们利用自己的触手抓捕小的浮游动物，同时它们体内也寄宿着利用光能制造食物的绿藻。绿水螅身上的芽体最终会长成新的成体。

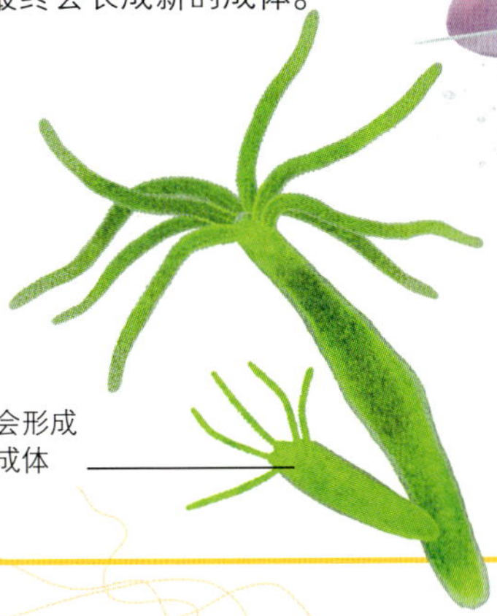

僧帽水母

Physalia physalis

分布区域：全世界的热带和温带海域

伞径：最大30厘米

僧帽水母非凡的身体像由一群分工合作的个体组成。浮囊体形成伞状物，让僧帽水母能在海洋里漂流，帮助营养体抓捕食物，进行消化，而生殖体负责产生新的个体。拖在下面的长触手含有剧毒。

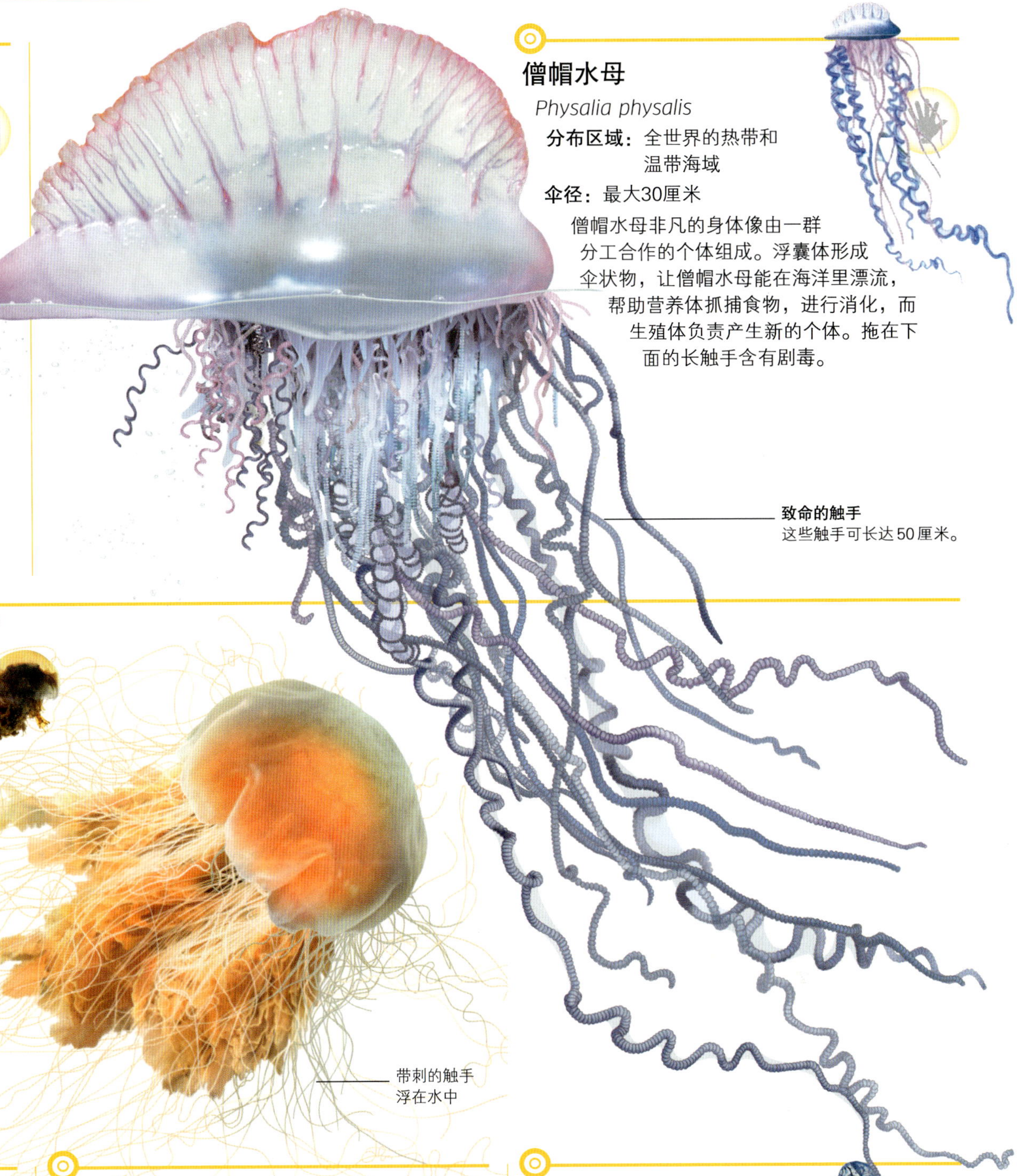

狮鬃水母

Cyanea capillata

分布区域：北冰洋

伞径：最长2米

狮鬃水母是世界上最大的水母之一。这种生活在海里的庞然大物可以通过收缩自己宽大的伞状身躯缓慢游动，通常它们会随洋流漂流。它们以鱼类、乌贼及其他用其带刺的长触手所能捕到的动物为食。

倒立水母

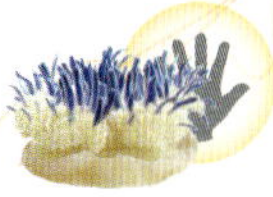

Cassiopea andromeda

分布区域：墨西哥湾和加勒比海

直径：最长30厘米

大部分水母在水里游动或随水流漂移，但这种水母却倒立着躺在海床上。它们带刺的触手向上伸展，像海葵一样，等着捕捉洋流带来的食物。

喇叭水母

Haliclystus antarcticus

分布区域：南大洋

直径：最长4厘米

这种水母最近于南极洲附近冰冷的浅水中被发现。其中间柄部上面有8只“手臂”，每只“手臂”末端有一簇带刺的触手。它们附着在岩石上，在冰冷却富含食物的洋流中诱捕猎物。

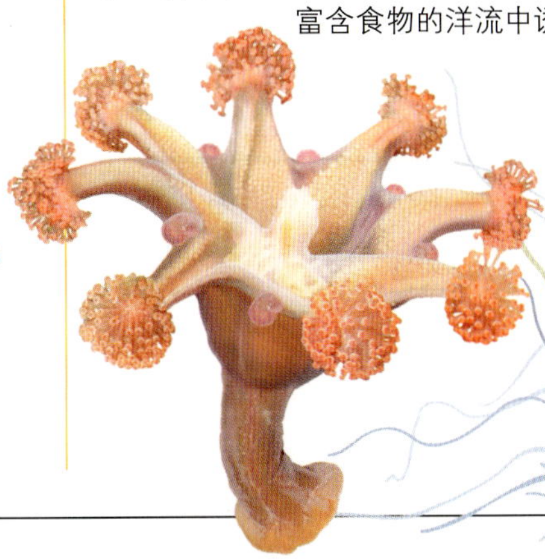

箱水母

Chironex fleckeri

分布区域：印度洋–太平洋海域

伞径：最长25厘米

这是最危险的一种海洋生物。箱水母携带剧毒，因此也被称作海黄蜂。它们有60条长触手，每条触手上都有刺细胞。这些刺细胞上的毒，可以对游泳的人产生严重甚至致命的伤害。

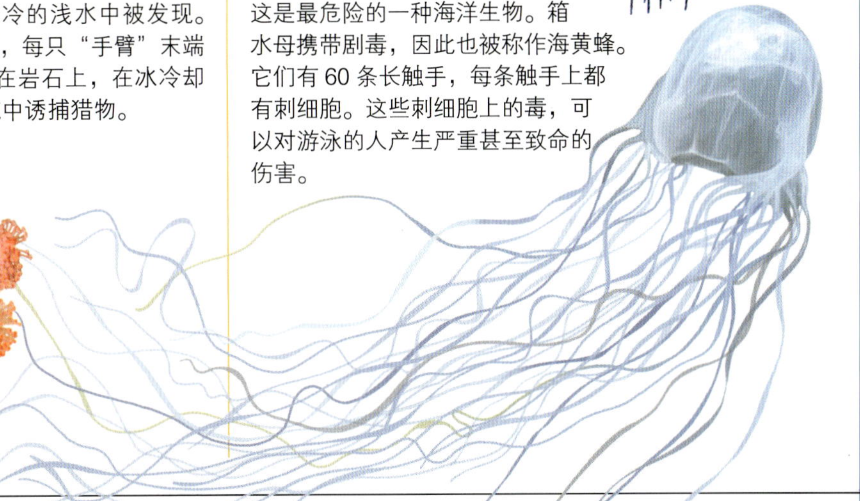

在某些国家，大砗磲的闭壳肌被认为是一种美味的食物。由于**过度捕捞**，大砗磲**变得越来越少了**。

无脊椎动物

大砗磲

Tridacna gigas

分布区域：太平洋南部和印度洋

壳长：最大1.4米

食物：浮游生物

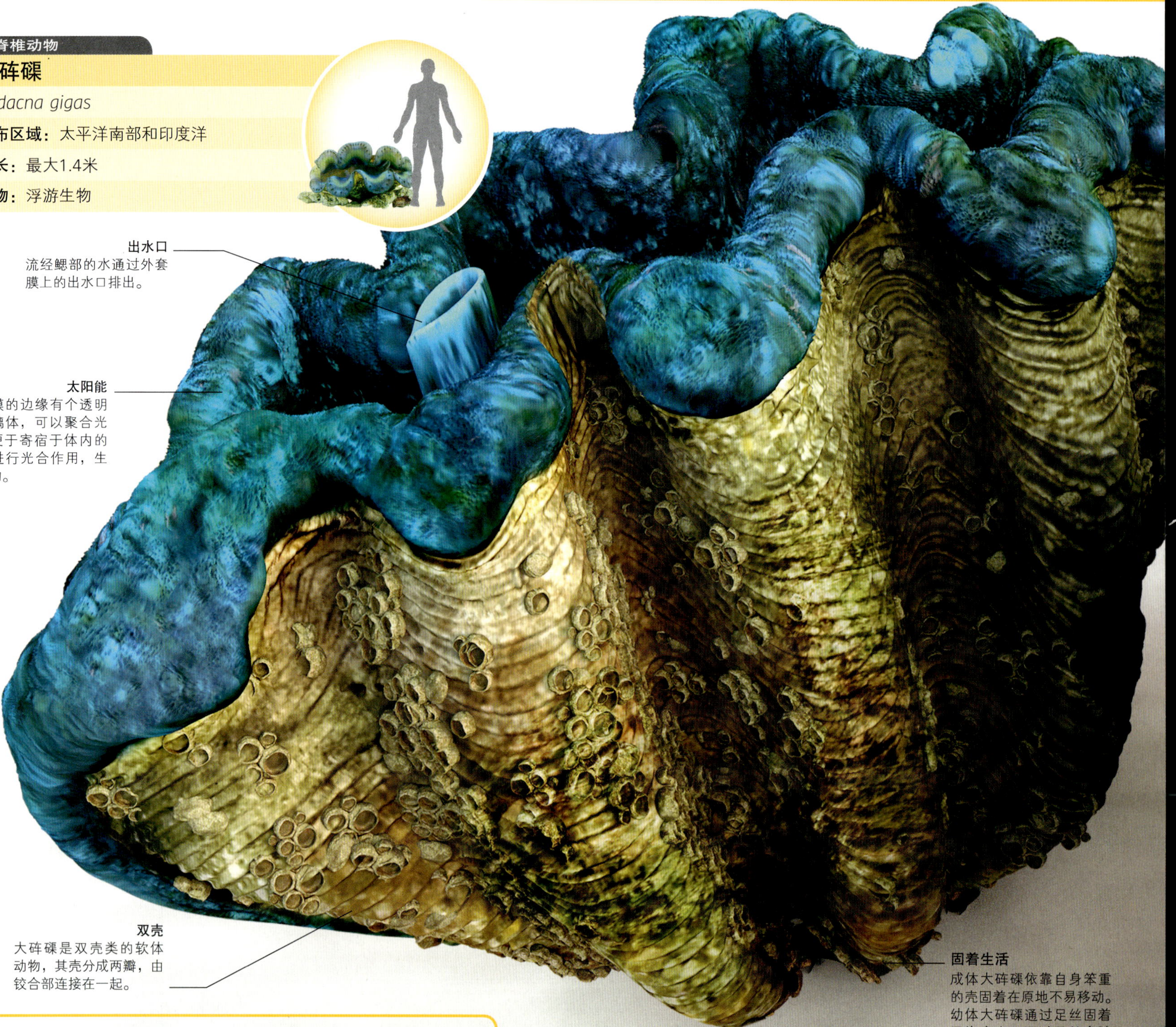

繁殖

大砗磲不能移动，所以它们通过不同个体同时产生的精子和卵子结合进行繁殖。每只大砗磲自身既能产生精子又能产生卵子。大砗磲将精子和卵子产在水中，附近的大砗磲也产生精子和卵子，从而形成受精卵。为避免自体受精，大砗磲一般先将精子排出体外。由受精卵孵出的幼体随洋流漂移。

大砗磲

大砗磲是现存最重的软体动物，它们是鸟蛤、贻贝和牡蛎的大个子亲属。它们一般固着在热带珊瑚礁浅海区，年复一年，越长越大。

刚出生的大砗磲幼体没有硬壳，它们会在印度洋–太平洋的热带海域漂浮。但很快它们就会长成父母的样子，并在珊瑚礁上定居下来。它们从流经身体的水中过滤取食，但它们 2/3 的食物来自生活在体内的数以百万计的藻类。这些藻类通过光合作用制造食物，并供给大砗磲。

过滤取食

水从入水口进入大砗磲的身体，流经像羽毛一样的鳃部。鳃部吸收海水里的氧，还能过滤出水里的浮游生物及其他食物颗粒，这些东西为大砗磲提供必需的蛋白质。部分被消化过的蛋白质可以供给藻类，以便这些藻类进行光合作用，为大砗磲提供碳水化合物。

食物探测器

进水口上的感受器能探测到海水里是否有浮游生物。

壳隙

一个成熟的大砗磲的双壳不能完全闭上。

柔软的外套膜

大砗磲的外套膜可以分泌碳酸钙——正是这种物质形成了大砗磲坚硬的外壳，同时保护内腔。内腔里充满了水，藏有鳃等重要器官。

绚烂的色彩

每个大砗磲都具有独特的颜色。这是因为生活在大砗磲体内的藻类给大砗磲的外套膜带来了生动的色彩。

开壳

两瓣贝壳之间由闭壳肌相连，闭壳肌收缩时就可以合上贝壳。闭壳肌放松时，贝壳就会打开。

大贝壳

沉重的大贝壳有四五个垂直褶皱，还有很多水平的生长线。生长线越多，说明其年龄越大。

目前已发现的最大的大砗磲重达300千克。

巨型乌贼的眼睛直径能达到27厘米，**比足球还大**。

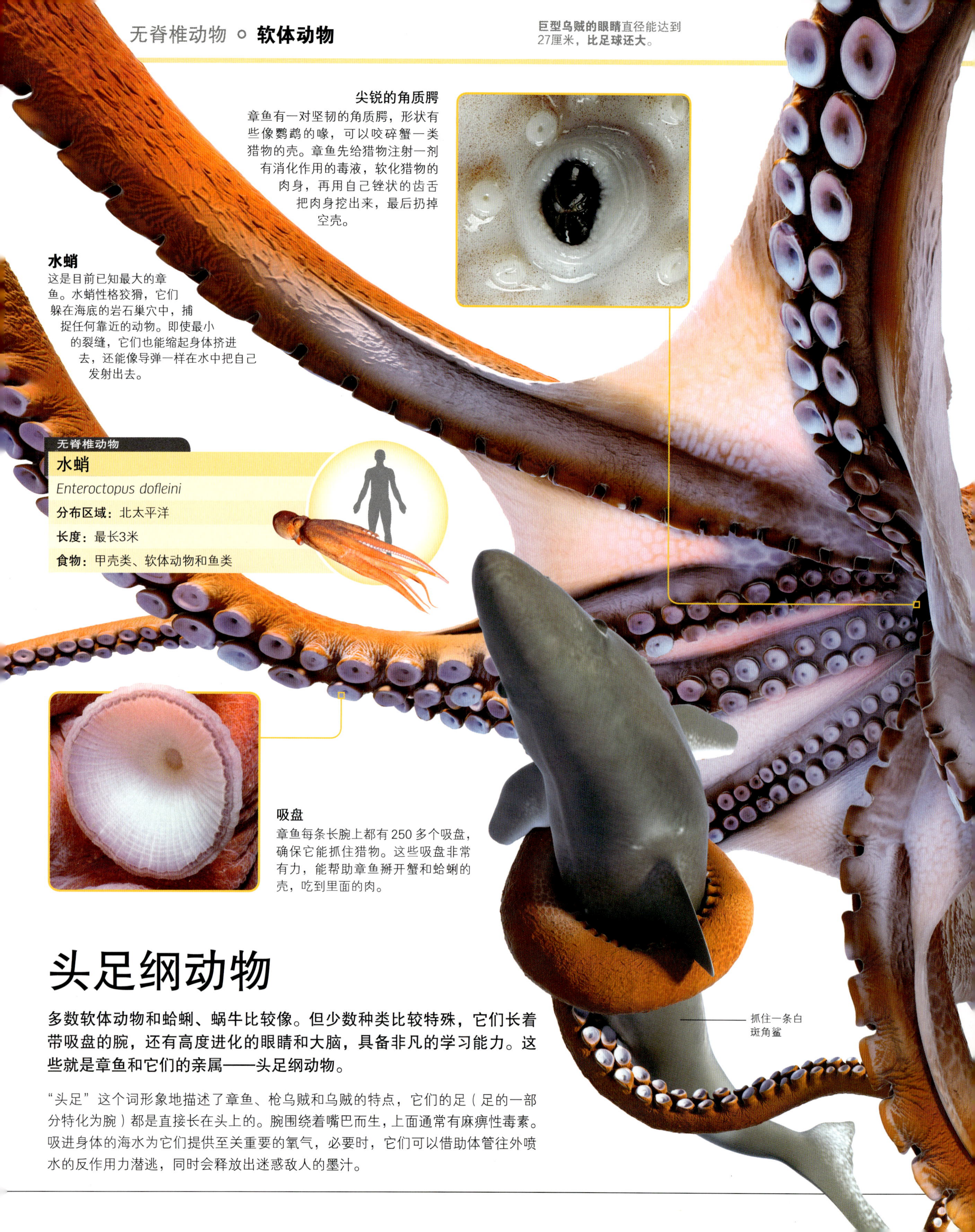

尖锐的角质腭

章鱼有一对坚韧的角质腭，形状有些像鹦鹉的喙，可以咬碎蟹一类猎物的壳。章鱼先给猎物注射一剂有消化作用的毒液，软化猎物的肉身，再用自己锉状的齿舌把肉身挖出来，最后扔掉空壳。

水蛸

这是目前已知最大的章鱼。水蛸性格狡猾，它们躲在海底的岩石巢穴中，捕捉任何靠近的动物。即使最小的裂缝，它们也能缩起身体挤进去，还能像导弹一样在水中把自己发射出去。

无脊椎动物

水蛸

Enteroctopus dofleini

分布区域：北太平洋

长度：最长3米

食物：甲壳类、软体动物和鱼类

吸盘

章鱼每条长腕上都有250多个吸盘，确保它能抓住猎物。这些吸盘非常有力，能帮助章鱼掰开蟹和蛤蜊的壳，吃到里面的肉。

抓住一条白斑角鲨

头足纲动物

多数软体动物和蛤蜊、蜗牛比较像。但少数种类比较特殊，它们长着带吸盘的腕，还有高度进化的眼睛和大脑，具备非凡的学习能力。这些就是章鱼和它们的亲属——头足纲动物。

“头足”这个词形象地描述了章鱼、枪乌贼和乌贼的特点，它们的足（足的一部分特化为腕）都是直接长在头上的。腕围绕着嘴巴而生，上面通常有麻痹性毒素。吸进身体的海水为它们提供至关重要的氧气，必要时，它们可以借助体管往外喷水的反作用力潜逃，同时会释放出迷惑敌人的墨汁。

珍珠鹦鹉螺

Nautilus pompilius

分布区域：太平洋西部

壳径：最大20厘米

珍珠鹦鹉螺具有螺旋形多腔室的外壳，非常容易识别。它们通过调节腔室内的气体量，轻松地在中层水域漂流。雌性珍珠鹦鹉螺有90条短腕，针孔似的眼睛没有晶状体。

普通乌贼

Sepia officinalis

分布区域：大西洋东部

体长：最长45厘米

普通乌贼缓缓地在浅海区游动，用两条可伸展的腕捕捉猎物。它们的皮肤上布满了由神经系统控制的色素细胞，这些细胞可以扩张或收缩，从而改变身上的颜色和图案，以表达情绪，也可以躲避或吓退敌人。

乳光枪乌贼

Doryteuthis opalescens

分布区域：太平洋东部

体长：最长30厘米

枪乌贼和乌贼具有相似的捕食方法和变色能力。不过枪乌贼在水中能够喷射推进，因此速度更快。这种分布于太平洋的枪乌贼以鱼、蟹甚至其他头足动物为食。

体管
章鱼借助从体管喷水的反作用力，推动自己行进。

喷墨口
体管底部有一个墨囊出口。章鱼能喷出乌黑的墨水，迷惑敌人。

弹性腕
章鱼有8条高度灵活的腕。

大王乌贼

Architeuthis dux

分布区域：大西洋深海

体长：最长13米

这种巨型、神出鬼没的深海乌贼，活体极为少见，偶尔会搁浅在海滩上。大王乌贼的眼睛比其他动物的都大。它们利用眼睛，在黑暗的深海中寻找猎物。

类似哺乳动物的眼睛
大王乌贼眼睛结构的复杂程度，不亚于哺乳动物。

吸血鬼乌贼

Vampyroteuthis infernalis

分布区域：全世界的深海区

体长：最长28厘米

吸血鬼乌贼看起来像一把伞，它们得名的原因不是生活习性，而是身上血红的颜色。它们漂流在深海的黑暗区域，进食食物残渣和其他无脊椎动物，靠腕足末端的吸盘捕捉猎物。

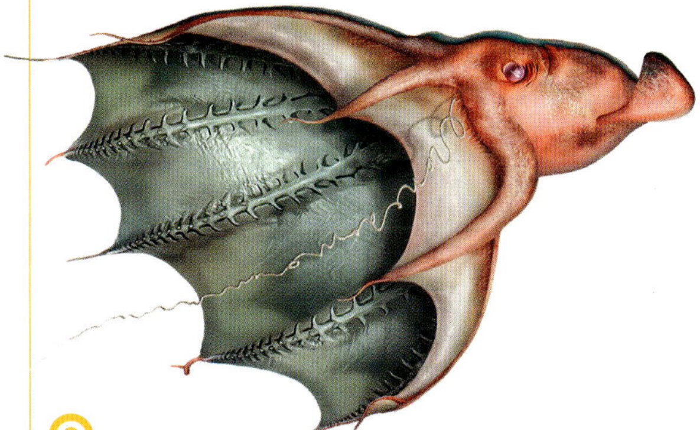

新月豹纹蛸

Hapalochlaena lunulata

分布区域：印度洋–太平洋的珊瑚礁

体长：最长10厘米

和其他的章鱼一样，这种色彩鲜艳的小章鱼有毒。它们咬住小螃蟹、鱼或其他猎物之后会释放毒素。新月豹纹蛸的毒性非常强，是地球上最致命的动物之一。

80% 的软体动物都是**腹足类**，包括蜗牛、蛞蝓和它们的亲属。

细纹小索石鳖

Tonicella lineata

分布区域：北太平洋海岸

体长：最长5厘米

石鳖作为一个独立的类群，它们像蜗牛一样用黏糊糊的足在岩石上爬行。它们的外壳分成环环相扣的8片。石鳖没有眼睛和触角，但它们的外壳里有感光细胞。石鳖以海藻为食。

散大蜗牛

Helix aspersa

分布区域：全世界

壳径：最长4.5厘米

欧洲及世界上其他许多地方，都可以看到这种蜗牛。它们用自己的腹足在地上或植物上爬行，分泌的黏液在身后留下一条痕迹。天气干燥时它们就躲进自己螺旋状的壳里。

扁卷螺

Planorbis rubrum

分布区域：欧洲和北非

壳径：最长2厘米

水生螺类大多生活在池塘、湖泊和河流里。这是一种色彩鲜艳的淡水螺。扁卷螺需要呼吸空气，它们虽然在水下寻找食物，但要返回水面呼吸。

女王凤凰螺

Lobatus gigas

分布区域：加勒比海

壳高：最长35厘米

女王凤凰螺是一种大型的海螺，生活在热带海域，以海草和海藻为食。女王凤凰螺以其浅粉色的壳而闻名。

西班牙披肩海蛞蝓

Flabellina iodinea

分布区域：太平洋

体长：最长7厘米

海蛞蝓隶属于裸鳃动物，是一类没有壳的腹足动物。很多海蛞蝓，包括这种生活在太平洋的西班牙披肩海蛞蝓，捕食带刺细胞的动物，并将猎物的刺细胞储藏在体表的突起上，以保护自己。

大西洋海神海蛞蝓

Glaucus atlanticus

分布区域：太平洋、大西洋和印度洋

体长：最长3厘米

这种大西洋海神海蛞蝓背朝下漂浮在海面上，以海面上的其他漂流动物为食，包括有毒的水母。

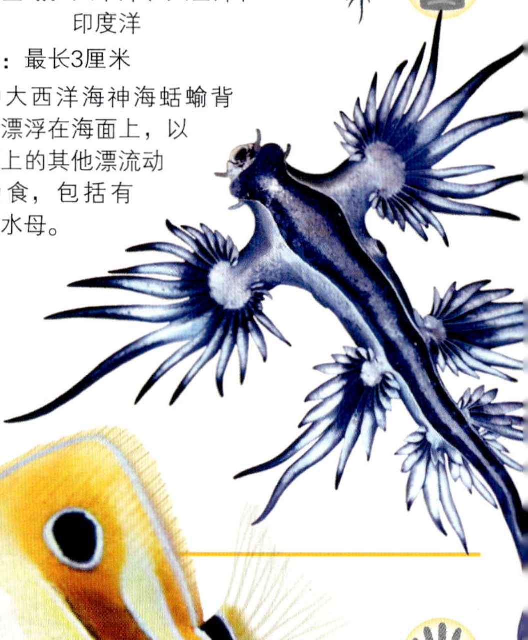

织锦芋螺

Conus textile

分布区域：印度洋-太平洋海域

壳高：最长15厘米

这种贝壳上长着漂亮花纹的热带海螺，身上携带着致命的武器——一只能够注射强烈神经毒素的小鱼叉。它们的武器一般用来麻痹猎物，但这种毒素足以致人死亡。

软体动物

软体动物多数为海生，包括大部分无脊椎动物，其中一些色彩极为鲜艳。多数软体动物具有精致的壳，保护它们柔软的身体。当潮水退去，暴露在空气中时，它们也能在滩涂上存活。

软体动物主要包括三大类。头足纲动物（参见 24—25 页）包括章鱼及其近亲；腹足纲动物——蜗牛和蛞蝓，主要指以腹足爬行的动物，它们中的一些是追踪并捕获猎物的猎手；双壳纲动物多数生活在洞穴里或附着在岩石上，过滤水中的食物。

角贝

Antalis vulgaris

分布区域：大西洋北部

体长：最长5厘米

角贝是一类特别的软体动物，它们和腹足类、双壳类亲缘关系较远。角贝在松软、多沙或泥泞的海床上掘洞，用它们的头丝搜集食物残渣，捕捉小动物。

火焰贝

Limaria hians

分布区域：大西洋东北海岸

壳长：最长4厘米

这种双壳类软体动物身上长了一丛火焰似的橙色触手。这些触手可以分泌一种黏糊糊的酸性物质，用来赶走敌人。

苏格兰西部浅海区的火焰贝
多达1亿只。

贻贝

Mytilus edulis

分布区域：大西洋和太平洋

壳长：最长10厘米

这种双壳类软体动物被大规模养殖和食用。贻贝用丝一样坚韧的足丝附着于潮汐海岸的岩石上，以从水中过滤出的食物颗粒为食。

刺蛤

Acanthocardia aculeata

分布区域：地中海

壳长：最长10.2厘米

和其他很多双壳类软体动物一样，这种小蛤蜊也终生生活在软沙地里。它们吸入海水，获取氧和食物颗粒。为了自保，两扇连在一起的贝壳能紧紧闭合。

女王扇贝

Aequipecten opercularis

分布区域：北大西洋

壳长：最长11厘米

扇贝不像典型的双壳类，因为它们会游泳。通过开合两扇贝壳排水，扇贝可以借助水流的反作用力迅速后退，以躲避危险。

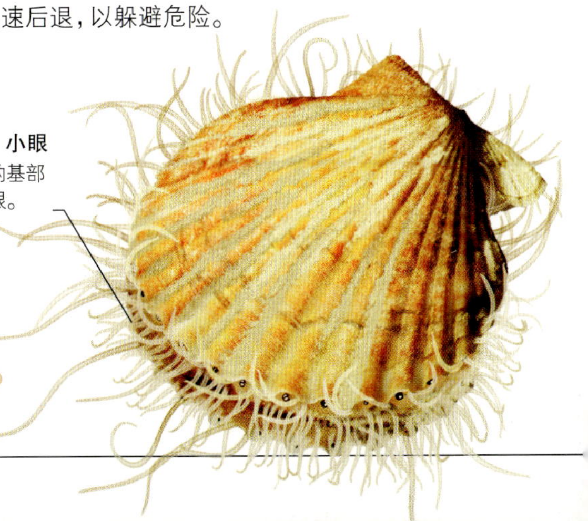

欧洲螯龙虾**活着时呈蓝色**，只有被**煮熟**后才呈现出大家熟悉的**亮橘红色**。

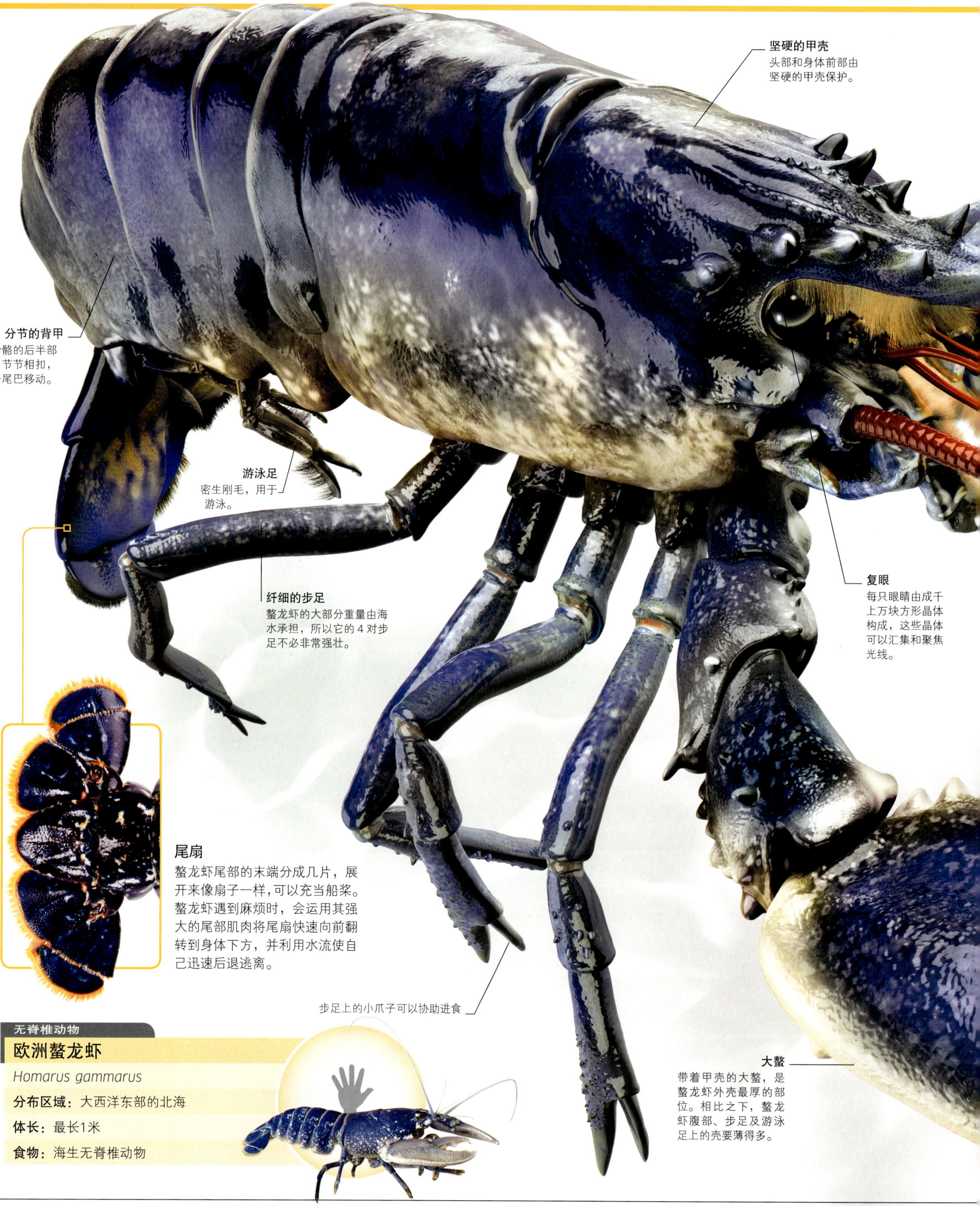

尾扇

螯龙虾尾部的末端分成几片，展开来像扇子一样，可以充当船桨。螯龙虾遇到麻烦时，会运用其强大的尾部肌肉将尾扇快速向前翻转到身体下方，并利用水流使自己迅速后退逃离。

无脊椎动物

欧洲螯龙虾

Homarus gammarus

分布区域：大西洋东部的北海

体长：最长1米

食物：海生无脊椎动物

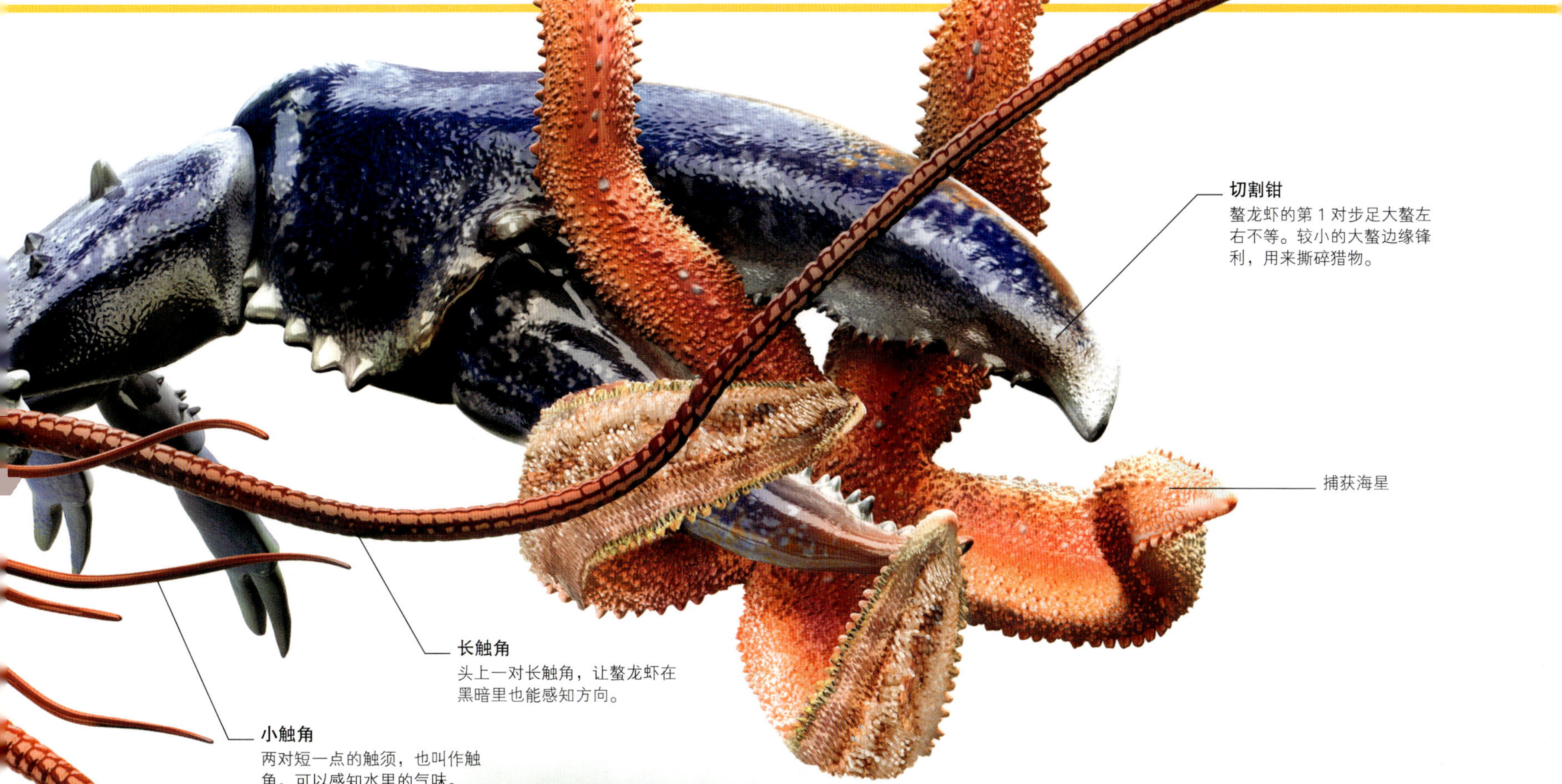

欧洲螯龙虾

如果螯龙虾失去了螯、步足或是触角，它们还能再生新的肢体。

穿着铠甲的螯龙虾，藏身于海床上的岩石缝里，观察着周围，等着猎物来到自己的捕食范围内。虽然螯龙虾看上去比较笨重，但它们用强有力的大螯抓捕猎物的速度非常迅猛。

螯龙虾属于甲壳动物——以坚硬、有关节的外壳（外骨骼）支撑身体的动物。很多甲壳动物都有坚韧的壳，但像龙虾、蟹及其他和它们相似的动物，它们身上较厚的外壳由矿物质加以强化，形成一层坚硬的铠甲。这副铠甲保护它们免受鱼类和其他敌人的伤害。

漂流的幼体

雌螯龙虾在水中产下成千上万枚卵。幼体孵出后，随洋流在水中漂流大概一个月，以其他小动物为食。之后，幼体会长成小小的螯龙虾的样子在海底生活。

450 平方千米——**最大的南极磷虾群**所占面积。

大型溞

Daphnia magna

分布区域：北美洲

体长：最长5毫米

这种体形小巧的溞类群居在池塘和溪流里，是鱼类重要的食物来源。大型溞的身体被一层具有保护作用的透明壳瓣包裹，所以它们的内部器官可以被看到。

藤壶

Balanus glandula

分布区域：北大西洋海岸

体长：最长2.2厘米

藤壶看起来像软体动物，但它们其实是虾的近亲。藤壶成熟后，定居在岩石上，长出石灰质的壳板，以身上类似羽毛的蔓足捕捉食物。

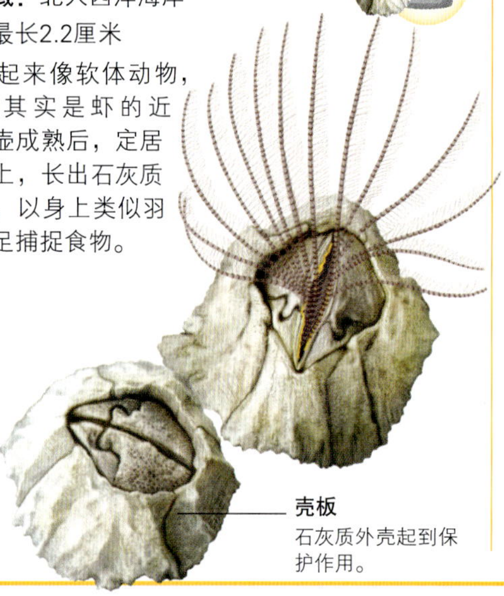

鲤鲺

Argulus foliaceus

分布区域：欧洲、亚洲和美洲

体长：最长7毫米

鲤鲺是寄生动物，它们寄生在其他动物身上。这种鲤鲺使用两个吸盘，吸附在鱼身上，以自己尖锐的口器刺穿鱼鳞，吸食鱼的血液。如果要寻找新的寄主，鲤鲺也可以自己游动。

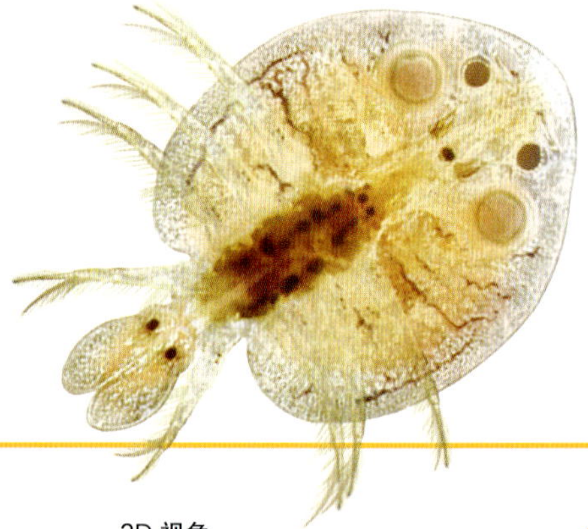

哲水蚤

Calanus glacialis

分布区域：北极水域

体长：最长5.2毫米

数以亿计的小个子哲水蚤生活在海洋里，以海水中的藻类为食。它们在体内储藏起厚厚的脂肪，以抵御寒冷，因此它们成为北极鱼类、海鸟甚至一些大型鲸类的重要食物来源。

雀尾螳螂虾

Odontodactylus scyllarus

分布区域：印度洋-太平洋海域

体长：最长18厘米

螳螂虾是可怕的猎手。有些螳螂虾的大螯末端有尖锐的倒钩，用来刺入路过的鱼类身体。图中这种雀尾螳螂虾的螯呈球棒状，可以击打猎物。它们出手快准狠，猎物几乎立刻毙命。

球鼠妇

Armadillidium vulgare

分布区域：欧洲、亚洲和北美洲

体长：最长18毫米

球鼠妇，也叫作木虱，是为数不多的生活于陆地的甲壳动物之一。它们身上分节的甲壳，主要作用是防止体内水分散失，但即使这样，它们也无法生活在特别干燥的地方，天热的时候要藏身在潮湿的缝隙里。球鼠妇以腐烂的植物为食。

钩虾

Eurythenes gryllus

分布区域：南大洋

体长：最长15厘米

钩虾几乎在所有海域和淡水里都能见到，它们是虾的近亲。图中这种钩虾生活在永远漆黑且冰冷的洋底，以其他洋底动物的尸体为食。

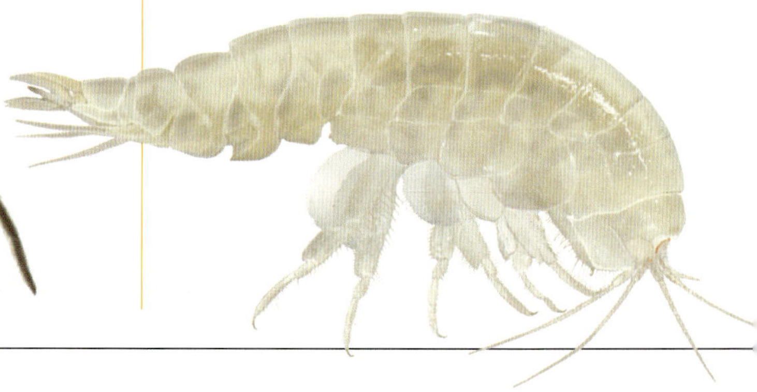

南极磷虾

Euphausia superba

分布区域：南大洋

体长：最长6厘米

磷虾喜欢成群聚居，随洋流移动，以微小的浮游生物为食。南极磷虾是种群数量最多的物种之一，也是大部分分布于南极海域的企鹅、海豹和鲸，包括蓝鲸这种全球最大的动物的主要食物。

樱花虾

Stenopus hispidus

分布区域：印度洋–太平洋海域

体长：最长6厘米

它们像清洁工一样以鱼类身上的寄生虫和皮屑为食。鱼类很容易就可以吃掉它们，但它们做的事情对于鱼类来说太重要了，以至于鱼类舍不得伤害它们。

太平洋螯虾

Pacifastacus leniusculus

分布区域：北美洲

体长：最长18厘米

这种类似龙虾的甲壳动物，生活在湖泊和河流里，捕食一切它们能找到的动植物。这种虾原产于北美洲，后来被引入欧洲。现在它们在欧洲大量繁殖，成为欧洲人眼中的有害生物。

甲壳动物

蟹、虾和龙虾，是我们最熟悉的甲壳动物。它们都是无脊椎动物，具有甲壳和分节的肢体。大多数甲壳动物生活在海里，少数生活在陆地上。

甲壳动物隶属于数量庞大的节肢动物门。它们柔软的身体受到作为外骨骼的甲壳的支撑和保护。坚硬的外壳由灵活的关节相连，利于它们移动。

哈本寄居蟹

Pagurus bernhardus

分布区域：欧洲西北部

体长：最长35厘米

寄居蟹不完全依靠自己的甲壳保护自己，它们钻进像海螺这样的软体动物的空壳里，寻求保护。随着身体长大，它们会换更大的空壳。

角眼沙蟹

Ocypode ceratophthalma

分布区域：印度洋–太平洋海域

头胸甲宽度：最长8厘米

蟹像鱼一样，用鳃呼吸。但只要以海水保持鳃部湿润，沙蟹可以在退潮时呼吸空气并在沙滩上觅食。沙蟹跑起来很快。它们身体的颜色和沙子相似，因此它们停止移动时，就好像幽灵一样突然消失了。

1200 平方千米——一个蝗虫群覆盖的面积。

沙漠蝗虫

饥饿的沙漠蝗虫会集大群飞行。庞大的蝗虫群常吃光沿途每一种可食的植物，甚至每一片绿叶，它们也因此臭名昭著。其实沙漠蝗虫也可以一生独居，不造成危害。

沙漠蝗虫属蝗科动物。和其他蝗科动物一样，它们通常安静地吃草或类似的植物。但如果食物变得稀少，蝗虫会改变平常的行为和身体颜色。它们聚在一起迁飞，最终变成狼吞虎咽的大军，成为吃掉一切食物的空中觅食军团。

大胃口

蝗虫锋利的咀嚼式口器适合取食树叶、草、种子及植物其他坚韧的部位。每只蝗虫每天要进食与自己身体同等重量的食物，所以一大群蝗虫能很快吃光一块农田上所有的作物。

成长

蝗虫属于昆虫。它们坚韧的皮肤起着外骨骼的作用。蝗虫一生中随着成长，会蜕5次皮，每次它们都会变得更大。蝗虫生命初始的5个阶段是不会飞的若虫（又称蝗蝻），最后一个阶段长出可以飞行的翅膀，成为成虫。独居的若虫身体呈绿色。

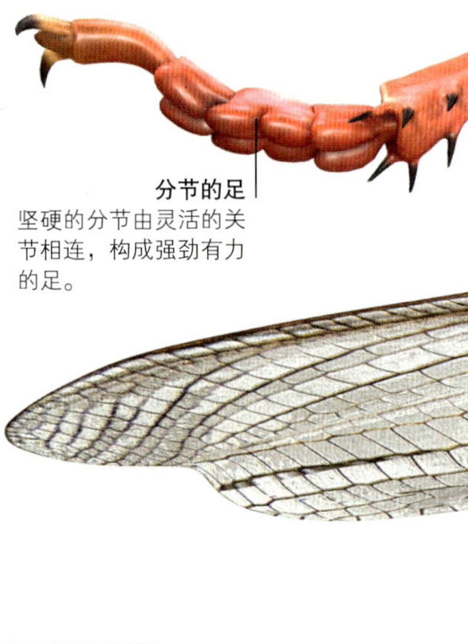
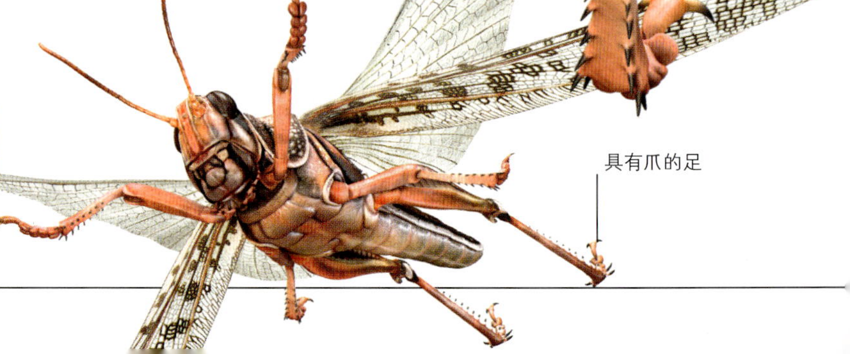

无脊椎动物

沙漠蝗虫

Schistocerca gregaria

分布区域： 非洲北部至印度西北部

体长： 最长7.5厘米

食物： 树叶、果实、种子和树皮

一个蝗虫群体大约包括

400亿只饥饿的个体。

独居状态的蝗虫成体

无害的蝗虫

蝗虫可以独居生活，进食植物，但这种情况对植物不具有毁灭性。在这种状态下，成体蝗虫的身体呈黄褐色。这是一种伪装色，使其不易被天敌鸟类发现。如果生活区食物充足，蝗虫会一直维持这种状态。但如果太多蝗虫开始争夺稀缺的食物，就会导致它们集群觅食，甚至造成蝗灾。

蝗群

许多蝗虫挤在同一种植物上啃食时，就会引发变化。它们会改变体色。不会飞的蝗蝻身体会变成黑黄色，像洪水一样在地面行进。长出翅膀的蝗虫在天上飞行。它们顺风飞行，前往可能刚下过雨的地方，因为雨水可以促进它们可食的植物的生长。

3万个——蜻蜓一只眼睛里的晶体数。

蜻蜓已经在地球上存在了至少3.25亿年。

帝王伟蜓

帝王伟蜓色彩鲜艳夺目，飞行速度快得惊人，行动极其敏捷，堪称所有昆虫中最有魅力的一种。这种蜻蜓是蚊子等小飞虫的天敌，可以直接在空中抓住猎物，甚至可以一边飞行一边吃掉它们。

蜻蜓和与它们外形相像且亲缘关系较近的豆娘，都有修长的身体和大大的眼睛。帝王伟蜓属于晏蜓或脉蜻蜓，它们都是大而有力的物种，擅长在空中巡行，四处寻找猎物，而不是待在栖木上伏击。蜻蜓常在池塘、湖泊和流速慢的河流上空飞行和捕食，用它们特别适于空中捕食的足抓住飞行的猎物。

大眼睛

蜻蜓的复眼很大，每一只都由成千上万个晶体构成。复眼像头盔一样围绕在蜻蜓的头部，使其具有360度全角度视野。因此，只要猎物被蜻蜓盯上，就会无处可逃。

飞行

和其他昆虫不同，蜻蜓的两对翅膀能各自独立扇动。这是一些早期飞行昆虫的特征。这个特点也让帝王伟蜓在空中格外灵活。它们能飞速前进，或原地盘旋，甚至可以倒着飞或横着飞。

抓紧

足的末端有一对弯曲的锋利的钩刺，用来抓捕猎物。

无脊椎动物

帝王伟蜓

Anax imperator

分布区域：欧洲、中亚和北非

体长：最长7.8厘米

食物：飞行的昆虫

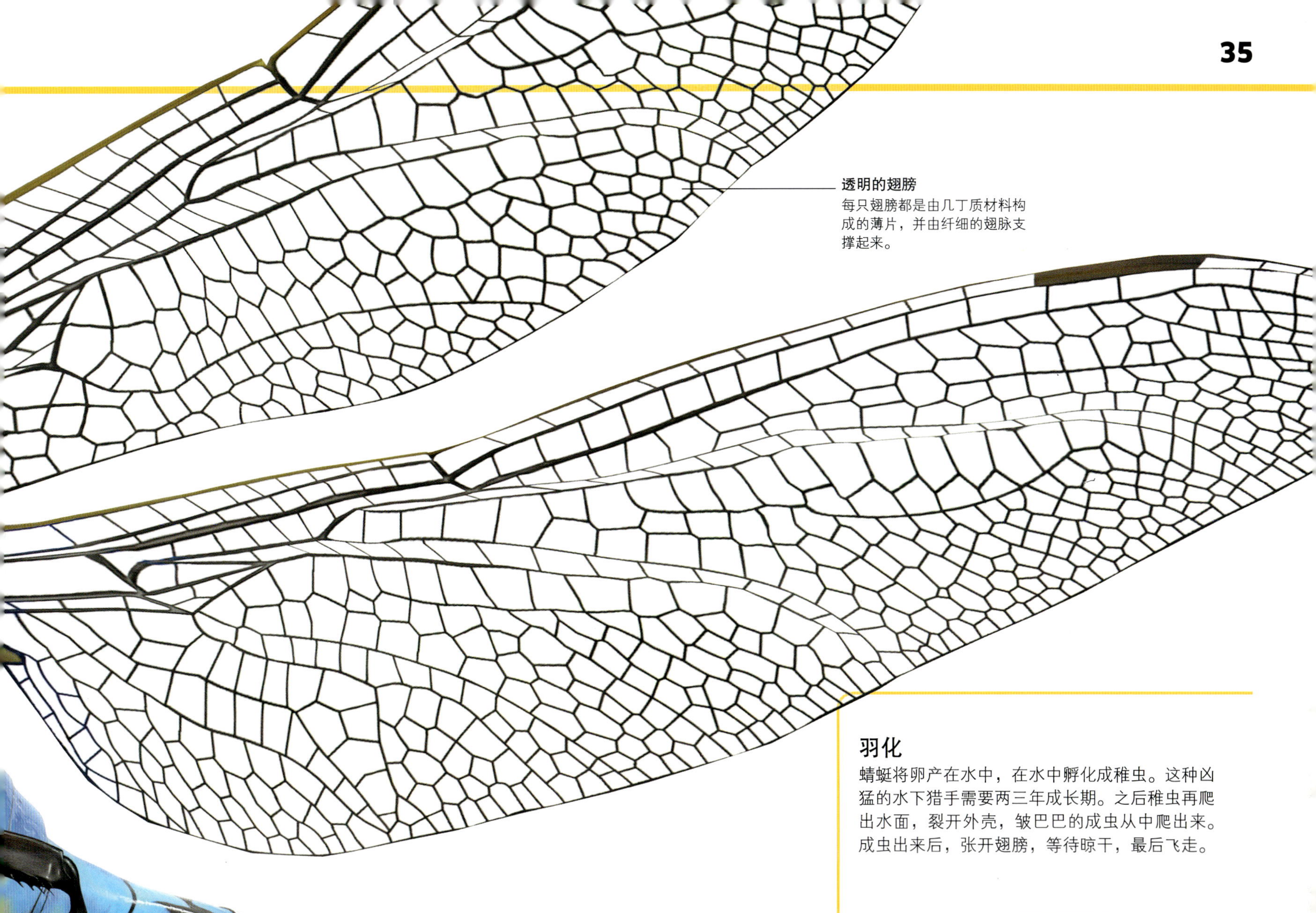

羽化

蜻蜓将卵产在水中，在水中孵化成稚虫。这种凶猛的水下猎手需要两三年成长期。之后稚虫再爬出水面，裂开外壳，皱巴巴的成虫从中爬出来。成虫出来后，张开翅膀，等待晾干，最后飞走。

空袭

帝王伟蜓快速冲过水面时，会仔细寻找任何会飞的猎物。一旦发现目标，就发起攻击。它们伸出带钩刺的足，将飞行中的猎物一把铲起。如果猎物比较小，帝王伟蜓不用停下就可以直接吃掉，但如果猎物较大，帝王伟蜓就会把它带到栖木上，再用自己有力的咀嚼式口器撕碎猎物。

甲虫

目前世界上已知的动物种类中，约 1/4 是甲虫类。这说明它们是地球上最繁荣的种类。单凭它们身上闪着光的坚硬鞘翅，我们就能一眼认出多数甲虫。

鞘翅是变硬的前翅，用来覆盖和保护静止时折叠起来的脆弱的后翅。这样，很多甲虫就可以在茂密的植物叶子间攀爬，在地下钻洞，甚至在水里游动，而不会降低自己的飞行能力。因此，甲虫可以在各种环境下生活，取食从花蜜到动物尸体等各种食物。

尖锐的爪
足部弯曲，具有尖锐的爪，让甲虫能稳稳抓住平滑的植物茎秆。

反射出血
受到攻击时，瓢虫会从身体的关节处渗出一种黄色的有毒液体，这种策略叫作反射出血。它们鞘翅上鲜亮的花纹是在警告鸟类和其他天敌，它们并不好吃。

黑点
图中这只瓢虫身上有 7 颗黑点，其他种类可能有 21 颗或者更多。

张开的鞘翅
飞行时，鞘翅张开，也会为飞行提供上升力。

折起翅膀
它们长长的翅膀很脆弱，飞行时，需要快速展开。

一只瓢虫成虫一天可以吃掉
75只蚜虫。

无脊椎动物
七星瓢虫
Coccinella septempunctata
分布区域：欧洲和北美洲
体长：最长1厘米
食物：蚜虫

实际大小

七星瓢虫

这种彩色的小甲虫生活在草地和林地里，是贪吃的猎手。瓢虫成体和没有翅膀的幼体都捕食身体柔软的小昆虫，尤其是吸食植物汁液的蚜虫。

榛实象甲

Curculio nucum

分布区域：欧洲

体长：最长9毫米

榛实象甲长长的口吻部末端是口器。这种象甲用口器钻入榛子，在里面产卵。孵化出的幼虫会吃榛仁。

六星虎甲

Cicindela sexguttata

分布区域：北美洲

体长：最长1.4厘米

相对于娇小的体形，这种凶猛的猎手奔跑起来比其他任何动物都快。它们在阔叶林里追捕昆虫猎物时，每秒行进的距离相当于自己体长的125倍。

金色圣甲虫

Chrysina resplendens

分布区域：中美洲

体长：最长2厘米

这种产于中美洲的金色圣甲虫坚硬的鞘翅具有金属光泽。它们生活在热带雨林里。

美国埋葬虫

Nicrophorus americanus

分布区域：美国

体长：最长3.8厘米

这是我们较为熟悉的一种甲虫。它们在草地和灌木丛林里寻找大动物的尸体，然后挖掘尸体下的土壤，埋葬它们。雌虫会在尸体上产卵，并在幼虫孵出后帮助它们进食。

鹿角锹甲

Lucanus cervus

分布区域：欧洲

体长：最长7.5厘米

雄锹甲的大颚看起来很吓人，但并不用来捕食，而是用来和同类雄性竞争对手扭斗。另外，它们也被用于向只有普通上颚的雌锹甲求爱。

黄缘龙虱

Dytiscus marginalis

分布区域：欧洲和亚洲北部

体长：最长3.5厘米

这类水下猎人生活在池塘、湖泊和河流里。它们用带毛的后足划水，在水里追捕小鱼和其他猎物。它们的鞘翅下藏有携带氧气的气泡，即使在水下它们也能呼吸。

冈比亚按蚊

世界上最致命的动物，不是大白鲨，也不是毒蛇，而是一种会吸血的小飞虫，这种虫子就是冈比亚按蚊。冈比亚按蚊体内携带的寄生虫，每年至少导致100万人死亡。

蚊子身体纤细，具有一对膜翅，生活习性惹人讨厌。雌蚊通过吸食大型动物的血液来获取产卵所需的营养物质。全世界都有蚊子，多数蚊子除了惹人心烦，也没有别的问题。但某些生活在热带的按蚊却能传播疾病，其中最致命的疾病是疟疾。导致疟疾的疟原虫能够感染人类的红细胞，引起可能致命的高烧。

吸血虫

雌蚊多在夜间行动，依靠猎物的呼吸和体温寻找目标。通常它们能静悄悄地落在猎物身上咬一口而不被发现。吃过一顿血液大餐后，它们的腹部在两三天内就会充满卵。之后，雌蚊将卵产在水里。

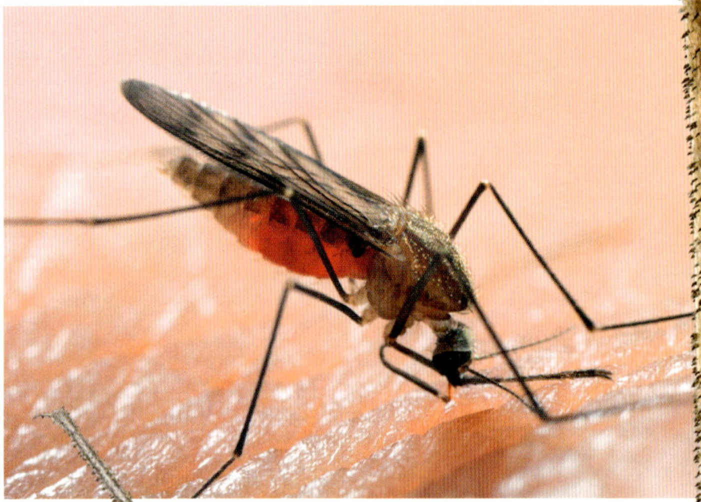

无脊椎动物

冈比亚按蚊

Anopheles gambiae

分布区域：非洲

体长：最长8毫米

食物：花蜜和血液

实际大小

2亿 人——每年全世界感染疟疾的人数。

雌蚊成虫最多可以存活两周。

已知蚊子种类有3500种，不过仅有约30种携带导致疟疾的疟原虫。

细长的触角
雌蚊的触角像线一样细。无害的雄蚊，触角上的毛长而密，更为敏感，它们的触角主要用来感知雌蚊。

敏感的触须
长长的触须上带有感应器，能探知周围是否有猎物在呼吸。

一些生活在热带的蚊子也会传播其他严重的疾病，比如**黄热病、西尼罗热和登革热等。**

被改造的眼睛
科学家试图修正某些蚊子的基因，让它们不再传播疟疾。为了追踪那些基因经过修正的蚊子，科学家将它们的眼睛变成了绿色。

细长的足
和所有昆虫的成虫一样，蚊子也有3对足。

起保护作用的鞘状下唇
蚊子刺穿猎物的皮肤吸食血液时，鞘状下唇向后弯曲，留在皮肤外。

长口针
蚊子吸食血液或花蜜的口针，看起来像稻草中空的茎。

精密工具
这幅伪彩色图像显示的是从蚊子鞘状下唇探出的刺吸式长口器末端的尖针（口针）。蚊子触须末端的刺激感受器能探测“猎物”皮肤下的血管位置。

亚历山大鸟翼凤蝶是世界上**最大的蝴蝶**，**翅展**可达27.3厘米。

透翅蝶
Greta oto
分布区域： 中美洲
翼展： 最长6.1厘米

大多数蝴蝶的翅膀上覆盖着彩色的鳞片。但这种在中美洲热带雨林发现的透翅蝶，只在每只翅膀的边缘覆有鳞片，其他地方透明如玻璃。因此，它们的天敌几乎看不见它们。

黑脉金斑蝶
Danaus plexippus
分布区域： 欧洲、南美洲、北美洲和大洋洲
翼展： 最长11厘米

巨大而有力的黑脉金斑蝶，因它们的长途迁徙而为人们熟知。每年夏天，北美的黑脉金斑蝶会慢慢朝东北方迁徙，横穿整个大陆。之后，再原路返回到美国的加利福尼亚州和墨西哥过冬。

月形天蚕蛾
Actias luna
分布区域： 北美洲
翼展： 最长11.5厘米

同其他几种蝴蝶和飞蛾一样，月形天蚕蛾的成虫生命周期异常短暂。它们生命中大部分时间是毛毛虫，长出漂亮翅膀的成虫仅存活一周，只够它们交配和产卵。成虫并不进食，它们依靠毛毛虫时期摄入的养分存活。

蝴蝶和飞蛾

蝴蝶因其大而亮丽的翅膀、翩翩的舞姿，一直是最有吸引力的昆虫之一。它们的竞争对手飞蛾，是它们的近亲。部分飞蛾和蝴蝶一样，靠吸食花蜜为生。

虽然习性相似，但蝴蝶多数白天活动，而飞蛾则夜间活动，白天飞蛾伪装起来躲避饥饿的鸟类。蝴蝶和飞蛾的生命都从不停摄食的毛虫开始，之后蜕变成带翅膀的生命短暂的成虫。

蜂鸟鹰蛾
Macroglossum stellatarum
分布区域： 欧洲、亚洲和北美洲
翼展： 最长4.5厘米

蜂鸟鹰蛾生活在林地和草地间。它们的不寻常之处在于白天活动。其名字来源于它们盘旋于花上吸食花蜜时，像生活在热带的蜂鸟一样，将翅膀扇动得嗡嗡作响。这是一种强壮有力的飞蛾，能长途跋涉寻找食物。

红裳夜蛾
Catocala nupta
分布区域： 欧洲
翼展： 最长8厘米

大部分飞蛾夜间活动，白天伪装起来。这种飞蛾也一样，不过它们一旦飞起来，就会露出红色的后翼。这种伪装可以迷惑鸟类，因为只要它们停止飞行，就会收起红色的翅膀，飞鸟就找不到它们了。

石冢鸟翼凤蝶

Ornithoptera euphorion

分布区域：大洋洲部分地区

翼展：最长15厘米

石冢鸟翼凤蝶翅膀很长，属于大型蝴蝶。它们飞起来很像鸟类。它们生活在澳大利亚东北部热带地区，是花园的常客，靠吸食木槿花蜜为生。

翅膀鳞片

小红蛱蝶翅膀上的花纹由小块的彩色鳞片构成，鳞片在身上的铺排方式像铺在屋顶上的瓦片。这种鳞片会随着时间而脱落，因此，一只小红蛱蝶活得时间越长，身上的色彩就会越少。蝴蝶和飞蛾翅膀上的鳞片都是如此。

棒状的触角

和多数蝴蝶一样，小红蛱蝶也有长长的触角，末端呈棒状。

吸食花蜜

蝴蝶使用中空的长喙，吸食富含能量的香甜花蜜。不用时，再将长喙像弹簧一样卷起。

翅膀的速度

蝴蝶飞行时，平稳地扇动翅膀；而飞蛾飞行时，则快速扇动翅膀，快到只能看到一团模糊的影子。

小红蛱蝶

很多蝴蝶分布范围非常有限，但小红蛱蝶却不一样，它们广泛分布在干旱开阔的地区。它们还能长途飞行，为了寻找良好的繁殖地而大规模迁徙。这种蝴蝶有3对足，1对前足紧紧折起，放在胸前。

无脊椎动物

小红蛱蝶

Vanessa cardui

分布区域：欧洲、亚洲、北美洲和非洲

翼展：最长7.5厘米

食物：成虫以花蜜为食

蜜蜂

蜜蜂得名于它们使用花粉和花蜜酿造芬芳的蜂蜜。蜜蜂还有一大贡献，它们携带着花粉在植物间穿梭，帮助植物进行异花授粉。没有蜜蜂，某些植物可能无法生存。

蜜蜂是素食主义者。它们不捕食昆虫，而是搜集香甜的花蜜和富含蛋白质的花粉，之后将这些花蜜和花粉带回蜂巢，储存起来。很多动物是单独生活的，但蜜蜂则以负责繁殖的蜂王为中心，集成大群共同生活。蜂王是成千上万只工蜂的母亲。工蜂负责建筑蜂巢、采集花蜜和花粉，将花蜜酿造成蜂蜜，供蜂群在冬天食用。

花粉筐
蜜蜂将采集的花粉堆在后足上的一个长毛围绕的"垫"上，并压紧，形成花粉团，以此来携带花粉。

有爪的足
每只足上都有尖锐的爪，用来抓稳花瓣。

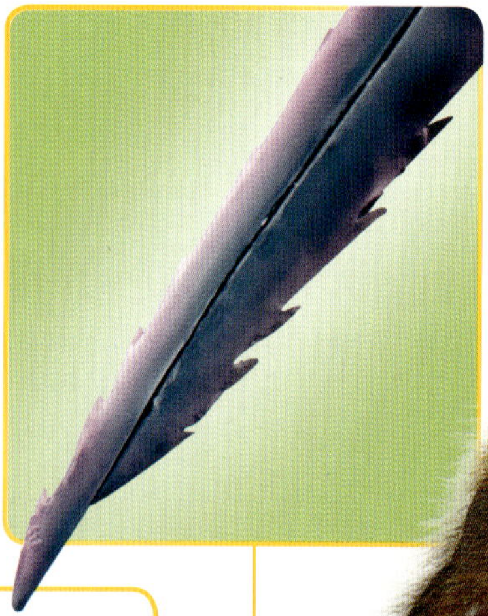

带倒钩的螫针
工蜂身上有螫针，这是它们保卫领地的武器。螫针类似带倒钩的尖锐刀片，连着一个能分泌致痛毒液的分泌腺。如果蜜蜂叮咬哺乳动物，螫针上的倒钩会刺入敌人的皮肤。当蜜蜂抽离时，倒钩会被扯掉，蜜蜂也会很快死去。

蜂王

雄蜂

工蜂

蜂群

虽然蜂王也不比其他蜜蜂大多少，但它一天能产上千枚卵。每枚卵放在一间巢房里，孵化成没有足的幼虫。这些幼虫，有的成长为新的蜂王，有的成长为雄蜂，但大多数都发育成没有生育能力的雌性工蜂。雄蜂的作用，是与其他蜂群的蜂王进行交配。

250 次——蜜蜂每秒扇动翅膀的次数。正是由于翅膀的扇动，使得蜜蜂飞起来嗡嗡作响。

2000 枚——春季，蜂王每天产卵的数量。

无脊椎动物

西方蜜蜂

Apis mellifera

分布区域： 全世界

体长： 最长1.5厘米

食物： 花蜜和花粉

实际大小

复眼
蜜蜂的复眼由许多晶状体构成，擅长辨别颜色，有助于蜜蜂寻找富含花蜜的花朵。

敏感的触角
每只触角上都有数千个气味探测器，帮助蜜蜂寻找芬芳的花朵。

集粉器
蜜蜂全身的密毛，可以采集花粉。

口器
蜜蜂落在花朵上后，会伸出一根像吸管一样的管状长喙。蜜蜂用喙吸食富含糖分的花蜜，将花蜜收进一个叫作蜜囊的消化器官。蜜囊装满花蜜后，蜜蜂就返回蜂巢，将花蜜交给别的蜜蜂，那些蜜蜂负责将花蜜酿成蜂蜜。

翅膀
飞行时，蜜蜂的两对翅膀通过钩状毛连在一起，同时扇动。

有刚毛的足
足上的刚毛像刷子一样，将蜜蜂身上的花粉扫进花粉筐。

4亿 年——昆虫在地球上存在的大致时间。

已知的昆虫种类有100多万种。

巨叶䗛

Phyllium giganteum

分布区域：东南亚

体长：最长11厘米

作为竹节虫这类动物中的一员，巨叶䗛的伪装技巧非常高明。它们即使毫不掩藏地趴在树叶上啃食，也很难被鸟类和其他天敌发现。这种昆虫甚至可以模仿真正的叶子在微风中轻轻摇摆。

美洲大蠊

Periplaneta americana

分布区域：全世界

体长：最长5厘米

美洲大蠊很可能是从非洲传入美洲的物种。和很多我们熟悉的昆虫一样，它们已经学会利用人类提供的栖息地和食物。它们也因此成了臭名昭著的世界性卫生害虫。

昆虫

昆虫的物种数量非常多，包括我们熟知的甲虫、蝴蝶、飞蛾等。不同种类的昆虫适应不同的生活方式和生活环境，是很多开花植物重要的传粉助手。

绝大多数成体昆虫，身体由 3 部分构成，分别是头部、胸部和腹部。典型的昆虫有 3 对足，2 对翅膀。不少昆虫的生命周期分为多个阶段，从类似毛毛虫且没有翅膀的幼虫，最终发育成具有繁殖能力的成虫。也有些昆虫只是经过几次蜕皮，最后长到成虫的大小。

现存已知物种中，
超过半数的是昆虫。

红褐林蚁

Formica rufa

分布区域：欧洲

体长：最长1厘米

红褐林蚁在林地里筑造大巢，每个蚁群的林蚁数多达 40 万只。蚁群受到威胁时，不管敌人是谁，工蚁都会从腹部末端朝敌人喷射蚁酸。

黑背皱背姬蜂

Rhyssa persuasoria

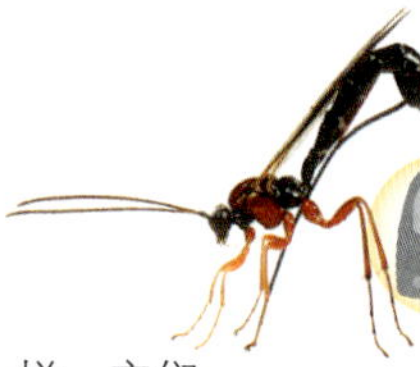

分布区域：北半球

体长：最长4厘米

这是最大的姬蜂之一，和其他姬蜂一样，它们将卵产在其他昆虫的幼体上。雌蜂以自己尖锐的产卵器钻通木头，将卵产在幼虫身上。幼蜂从卵中孵出后，会活生生地吃掉寄主。

昆虫是**第一批能飞行的动物**。已知**最古老的飞行昆虫生活在3亿年前**。

虽然**各类**陆地和淡水水域都有**昆虫**，但**海洋**里的昆虫**很少**。

欧洲兔蚤

Spilopsyllus cuniculi

分布区域：北半球

体长：最长1毫米

跳蚤是一类以其他动物血液为食的寄生昆虫。某些种类只适应特定的寄主，欧洲兔蚤最喜欢兔子。欧洲兔蚤的后足强劲有力，用来跳到猎物身上。尖锐的口器，用来刺穿猎物的皮肤。

斑纹狭螽

Leptophyes punctatissima

分布区域：欧洲

体长：最长3厘米

斑纹狭螽与蝗虫的亲缘关系较近，与常见的纺织娘属于同类。斑纹狭螽不会飞。它们后足很长，擅长跳跃，却很少跳跃，喜欢在灌木丛里慢慢爬行寻找食物。图中为雌虫，它有一个弯刀似的产卵器。

非洲大白蚁

Macrotermes bellicosus

分布区域：非洲

体长：最长2.5厘米

白蚁喜欢群聚生活，每个蚁群都有一只负责繁殖的蚁后。它们用泥土建筑高塔一样的巢穴，由兵蚁守卫。体形小一些的工蚁收集草料，当作堆肥，在巢穴里种植食用菌。

黄颜食蚜蝇

Syrphus ribesii

分布区域：欧洲

体长：最长1.3厘米

黄颜食蚜蝇飞行技术非常高超，它们能悬停飞行，迅速前进或后退，还能横着飞，或者在空中原地盘旋。黄颜食蚜蝇吃花蜜，身上模仿黄蜂的警示条纹可以警告鸟类和其他天敌，然而它们其实没有攻击性。

草蛉

Chrysopa perla

分布区域：欧洲

体长：最长1.3厘米

草蛉长有蕾丝般的精巧长翅。它们捕食比自己小的昆虫，是凶猛的猎手。它们的幼虫类似毛毛虫，也擅长捕猎，是吸食植物汁液的蚜虫们的主要天敌。

十七年蝉

Magicicada septendecim

分布区域：北美洲

体长：最长4厘米

蝉一生中大部分时间都是以若虫的状态生活在地下，之后羽化成带翅膀的成虫，开始繁殖后代。多数蝉类的寿命只有一年，但十七年蝉每 13 年或 17 年才出现一次，然后销声匿迹，直到下一次大规模出现。

蜉蝣

Ephemera danica

分布区域：欧洲

体长：最长2.5厘米

蜉蝣以其成虫的生命短暂为我们所知。成虫只能活几天，只够它们找到配偶，完成交配和产卵。不过，它们的幼虫时期要长一些。幼虫在水底生活 3 年之后才爬出水面。

薄翅螳螂

Mantis religiosa

分布区域：欧洲中部和南部

体长：最长7.4厘米

众多螳螂中，最为我们熟知的就是薄翅螳螂。这种可怕的螳螂，以自己强劲有刺的前足捕捉其他昆虫，咬掉它们的头，再吃光它们。薄翅螳螂静静地待在原地，等待猎物进入自己的捕猎范围，然后伏击猎物。

这种**秘鲁巨人蜈蚣**可以悬在洞穴顶上，**捕捉路过的蝙蝠**。

雌蜈蚣用自己的身体**将卵围起来**，以**保护它们**免受敌人侵害。

长着很多步足的多足动物

蜈蚣和马陆一样，隶属于无脊椎动物中的多足类。它们的身体分成很多体节，连在一起形成一个长而灵活的链状身体。蜈蚣的每个体节有一对分节的步足，而马陆每个体节有两对步足。有一种马陆的步足多达 750 条，而秘鲁巨人蜈蚣通常只有 23 对步足。

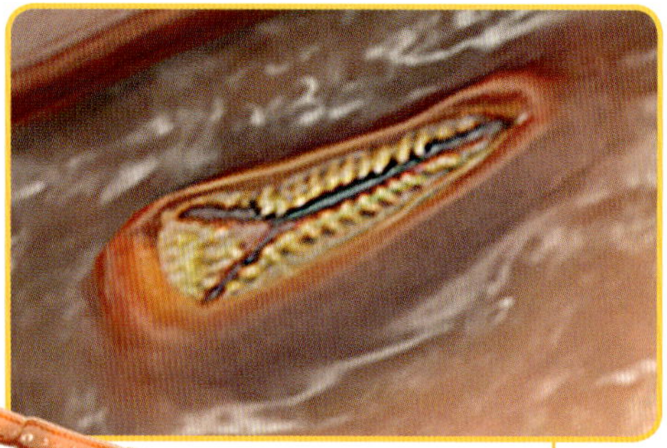

生命的通风口

空气通过蜈蚣体侧长三角形的气孔，到达气管，进入体腔内。空气从呼吸管道进入，为肌肉和器官提供氧气，废气和二氧化碳再从呼吸管道排出。昆虫的呼吸方式与此类似。

薄皮肤

蜈蚣的皮肤薄，容易流失水分，所以它们要生活在潮湿的热带雨林，藏身于岩石缝隙和腐烂的木头下。

锐利的爪子

钩状的爪子利于蜈蚣快速爬行，也有利于捕捉猎物。

波动前行的步足

蜈蚣前进时，步足的运动方式像波浪一样。身体前部收缩、舒张，而后传导至身体后部。

无脊椎动物

秘鲁巨人蜈蚣

Scolopendra gigantea

分布区域： 南美洲

体长： 最长30厘米

食物： 小型动物

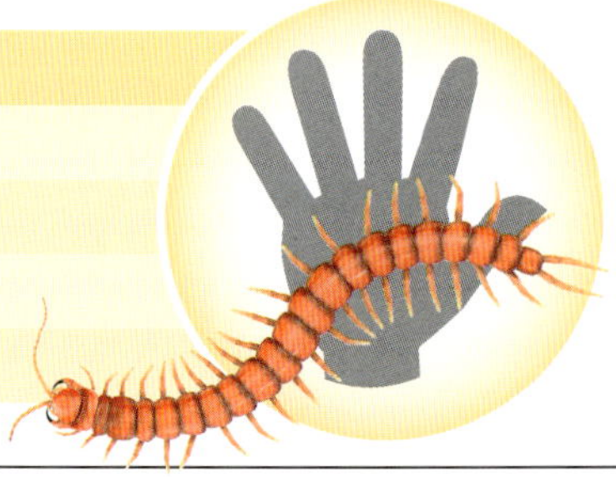

秘鲁巨人蜈蚣

秘鲁巨人蜈蚣的步足绝不是你轻易数得清的。它们是热带雨林地面上可怕的猎手。狼蛛也不是它们的对手，只能成为它们的猎物。

虽然蜈蚣头的两边各长了几只小小的单眼，但它们视力很差。蜈蚣依靠自己灵敏的长触角感知猎物。它们会攻击任何遇到的小动物，甚至有人看见它们等在蝙蝠的洞口，准备猎杀回来的蝙蝠。蜈蚣的主要武器是它们特化的带有利爪的颚足，能够释放强效的毒液。

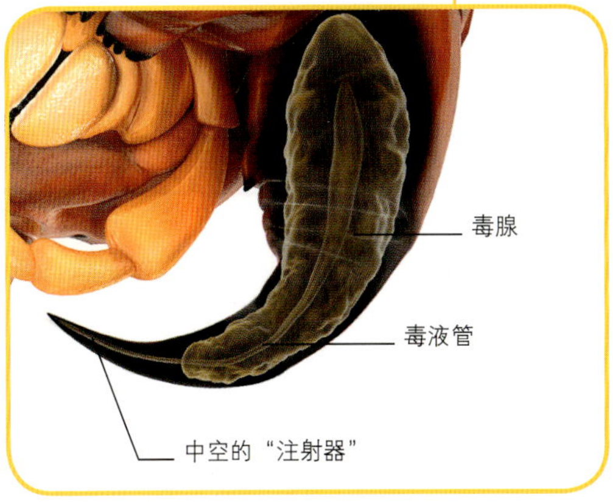

致命一咬

类似爪子的颚足，其基部有能分泌强效毒液的毒腺。蜈蚣抓住猎物后，就会通过锋利的爪尖将毒液注射进猎物的身体，让猎物陷入昏迷或者死亡。之后，蜈蚣会将猎物撕碎吃掉。

墨西哥红膝鸟蛛有时会在洞口**吐一条丝线**，拦在洞穴入口处。这条丝线**像绊网一样**，提醒蜘蛛有猎物靠近。

墨西哥红膝鸟蛛

墨西哥红膝鸟蛛是体形最大的蜘蛛之一。它们擅长深夜在洞穴附近伏击小动物。捕猎时，它们会突然一跃而出，抓住猎物，用毒牙注射毒液，令猎物瘫痪。

墨西哥红膝鸟蛛体形较大，身体上布满绒毛，以大型昆虫为食。和别的蜘蛛一样，墨西哥红膝鸟蛛也长着 4 对步足，口器末端有一对尖锐的牙。但它们的牙不像大多数蜘蛛一样收拢在身下，而是向下弯曲。

警告姿势
受到威胁时，这只蜘蛛举起前足，向敌人露出尖牙，以示警告。

无脊椎动物

墨西哥红膝鸟蛛

Brachypelma smithi

分布区域：墨西哥西南部

体长：最长10厘米

食物：小动物

分节的步足
每条长步足都有 7 节，节与节之间以灵活的橘红色关节相连。这也是红膝鸟蛛名字的来由。

球状身体
身体主要分为两部分，由一节细腰相连。前半部分也叫作头胸部，包括头部和胸部，后半部分是腹部。

敏感的步足
墨西哥红膝鸟蛛的主要感觉器官在步足上。每条步足的末节上有一块对气味和味道敏感的肉垫，上面的绒毛可以感知空气流动以及地面传来的震动。足尖有一对锋利的爪，利于红膝鸟蛛行走。

墨西哥红膝鸟蛛在出生后的4个月之内，每两周换一次毛。

30 年——**雌性**墨西哥红膝鸟蛛的**寿命**。**雄蛛**的**寿命要短很多**。

墨西哥红膝鸟蛛的叮咬有毒，不过它们对人类的影响只相当于**人类被蜜蜂蜇了一下**。

须肢
口器两边这种像腿一样的感应器，能够感知气味等，也能像手臂一样用于与猎物搏斗。

8 只单眼
蜘蛛有 8 只单眼。这种眼睛与昆虫的复眼不同，每只眼睛有一个晶状体。虽然有些蜘蛛视力惊人，但墨西哥红膝鸟蛛只能看清轮廓，主要依靠其他感官感知像昆虫、蜥蜴和老鼠这些猎物。

毒牙
螯肢末端伸出锋利的牙齿，可以向猎物注射毒液，使其瘫痪。

强健的口器
墨西哥红膝鸟蛛有一对螯肢，用来将猎物捣成可食的肉泥。

蛛丝

蜘蛛能吐丝，有些蜘蛛利用蛛丝结网捕猎，而墨西哥红膝鸟蛛则会吐丝封住洞口。雌蛛还利用蛛丝织成一个丝垫，在上面产卵。之后雌蛛会将垫子团成球，保护卵和刚孵出的小蜘蛛。

利刺防线

多数蜘蛛为了自卫而咬人，而墨西哥红膝鸟蛛则会使用更高明的战术。它们可以直接朝攻击者的脸踢过去，并扬起腹部的刚毛。这些刚毛刺入敌人的眼睛和鼻子，会使敌人痛苦不堪。

8 **年——人工喂养**的帝王蝎能达到的**寿命**。

爬到背上

刚出生的白色幼蝎长得和父母很像，尾巴上也带着毒针。幼蝎出生后，会沿着母蝎的螯肢和步足爬到母蝎的背上。母蝎就这样驮着它们，直到幼蝎能够自己觅食。

奇怪的荧光

蝎子坚硬的角质层或外骨骼上含有荧光物质，能在紫外光下呈现明亮的蓝绿色。目前还没有人知道蝎子为什么具有这种能力，但科学家却可以根据这个特点，在黑暗里找到它们。

帝王蝎毒针的毒性与蜜蜂的相当。有些蝎子的毒液能致人死亡。

28 克——怀孕的雌蝎可达到的体重。

雌帝王蝎能在背上驮30只幼蝎。

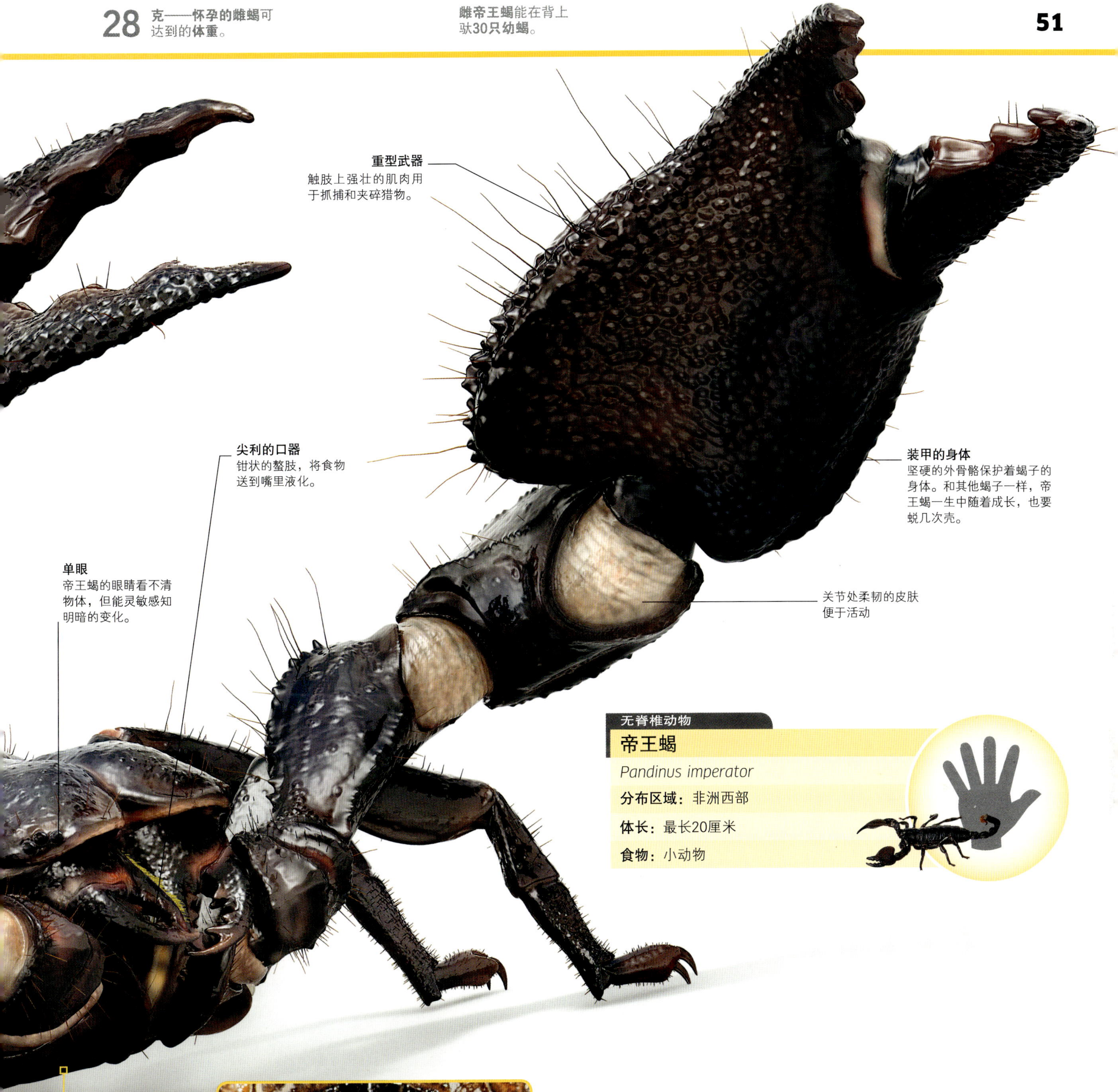

无脊椎动物

帝王蝎

Pandinus imperator

分布区域： 非洲西部

体长： 最长20厘米

食物： 小动物

震动探测器

蝎子身体底部有一对梳子状的感应器，叫作栉状器。蝎子将栉状器压在地上，可以在黑暗里感知附近小动物移动时引起的微弱震动。

帝王蝎

帝王蝎具有一对巨大的触肢，尾巴上带有毒针，它们夜里在森林的地面上寻找猎物。帝王蝎几乎完全凭触觉捕猎，即通过地面震动感知猎物的行动。

蝎子看起来有点像龙虾，但它们属于蛛形纲，是蜘蛛的近亲。蝎子没有毒牙，但尾巴上有毒针。它们能将尾巴抬起，越过自己的头，用毒针去刺钳子里的猎物。帝王蝎力气很大，能够徒手撕开猎物，很少用到毒针。

家隅蛛是奔跑速度**最快的蜘蛛**，能以**每秒50厘米**的速度**奔跑**。

褐红鬼面蛛

Deinopis subrufa

分布区域：澳大利亚

体长：最长2.5厘米

这种澳大利亚蜘蛛，夜里用前足吊着自己富有弹性的小蛛网，并用它们的大眼睛密切关注着猎物。如果有昆虫在蛛网附近游荡，它们就跳起来，诱惑昆虫进入它们的陷阱。

蛛形纲动物

蛛形纲动物包括蜘蛛、蝎子以及它们那些 8 条腿的近亲，这个类群囊括了一些高度特化的捕猎高手，它们具备征服猎物的强效毒液。

大部分蛛形纲动物捕食其他动物，要么直接捕食，要么设下陷阱诱敌，还有些吸食猎物的血液。尽管蜘蛛有毒牙，所有真正的蝎子尾巴上都有毒针，然而还是有些蛛形纲动物只能凭借力气杀死猎物。多数蛛形纲动物吃不了固体食物，必须以大量的消化液将猎物的软组织液化。它们像喝汤一样吸掉液化后的组织，猎物只剩下一张空皮囊。

致命蛛网

蛛网是蜘蛛利用蛛丝设下的陷阱，蛛丝弹性极强，可以拉伸到原本长度的 10 倍。

横纹金蛛

Argiope bruennichi

分布区域：欧洲

体长：最长1.8厘米

很多蜘蛛用螺旋形蛛网猎捕昆虫类猎物。这种叫作横纹金蛛的蜘蛛喜欢在草丛间织网。对于捕捉蝗虫这类猎物来说，这种蛛网堪称完美陷阱。

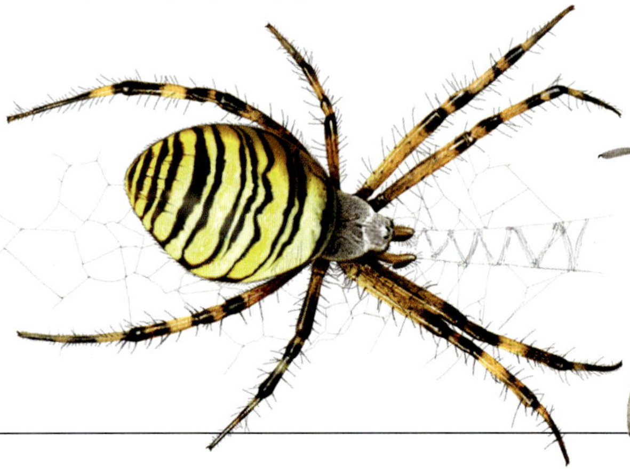

秋麒麟蟹蛛

实际大小

Misumena vatia

分布区域：北美洲和欧洲

体长：最长1.1厘米

秋麒麟蟹蛛不织网，而是躲在花瓣里伏击前来的昆虫。它们身披粉红色条纹，可以根据其藏身之处花色的不同改变体色，如白色或黄色。

水涯狡蛛

Dolomedes fimbriatus

分布区域：欧洲

体长：最长2.2厘米

水涯狡蛛在水上捕食，由水的表面膜支撑身体的重量。这种蜘蛛能够根据水面上的涟漪感知猎物，然后滑过水面去捉住它们。

水蛛

Argyroneta aquatica

分布区域：欧洲和亚洲中部

体长：最长1.5厘米

这是唯一一种生活于水下的蜘蛛，但它们也要呼吸空气。水蛛从水面收集空气，放进包裹住身体的一个气泡内。它们会在水下织一张钟形的网，用来存放自己运来的空气，并将其作为育儿室使用。

猫蛛

Peucetia viridans

分布区域：北美洲

体长：最长2.2厘米

许多蜘蛛并不织网捕猎，而是四处寻找猎物。这种美洲蜘蛛是迅猛的猎手，捕捉昆虫时像猫一样敏捷。

佛罗里达跳蛛

Phidippus regius

分布区域：北美洲东南部

体长：最长2.2厘米

跳蛛用它们的大眼睛发现猎物，并判断猎物的动向，然后一跃而起，扑向猎物，咬出致命一口。跳蛛多数腿短身小。佛罗里达跳蛛是这个类群中最大的一种。

悉尼漏斗网蜘蛛

Atrax robustus

分布区域：澳大利亚

体长：最长5厘米

这种大块头的澳大利亚蜘蛛以致命的杀伤力出名，它们身上携带的毒液可以毒死一个成年人。遇到危险时，它们会跳起来，向敌人露出致命的大毒牙，以示威胁。

避日蛛

Metasolpuga picta

分布区域：非洲西南部

体长：最长5厘米

虽然名为蜘蛛，看起来也像蜘蛛，但它们其实不是真正的蜘蛛，也没有毒牙。避日蛛在纳米布沙漠里的沙丘上捕食昆虫。它们抓住并撕开猎物，再送到强健的口中吞食。

长脚盲蛛

Phalangium opilio

分布区域：北半球

体长：最长9毫米

虽然外形与蜘蛛相似，但长脚盲蛛的身体却整个连为一体，看上去像颗由 8 条极细长的腿托着的豆子。它们的下颚像把小钳子。它们吃各种食物，以超级灵敏的第二对步足感知猎物。

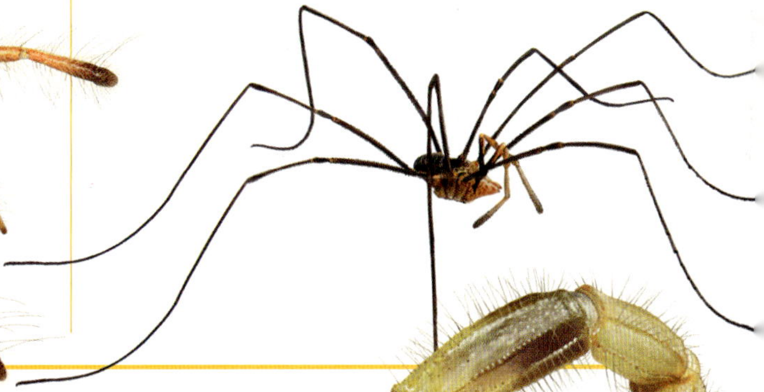

巨鞭蝎

Mastigoproctus giganteus

分布区域：北美洲南部

体长：最长6厘米

这个美洲物种，也叫作醋蝎，因为它们遇到敌人时，会从鞭子一样的尾部喷射出像醋似的酸性液体。这种蝎子没有毒针。

以色列金蝎

Leiurus quinquestriatus

分布区域：全世界

体长：最长11厘米（包括尾部）

这种蝎子分布广泛，从北非到印度都能看到。它们是最危险的蝎子之一，体内的毒液具有致命的杀伤力。它们用强壮的触肢抓住猎物，再注射毒液使猎物瘫痪或死亡。

10 年——红海盘车的**最长寿命**。

红海盘车

红海盘车动用数百只灵活的管足，在海床上朝蛤蜊滑行而去，之后再悄悄爬上猎物的贝壳，发动攻击。它们强行拉开蛤蜊的贝壳，吃掉里面柔软的肉。

海星看起来不像猎手，但对其他海生动物来说，它们是永远吃不饱的捕食者，随时准备吃掉所有逃不出它们“掌心”的动物，包括其他海星。它们根据气味和化学痕迹追踪猎物，直至猎物触手可及。然后它们以自己短小的管足上的吸盘吸牢猎物，从位于其身体中间的口中翻出贲门胃，将消化液覆盖在猎物上。消化液能分解猎物的软组织，这样海星就能把它们吸入体内。

雌海星产卵数能高达
250万枚。

气味感受器
海星的棘皮上具有敏感的化学感受器，能感知猎物的气味，哪怕非常微弱。

眼点
每条腕的末端具眼点，可以感知光影变化。

棘皮
海星粗糙不平的皮肤上，具有一排排白色突起。被称作皮鳃的软结构（本图中橙色部位）从皮肤上的凹缝里伸出。皮鳃的作用和鳃一样，能从海水中吸收氧，排出二氧化碳。

管足
每条腕下面具数排灵活的管足，由小块的肌肉和“液压系统”（水管系统）共同控制。其中液压的产生与坛囊有关，坛囊收缩时，囊内液体进入管足，引起管足运动。管足末端具吸盘，可吸附在海床上，便于海星到处爬行。

五角星
海星有5条锥形的腕。皮肤通常呈橘黄色，也有些呈紫色或棕色。

无脊椎动物

红海盘车

Asterias rubens

分布区域：大西洋北部

辐径：最大50厘米

食物：固着生活的动物和腐尸

长出新腕

图中这只海星失去了两条腕，但它还能再长出两条新的腕。初生的腕看起来像个花苞，但最后都会长到本来的长度。更令人惊奇的是，即便海星只剩下一条腕，只要有部分原来的中央体盘，也能长成一只完整的海星。如果把海星切成两半，每半都能长成一只新海星。

海星体内结构

海星的胃位于中央体盘内，开口对着体下侧的口部，肛门则位于正面中央。5 条腕具有相同的结构和功能，都具有消化系统和控制管足运动的充满液体的坛囊。腕上具有生殖器官，能产生卵子或精子。产卵期时，位于腕基部的生殖口会排出生殖细胞。

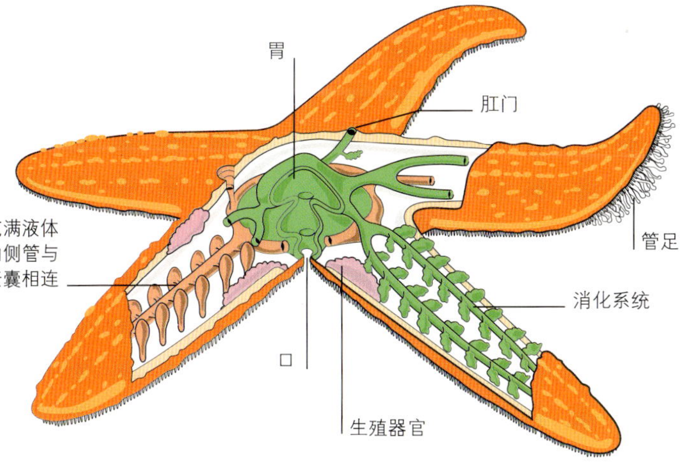

棘皮动物是为数不多的**没有头**的动物之一。

有些**海胆**可以用它们的刺**钻透坚硬的岩石**。

棘皮动物

海星、海胆和它们的近亲都是常见的棘皮动物，通常外皮具有刺状突起。有些海胆身上的刺非常明显，它们是地球上刺最多的动物之一。

其他的棘皮动物要么身上布满坚硬的骨板，要么皮肤柔韧而粗糙。棘皮动物都生活在海洋中，它们的身体呈辐射对称状，中央是口和胃，其他身体部位围绕中央像花瓣围绕花心一样向外展开。

棘冠海星

Acanthaster planci

分布区域：印度洋–太平洋海域

辐径：最大35厘米

作为最大、刺最多的一种海星，棘冠海星因为爱吃造礁珊瑚虫而臭名昭著。它们成群结队地簇拥在珊瑚礁上，翻出贲门胃并分泌消化酶，最后用胃吞噬珊瑚虫，只留下光秃秃的珊瑚骨架。

蓝指海星

Linckia laevigata

分布区域：印度洋–太平洋海域

辐径：最大30厘米

蓝指海星是颜色最鲜艳的棘皮动物之一，它们生活在热带海域，以海藻或攀附于岩石和珊瑚礁上的甲壳动物为食。蓝指海星有 5 条腕。和所有海星一样，如果失去一条，它们还能长出一条新的。

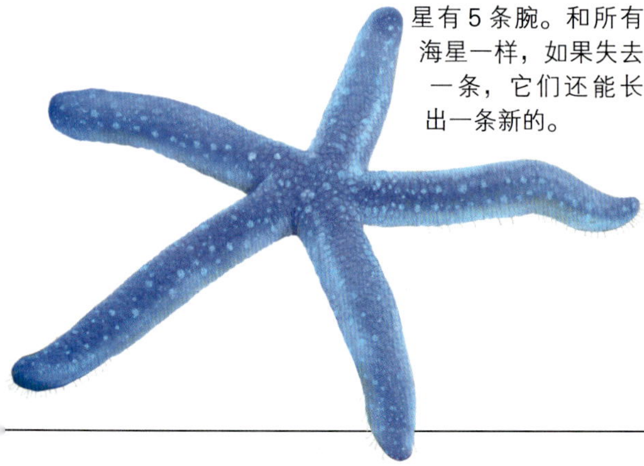

菊海星

Tosia australis

分布区域：澳大利亚南海岸

辐径：最大10厘米

海星有多种形状和大小。这种生活在澳大利亚南部的菊海星呈典型的五边形，腕短小。和其他海星一样，它们靠末端具有吸盘的小管足在海床上爬行。

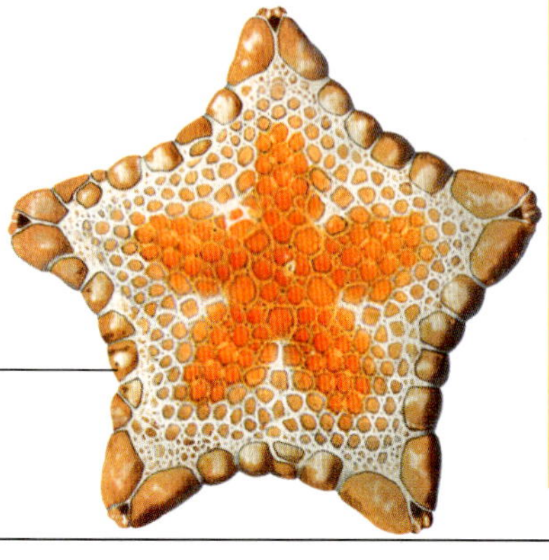

海羊齿

Leptometra celtica

分布区域：欧洲西北部海岸

辐径：最大30厘米

海羊齿也叫作海羽星，它们的身体构造像海星，只是头朝下依附在岩石上，以自己羽毛一样的腕在水中过滤食物。它们的身体主要由坚硬的石灰质骨板和羽支构成。

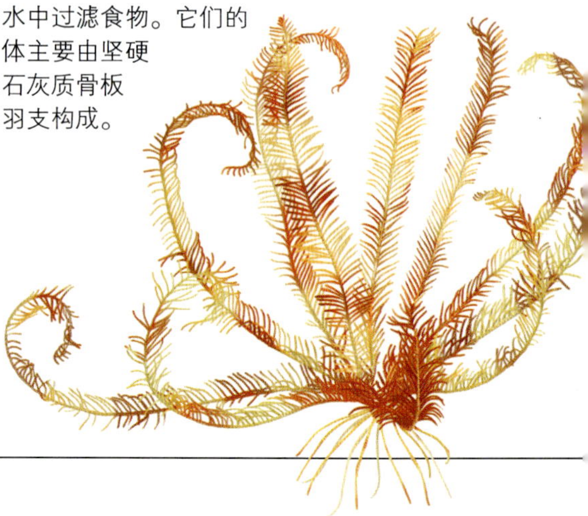

紫海胆

Strongylocentrotus purpuratus

分布区域：北美洲海岸

直径：最长10厘米（不包括刺长）

紫海胆的身体由 5 个“辐射瓣”组成，它们有点像橘子瓣。每一部分都被多刺的骨架所包裹。这种海胆以太平洋里的巨型海藻为食。

角头帕

Goniocidaris tubaria

分布区域：澳大利亚海岸

直径：最长4.5厘米（不包括刺长）

海胆的刺一般细长尖锐，但这种澳大利亚海胆的刺却比较粗壮，上面还布满了小刺。不过它们也像其他的海胆一样，身体中央有口，用来吃各种各样的食物。

冠海胆

Diadema antillarum

分布区域：大西洋西海岸

直径：最长10厘米（不包括刺长）

生活在热带的冠海胆，身上的刺又尖又长，让敌人很难下口，但它们仍逃不出某些鱼类之口。冠海胆夜里出来取食海藻和珊瑚，白天则躲在黑暗的岩缝里休息。

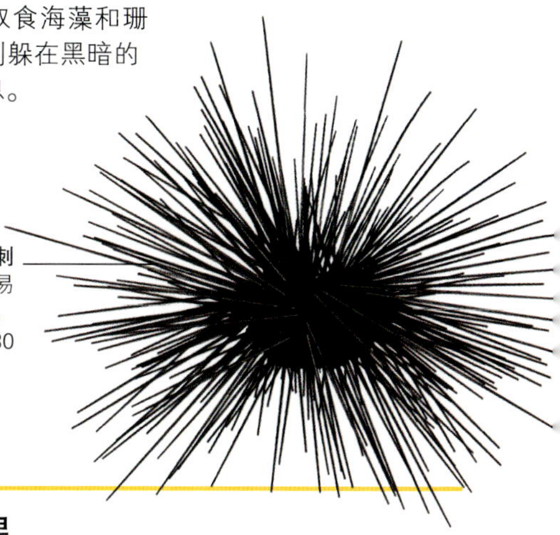

沙钱海胆

Dendraster excentricus

分布区域：太平洋北美洲海岸

直径：最长7.5厘米

有些海胆喜欢在海滩上钻洞，它们身上覆盖着浓密的绒毛状细棘，身体前端和后端有明显的区别。沙钱海胆分布于美洲，像它们这样身体扁平的海胆并不常见。

水蛇尾

Astroboa nuda

分布区域：印度洋–太平洋海域

辐径：最长1米

和海羊齿一样，水蛇尾紧紧附着在强洋流经过的岩石或珊瑚上，用自己“枝繁叶茂”的腕捕食洋流带来的食物。它们和蛇尾海星具有比较近的亲缘关系，都有一样灵活的骨架结构。

蛇尾海星

Ophionereis reticulata

分布区域：南北美洲海岸

辐径：最长25厘米

蛇尾海星身体中央有一个圆体盘，上面伸出 5 条细长灵活的腕，腕由可活动的腕椎骨支撑。蛇尾海星依靠腕吸附在珊瑚和岩石上，也凭借腕在海底移动，寻找食物残渣。

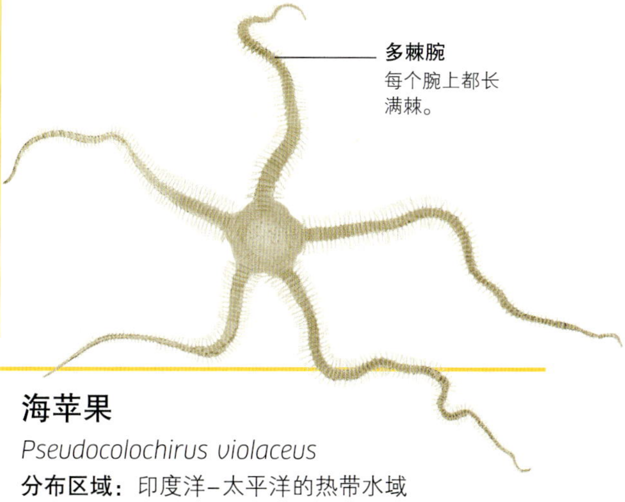

佛罗里达海参

Holothuria floridana

分布区域：加勒比海、墨西哥湾和佛罗里达海岸

体长：最长20厘米

海参像海胆一样，身体也是五辐对称，只是比海胆细长。海参的口在身体的一头，周围有一圈能伸缩的触手，用于捕食。

海苹果

Pseudocolochirus violaceus

分布区域：印度洋–太平洋的热带水域

体长：最长18厘米

大多数海参会在海底游荡寻找食物，海苹果和它们不一样，只待在一个地方，伸出触手滤食海水中的浮游生物。如图中这类生活于珊瑚礁中的海苹果，身上的颜色非常鲜艳。

鱼类

鱼类是最早演化出内骨骼的动物，因此也是最原始的脊椎动物。自从5亿多年前鱼类出现在海洋里以来，它们已经进化出令人眼花缭乱的多种多样的外形，其中既有精巧的海马，也有身体巨大、力量惊人的捕食性鲨鱼。

什么是鱼类?

鱼类很容易辨认，但是很难定义。它们可以分为三大类，大部分以鳃呼吸，但其他方面的共同点很少。典型的鱼具有流线型的身体和灵活的脊椎，并依靠脊椎上强劲的肌肉推动身体在水中游动。

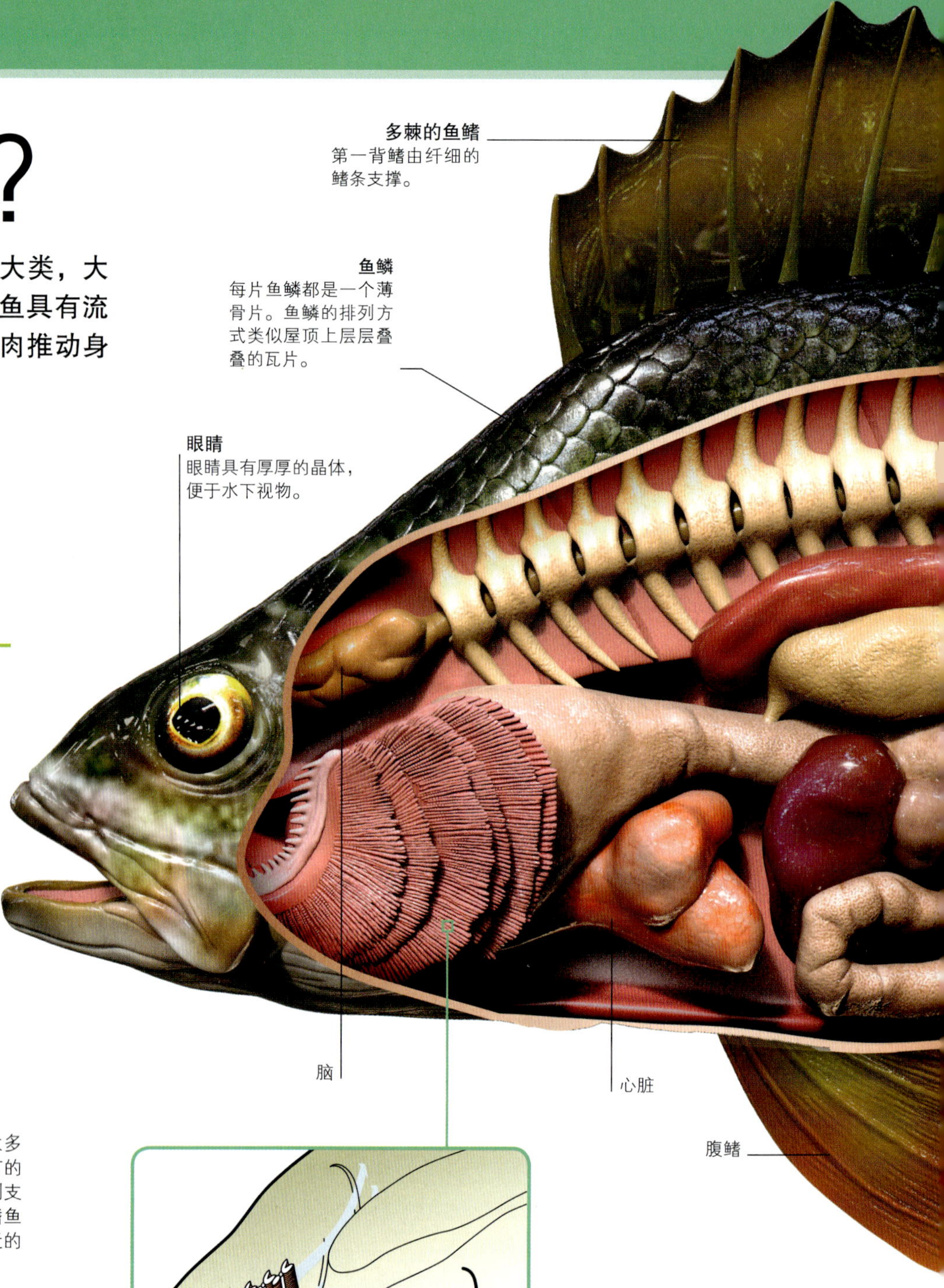

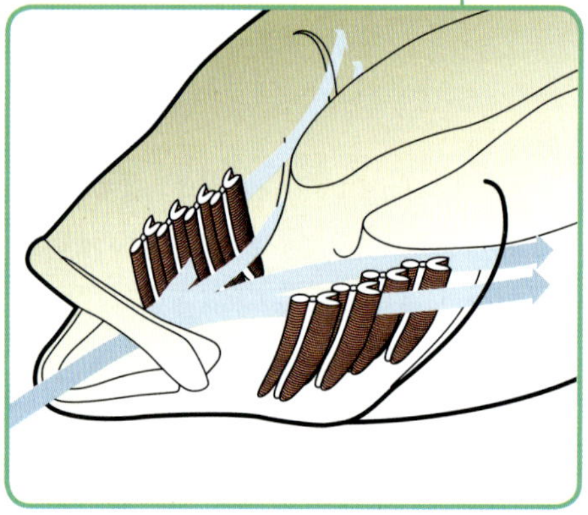

鱼鳃

鱼鳃中的血管非常发达，壁薄，充满循环全身的血液。血液里含有肌肉和器官释放的废物和二氧化碳。从鱼嘴进入的水，流经鱼鳃，带走二氧化碳，带来氧气。鱼类利用氧气将食物转化成能量。

鱼的种类

最古老的鱼类是无颌鱼，这种鱼在远古时代很繁盛，但现在却种类很少。软骨类的鲨鱼和鳐鱼种类繁多，但数量最多的还是硬骨鱼。

海七鳃鳗

无颌鱼

顾名思义，无颌鱼没有上、下颌。这类鱼包括类似鳗鱼的海七鳃鳗等不到 80 种，皮肤黏滑的盲鳗类也属于此列。

欧洲鳀

硬骨鱼

硬骨鱼约有 3.2 万种，地球上绝大多数种类的鱼为这一类群。几乎所有的硬骨鱼都是辐鳍鱼类（鳍由骨或刺支撑），其中也包括肉鳍鱼类。肉鳍鱼类与陆生脊椎动物的祖先有比较近的亲缘关系。

双髻鲨

软骨鱼

鲨鱼、鳐鱼及它们的近亲的骨骼都不是真正的骨骼，而是柔韧的软骨。软骨鱼约有 1200 种，包括海洋里最大而有力的鱼类。

基本特征

鱼类都有一些相同的基本特征，这些特征在不同类群的鱼身上的表现形式也不尽相同。它们都是脊椎动物，内骨骼以脊椎为基础；皮肤上通常有鳞片保护；几乎所有鱼类都有能从水中吸收氧气的鳃。大多数鱼类为变温动物，它们主要生活在海洋、湖泊等水域里。

脊椎动物

典型的鱼类骨骼包括脊椎、头骨和颌、肋骨以及鳍骨。

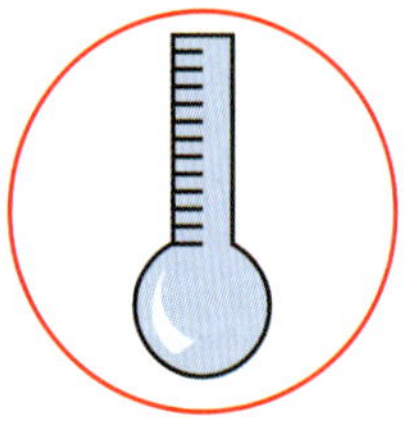

变温动物

典型的鱼类体温与它们生活的水体环境温度一致。

以鳃呼吸

鱼鳃里的血液可以吸收水里的氧气，也有少数鱼类可以直接呼吸空气。

水生

鱼类要么生活在淡水里，要么生活在海水中，少数种类可以在淡水和海水之间洄游。

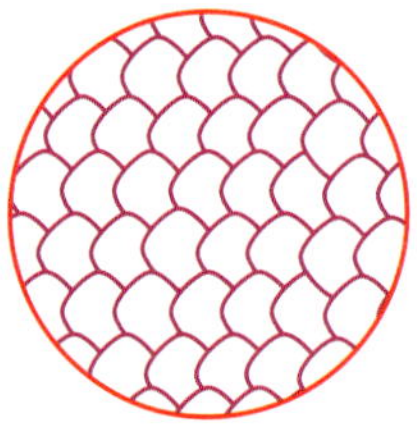

鱼鳞

多数鱼类体表被附层层叠叠的粗糙鳞片，少数种类没有鱼鳞。

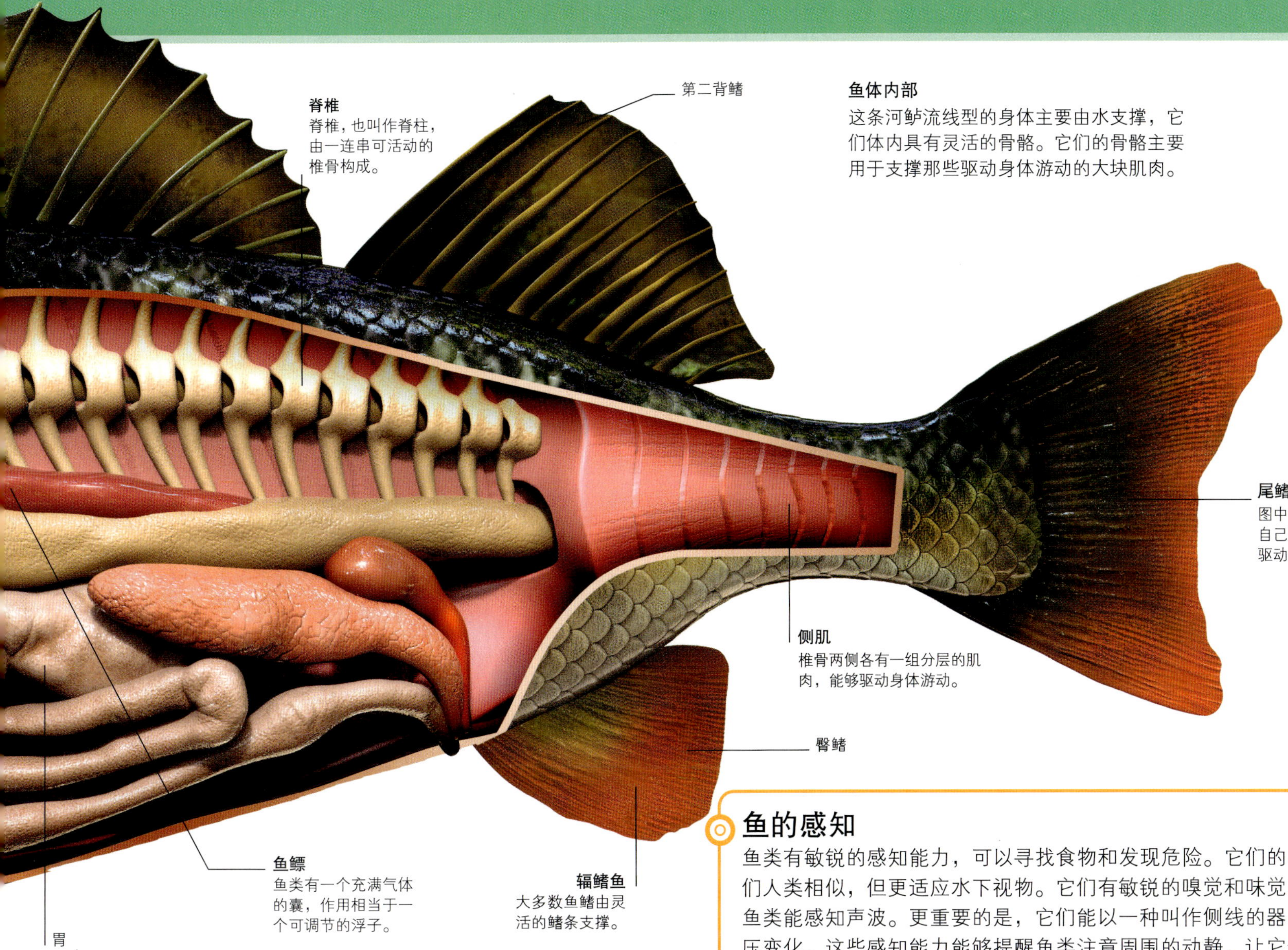

鱼体内部
这条河鲈流线型的身体主要由水支撑，它们体内具有灵活的骨骼。它们的骨骼主要用于支撑那些驱动身体游动的大块肌肉。

像鱼一样游动

鳗鱼游动时身体像蛇一样扭动，产生推动身体前行的水波。很多鱼游动的方式跟鳗鱼差不多，它们以自己脊椎两侧厚重的侧肌牵动尾部摆动，推动身体前行。有些鱼游动时身体的摆动会比其他鱼类剧烈。游泳速度最快的鱼类，包括金枪鱼、旗鱼和某些种类的鲨鱼，游动时身体笔直不动，以侧肌牵引尾鳍左右摆动。

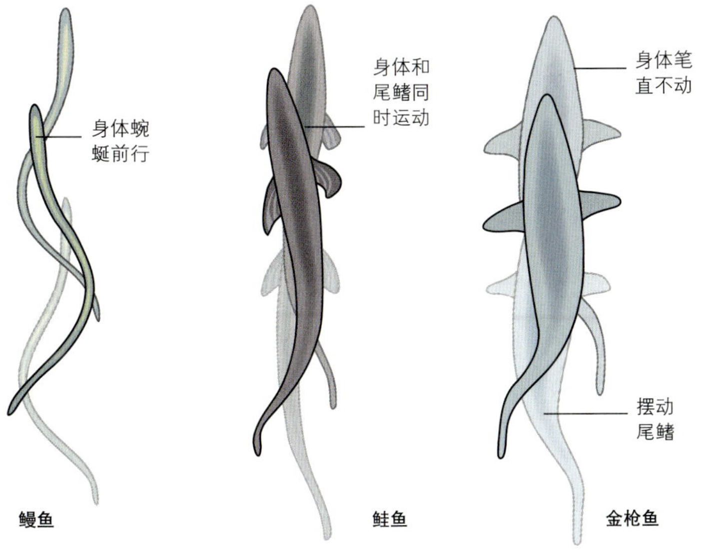

鱼的感知

鱼类有敏锐的感知能力，可以寻找食物和发现危险。它们的眼睛和我们人类相似，但更适应水下视物。它们有敏锐的嗅觉和味觉，大多数鱼类能感知声波。更重要的是，它们能以一种叫作侧线的器官感知水压变化。这些感知能力能够提醒鱼类注意周围的动静，让它们在浅水区也能自如游动。

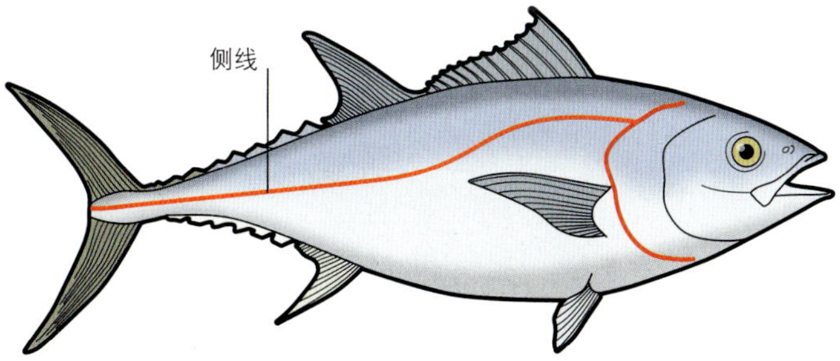

鱼卵和小鱼

雌鲨鱼的卵在体内孵化，许多鲨鱼直接产下在体内发育成熟的幼崽。但更多的雌鱼在水中产下大量的卵，等待雄鱼进行授精，这些卵通常随水流移动，大部分卵会被别的鱼吃掉。图中这种口孵鱼把卵放在嘴里加以保护。

成年海七鳃鳗只能活20个月左右。

10万枚——一条雌性海七鳃鳗的产卵数。

吸血鬼来袭

一条鱼遭遇了海七鳃鳗的袭击，它几乎没有还手之力。海七鳃鳗用嘴紧紧咬住猎物，很难被甩掉。它们的牙齿扎入猎物的身体，口中分泌的唾液阻止猎物血液凝结，这样海七鳃鳗就能吸个饱。如果这样猎物还能活着，那真是命大。

内部结构

海七鳃鳗的骨骼和鲨鱼一样，是柔韧的软骨，但与鲨鱼不同的是，它们没有颌。它们的嘴巴是一圈坚韧的组织，里面的牙齿和我们的指甲一样，由角蛋白构成。嘴巴和呼吸管分离，因此，海七鳃鳗的嘴巴咬住猎物的时候，仍可以用鳃吸水。

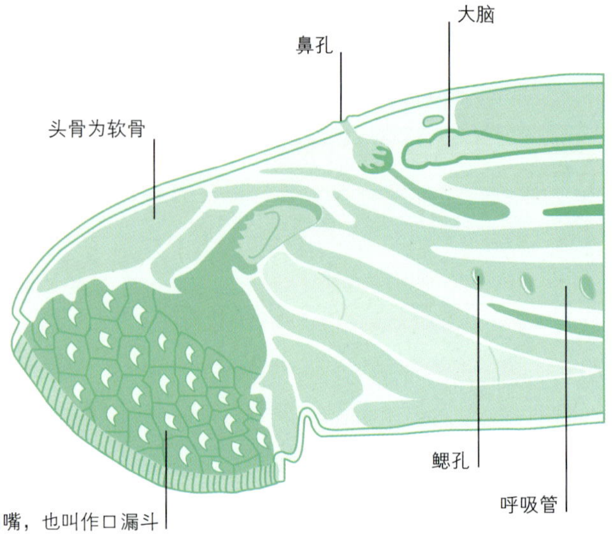

海七鳃鳗头部剖面

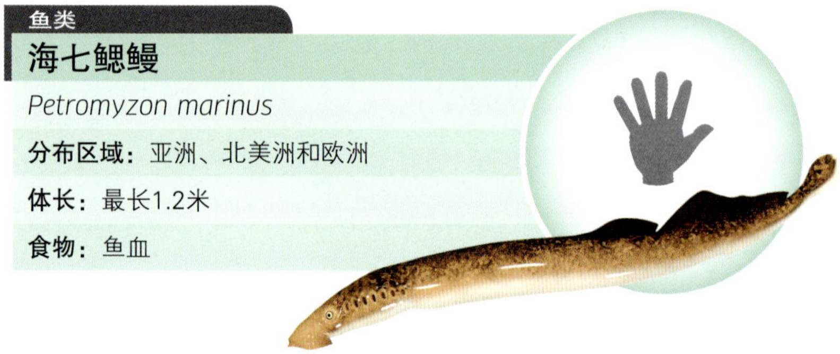

蠕虫一样的海七鳃鳗幼体，可以在湖底或河底穴居**长达17年**。

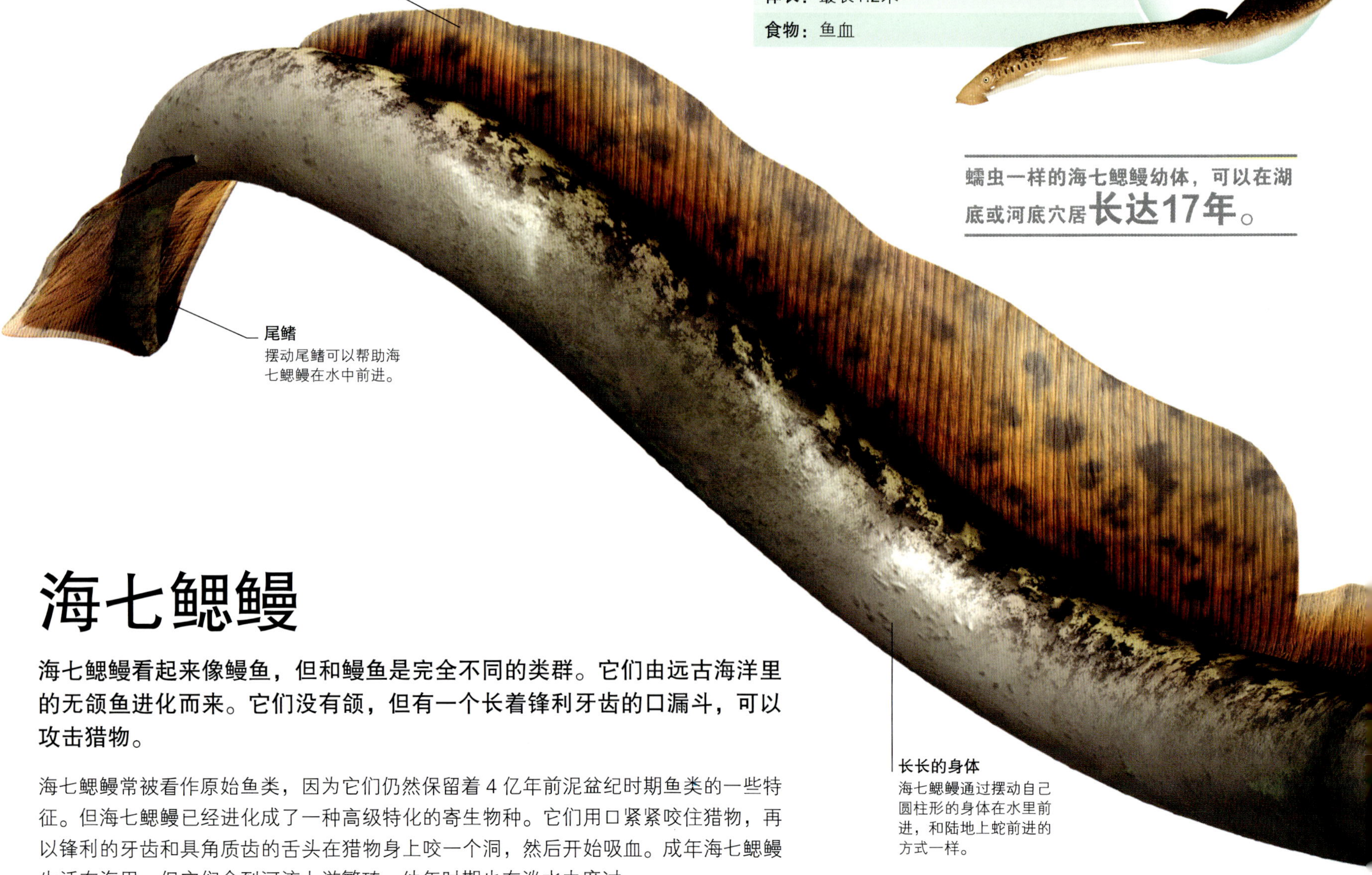

海七鳃鳗

海七鳃鳗看起来像鳗鱼，但和鳗鱼是完全不同的类群。它们由远古海洋里的无颌鱼进化而来。它们没有颌，但有一个长着锋利牙齿的口漏斗，可以攻击猎物。

海七鳃鳗常被看作原始鱼类，因为它们仍然保留着4亿年前泥盆纪时期鱼类的一些特征。但海七鳃鳗已经进化成了一种高级特化的寄生物种。它们用口紧紧咬住猎物，再以锋利的牙齿和具角质齿的舌头在猎物身上咬一个洞，然后开始吸血。成年海七鳃鳗生活在海里，但它们会到河流上游繁殖，幼年时期也在淡水中度过。

猎物探测器

海七鳃鳗头上有一个鼻孔，能够将水吸进嗅囊。嗅囊周围的组织可以探测到猎物的气味。嗅囊比海七鳃鳗的脑还大。

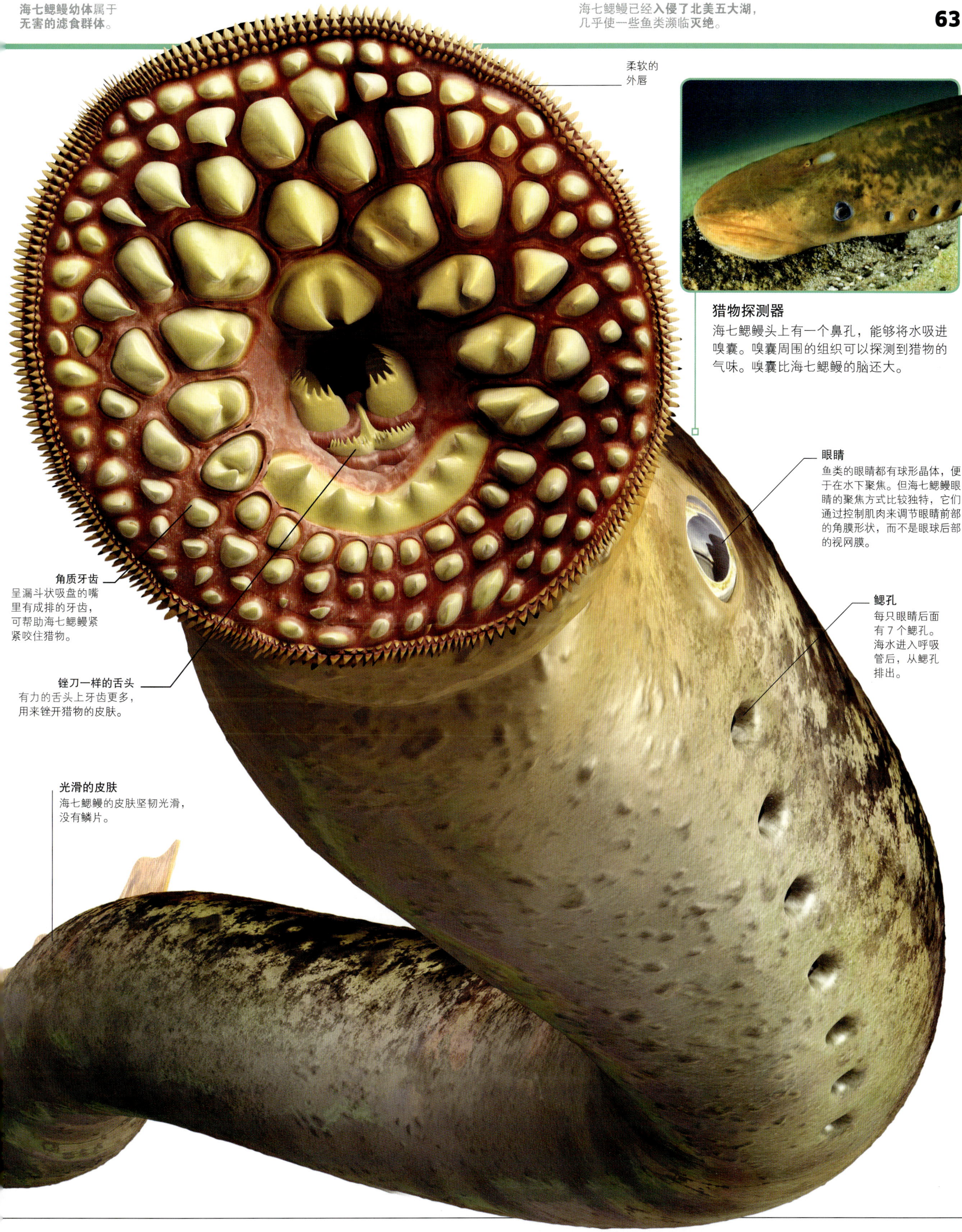

大白鲨捕猎时，眼球向内翻转，藏到眼巢里，从而获得保护。

大白鲨可以合作捕猎。

超级感受器

大白鲨鼻子上的小毛孔被叫作“洛伦齐尼瓮”，里面含有电感受器。在一定范围内，这些感受器可以感受到动物运动产生的微弱电信号，因此即使在黑暗中，鲨鱼也能准确找到猎物。

第一背鳍

在鲨鱼发动攻击时，高高竖起的背鳍会起到稳定身体的作用。

鳃裂

鲨鱼游动时，含氧的海水由嘴巴吸进，流经鳃部，再从这些鳃裂流出。

尖牙利齿

每颗牙齿都带有锯齿，像一把锋利的锯刃剃刀，能穿透猎物的皮肤、肉，甚至骨头。大白鲨幼体的牙齿更窄而尖，便于捕捉体表光滑的鱼类。随着长大，它们的牙齿变得越来越接近三角形。

白色伪装

鲨鱼的腹部呈白色，使其身下的猎物难以发现它们。

皮质鳞突

鲨鱼的皮肤上长着层层叠叠的皮质鳞突，这种坚硬的脊形鳞突成分和牙齿一样。它们保护着皮肤，同时降低水流带来的阻力。因此，鲨鱼游动起来更快、更高效，也更安静，能够突袭猎物。

大白鲨

大白鲨因攻击性最强而臭名昭著。大白鲨专门猎杀大型恒温动物，如海豹、海豚，甚至鲸等。

很少有动物像大白鲨这样背负杀戮盛名。它们孔武有力且游速奇快，身上装备着感知猎物的超级感受器，锯子一样的牙齿能一口将猎物撕成两半，几乎能猎杀并吃掉遇到的所有动物，包括人。它们仅有的天敌是虎鲸和人类。

大白鲨能闻到1000米以外的血腥味。

牙齿传送带

大白鲨不管多老，都不用担心牙齿缺失。和其他的鲨鱼一样，它们的牙齿不停地更新换代，新生的牙齿会从后面移到前面。新牙齿像坐传送带一样，从口里的沟槽内移出来，而那些钝齿会自行脱落。

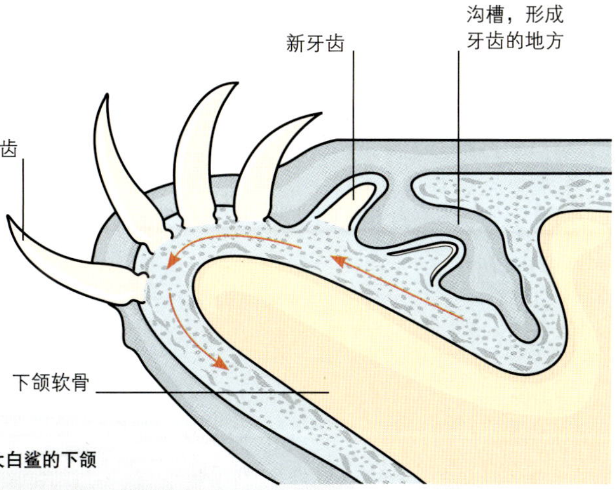

大白鲨的下颌

鱼类

大白鲨

Carcharodon carcharias

分布区域：温暖的海域

体长：最长7.2米

食物：鱼、海豹和鲸

如果被**蓝斑条尾魟**的刺刺中，**会极度疼痛**，不过它们**只在自卫时才使用**自己的**刺**。

两片可以**磨碎甲壳的骨片**构成嘴巴，这些骨片由**15—24排牙齿**构成。

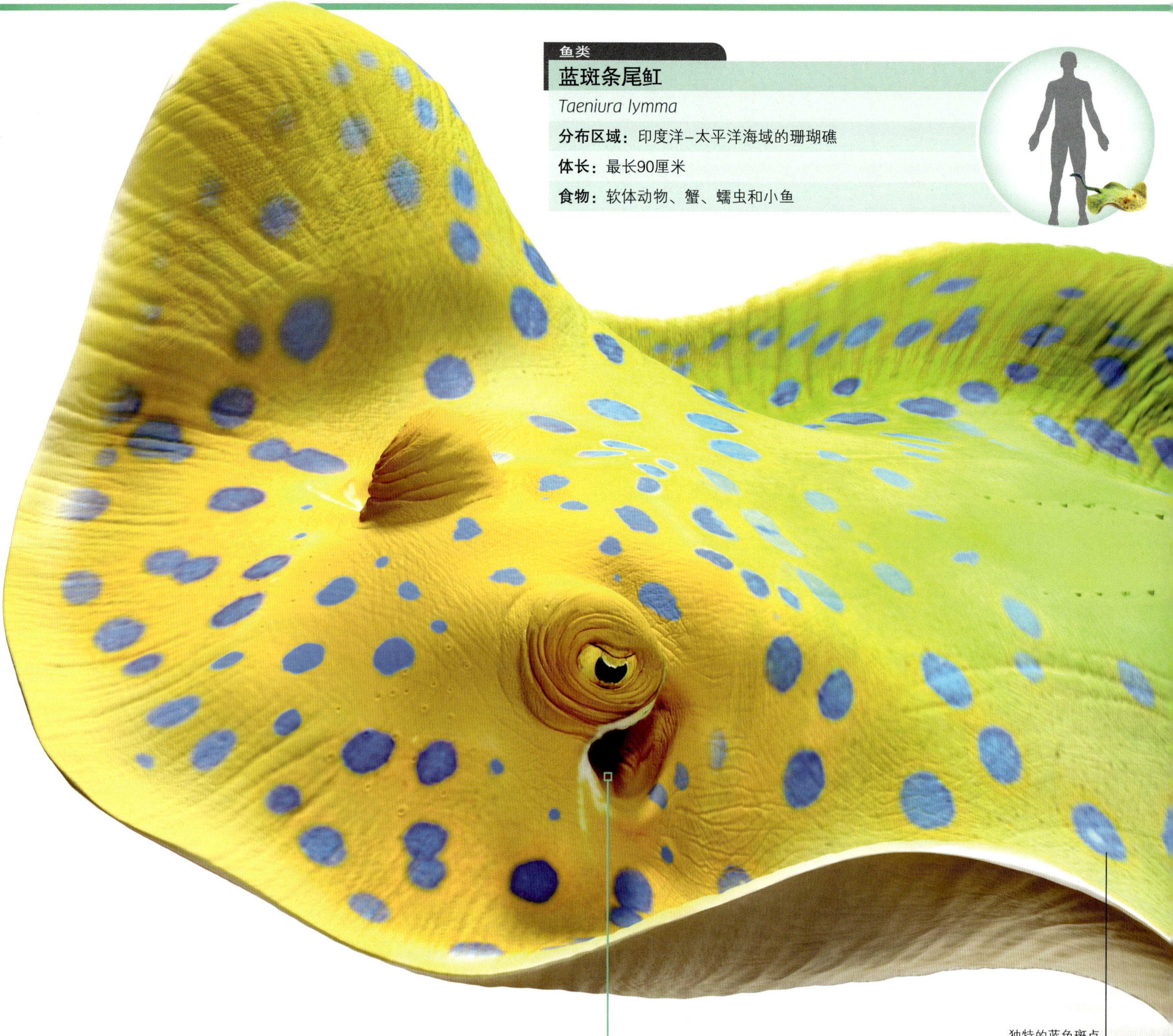

鱼类

蓝斑条尾魟

Taeniura lymma

分布区域： 印度洋–太平洋海域的珊瑚礁

体长： 最长90厘米

食物： 软体动物、蟹、蠕虫和小鱼

蓝斑条尾魟

蓝斑条尾魟细长的尾上有尾刺，尾刺基部具有毒腺，毒腺能分泌毒液。因此，这种色彩斑斓的魟鱼生活在热带海域珊瑚礁中，它们在海底沙子里觅食时，能很好地抵御鲨鱼和其他捕食者的攻击。

多数鳐鱼和魟鱼都是鲨鱼的近亲，它们已经适应了海底生活。它们身体扁平，擅长伪装，可以伏在海底而不被发现。不过图中这种鱼体色更为鲜艳。和多数同类一样，它们以各种蠕虫、贝类、蟹及其他甲壳动物为食。它们能够用一排扁平的宽牙磨碎猎物的外壳。这些牙齿在损坏之前会被新出的牙齿替换。

喷水孔

每只眼睛后面都有一个张开的大孔，叫作“喷水孔”。蓝斑条尾魟闭着嘴伏在海底的泥沙里时，就从喷水孔吸入含氧的海水。含氧的海水流经鳃部，再从位于其身体下侧的鳃裂流出。

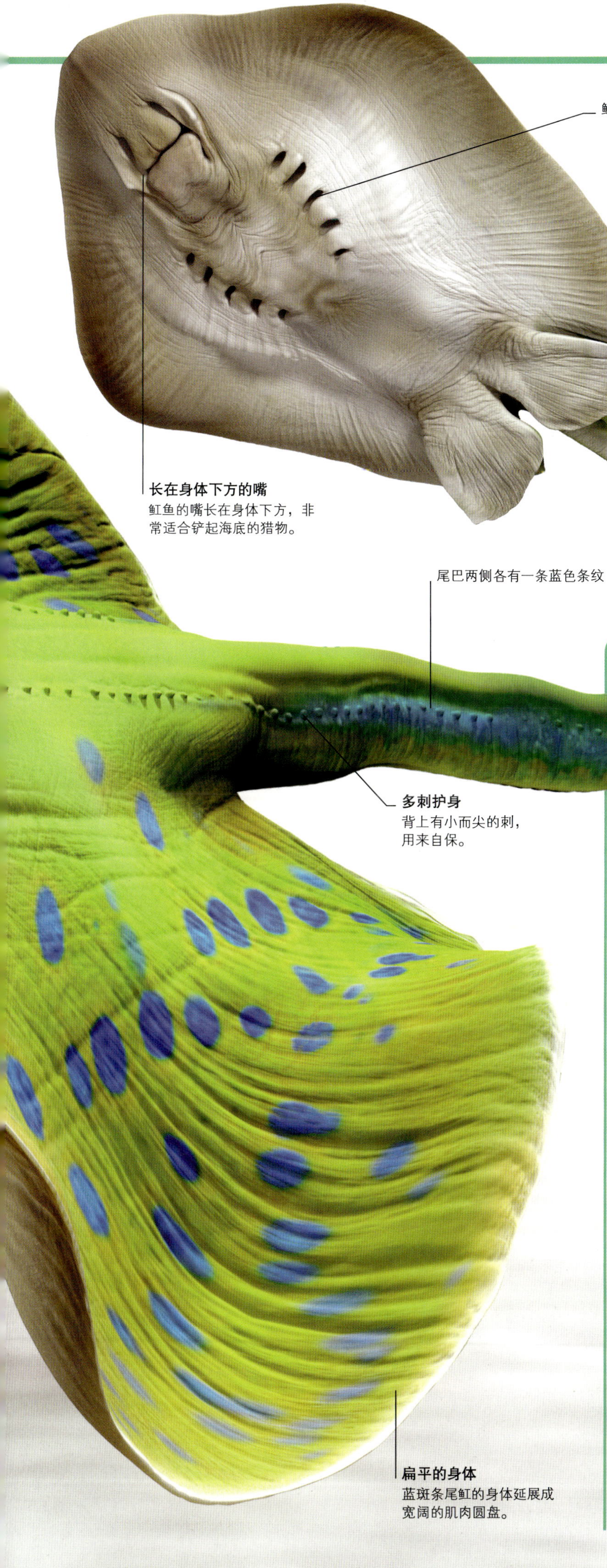

带倒钩的刺

魟鱼细鞭一样的尾巴上，具有一个或两个毒刺。每根刺杆都由柔韧的软骨构成，上面长着倒钩，看起来像个鱼叉。如果魟鱼刺中猎物，这根刺多半会折断在猎物的伤口里。

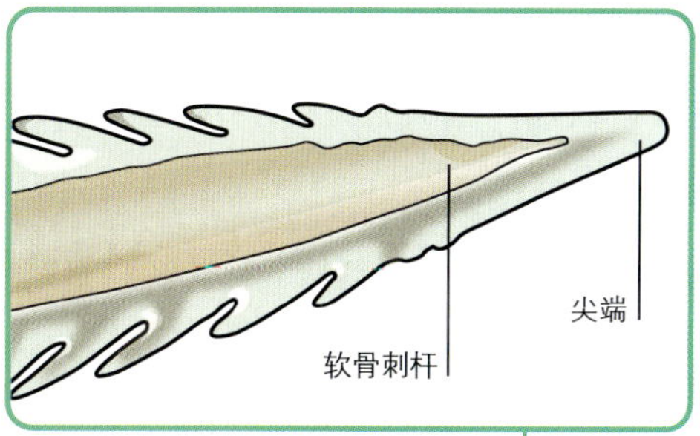

夜行猎手

蓝斑条尾魟夜间在珊瑚礁海域的浅水区觅食。它们依靠自己敏锐的嗅觉和能探测到动物神经系统电流活动的电感受器来寻找猎物。白天它们藏匿在远离岸边的珊瑚礁中，躲避如双髻鲨这样的天敌。

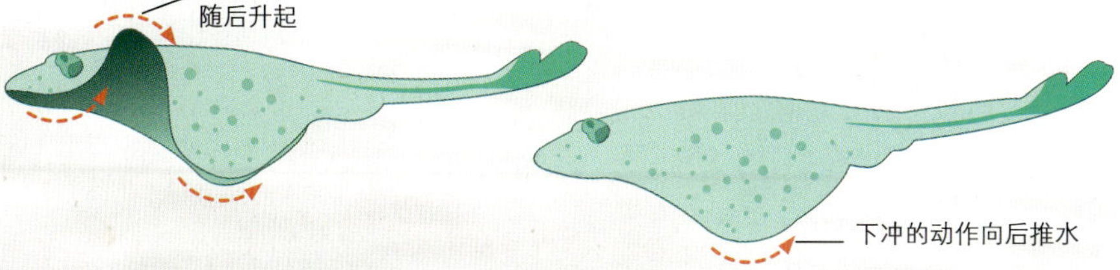

水下飞行

和多数鱼类不一样，魟鱼游动时不借助尾巴的推力。它们依靠像翅膀一样肌肉发达的胸鳍，在水中“飞行”。胸鳍呈 S 形波动，向后推水，推动身体前进。

已知**最早的**鲨鱼**生活于4.2亿年**前。

有些鳐鱼**以电击的方式**保护自己或捕杀猎物。

鲨鱼和鳐鱼

许多人谈“鲨”色变，但并不是所有的鲨鱼都是像大白鲨那样勇猛的猎手。很多鲨鱼以鱼类为食，然而鲨鱼中体形最大的种类却吃浮游生物及其他微小的海洋动物。多数鳐鱼以海底的甲壳动物为食。

鲨鱼和鳐鱼属于软骨鱼类，它们体内的骨骼是柔韧的软骨，而不是坚硬的硬骨。软骨柔韧，其硬度不足以支撑庞大的身躯，不过这对鲨鱼和鳐鱼来说并不是问题，因为它们的身体主要由水支撑。由于海水浮力的作用，许多物种支撑自己庞大的身躯也毫不费力。

姥鲨

Cetorhinus maximus

分布区域：全世界

体长：最长10米

这种海洋巨无霸主要以浮游生物及其他微小的海洋动物为食。它们游动时大张着嘴巴，经过浮游生物群时，食物通过保护鳃部的鳃耙过滤到口内。

皱鳃鲨

Chlamydoselachus anguineus

分布区域：全世界

体长：最长2米

这种看起来像鳗鱼的鲨鱼，得名于头后长有褶皱状的鳃裂。和原始的已灭绝的鲨鱼一样，它们也主要以乌贼为食。

斑纹须鲨

Orectolobus maculatus

分布区域：澳大利亚南部

体长：最长3米

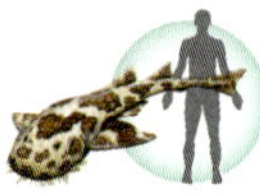

许多鲨鱼经特化后已经适应海底生活。斑纹须鲨是擅长伏击的伪装高手，它们皮肤上的花纹看起来与斑驳的海底融为一体，鼻须就像珊瑚，因此藏身于海底时不易被猎物发现。它们力量强大，足以猎食小型鲨鱼。

弧形长尾鲨

Alopias vulpinus

分布区域：全世界

体长：最长5.7米

弧形长尾鲨尾鳍的上半部分很长，猎食时可以将浅水区的鱼和乌贼赶到一起。长尾击水引起震动，惊慌失措的鱼群很容易成为弧形长尾鲨锋利牙齿下的猎物。

12.5 米——**最大的鲨鱼**，**鲸鲨**的一般体长。它们是滤食性动物。

17 厘米——**最小的鲨鱼**，深海中的**侏儒额斑乌鲨**的一般体长。

沙虎鲨

Carcharias taurus

分布区域：全世界的海岸水域

体长：最长3.2米

沙虎鲨长相凶残，专门捕食鱼类。它们的尖牙参差不齐，可以一口咬紧不断挣扎的体表光滑的猎物，再把猎物整个吞下或大口吃下。沙虎鲨经常夜间在海底附近捕食。

大青鲨

Prionace glauca

分布区域：全世界

体长：最长3.8米

大青鲨体表光滑，体态优雅，因其带有金属光泽的蓝色背部而得名。它们细长的身体和突出的口吻部，使其身体线条极为流畅，因此它们能以惊人的速度追击猎物。大青鲨偶尔成群捕猎，以小型鱼类和乌贼为食。

路氏双髻鲨

Carcharias taurus

分布区域：全世界

体长：最长4.2米

路氏双髻鲨头部的形状极为独特，头部两端各长着一只眼睛和一个鼻孔。这样的形状可能便于它们在水中急转弯，或者为电感受器提供空间。这些电感受器用来探测隐藏的猎物。

扁鲨

Squatina squatina

分布区域：大西洋北部、地中海和黑海

体长：最长2.4米

扁鲨宽扁的身体更像鳐鱼，而不是鲨鱼。它们的外形利于其潜身海底，等待猎物进入它们的伏击范围。

双吻前口蝠鲼

Manta birostris

分布区域：全世界

体长：最长7.6米

双吻前口蝠鲼是鳐鱼中最大的种类，它们和姥鲨一样是滤食动物。它们在热带海洋中巡航，寻找浮游生物群，再以鳃部过滤水中的食物。

纳氏鹞鲼

Aetobatus narinari

分布区域：全世界

体长：最长5米

优雅的纳氏鹞鲼常在开放水域游动，有时 10 条或更多聚集在一起。即便如此，它们也只是用铲状的口在海底的泥沙里挖掘贝类、蟹及其他甲壳动物为食。它们扁平的牙齿非常强大，能够碾碎甲壳。

背棘鳐

Raja clavata

分布区域：大西洋东部和地中海

体长：最长1米

背棘鳐有着鳐鱼典型的风筝状身体，但从背部到尾部长着很多锐利的尖刺。它们的口在头部下方，便于挖出藏身海底的猎物。

后鳍锯鳐

Pristis zijsron

分布区域：印度洋–太平洋海域

体长：最长4.3米

后鳍锯鳐身上极为显眼的口吻部，像长而细的叶片，边缘是一排排三角形的齿。它们使用吻锯攻击和打晕鱼类等猎物，也用其挖掘海底的猎物。

6 毫米——**刚出生**的库达海马的**体长**。

库达海马遵循**一夫一妻制**，每天早上它们都要跳一遍**求偶舞**以维系浪漫的配偶关系。

库达海马

海马得名的原因在于它们的头部非常像马头。海马是高度特化的鱼类，它们具有独特的游动技巧，其繁殖系统在整个动物界中也属极为特别的。

库达海马广泛生活在印度洋–太平洋海域的海岸浅水区。它们以小型的浮游动物为食。海马以缓慢的速度直立游动，靠背鳍击水驱动身体前行。但它们更愿意用擅长缠附的尾巴缠在珊瑚、海草和海藻上，等待猎物。像所有的海马一样，雌海马将卵产在雄海马腹部的腹囊中，雄海马使卵受精并保护它们，直到小海马孵化成形。

像变色龙一样变色

典型的库达海马身体呈黄色，具深色斑点。但和多数海马一样，它们能通过收缩或扩张皮肤里的色素细胞，改变身体颜色。这样，海马就能利用保护色伪装起来，融入周围的环境。它们为了不被天敌和猎物发现，常把体色变暗。但它们也能变成深红色，尤其在求偶时。

以浮游动物为食

小虾这类小动物通常成群结队地在开阔水域中漂流，它们是海马的猎物。海马以自己能灵活转动的大眼睛密切观察四周，确定目标后，旋转口吻部面向猎物。它们伸长灵活的脖子，冲向猎物，将猎物吸进自己没有牙齿的嘴巴，整个吞下。

鱼类

库达海马

Hippocampus kuda

分布区域：印度洋和太平洋

体长：最长35厘米

食物：小型浮游动物

骨环
海马薄薄的皮肤下的凸起是膜骨片形成的骨环。

卷尾
海马将尾巴缠附在海草上，避免自己被水流冲走。

雄海马常在月圆之夜孵出小海马，整个过程持续好几个小时。

灵活的眼睛

和其他鱼类不一样，海马的眼睛和我们的一样，能在眼窝里转动。此外，海马的两只眼睛可以分别朝不同方向转动，因此在观察周围环境、寻找猎物和防范危险时，海马可以同时看往两个方向。

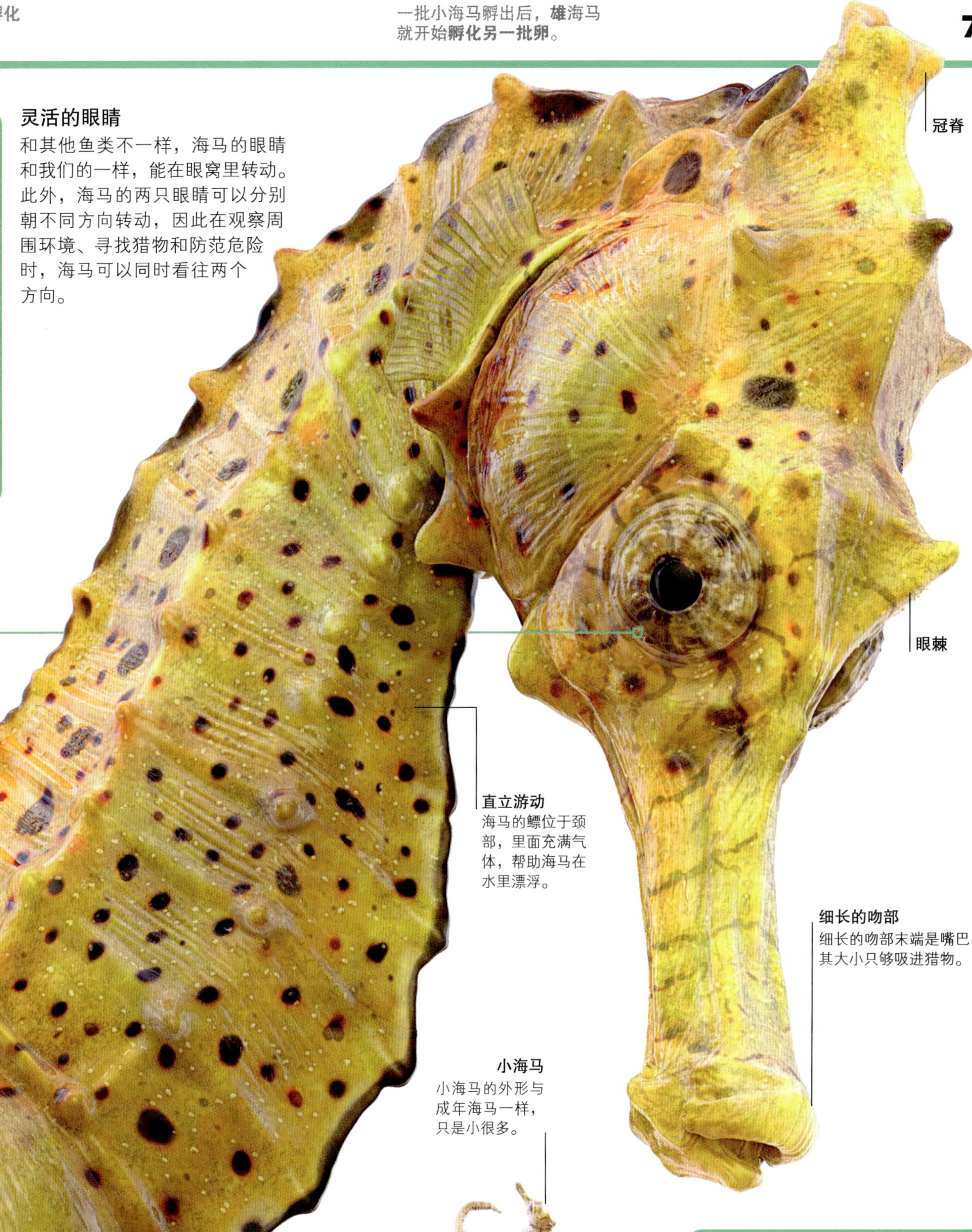

冠脊

背鳍
海马波浪状的背鳍推动身体在水中前行。

眼棘

直立游动
海马的鳔位于颈部，里面充满气体，帮助海马在水里漂浮。

细长的吻部
细长的吻部末端是嘴巴，其大小只够吸进猎物。

小海马
小海马的外形与成年海马一样，只是小很多。

腹囊
雄海马的腹囊就像育儿袋，能够保护并养育小海马。

孵卵的雄海马

库达海马配对繁殖时，雌海马将卵产在雄海马的腹囊里。卵粘在腹囊壁上孵化，因为它们需要从腹囊壁上获取营养物质。三四周以后，小海马发育完全，雄海马会将它们排到水中。

蓑鲉是**印度洋-太平洋海域**的原生鱼类，现在被**引入大西洋西部**，成了那里的“**害群之马**”。

蓑鲉

这种令人惊艳的海洋鱼类是热带珊瑚礁的常住居民。它们在珊瑚礁里悄悄接近身体较小的鱼，再将其一口吞下。它们身上的毒棘保护自己不会遭受这种被捕食的命运。

蓑鲉具有白底带花纹的皮肤和羽毛扇似的多棘小鳍，都能给人们留下深刻的印象。它们这样美丽的外表，意在提醒那些体形较大的鱼吃它们有风险。尽管鱼鳍会降低游动速度，但这对于生活在食物丰富的珊瑚礁海域中的蓑鲉来说，并不是什么大问题，因为猎物随处可见。它们以自己的超级运动能力，用闪电般的速度达到目标的位置，挨个吞掉猎物，不给它们逃跑的机会。

头上的触角

蓑鲉的一个显著特征是头上有一对触角。在不同的种群中，触角的形态也各不相同，有些呈钉子状（如下图），有些呈羽毛状（如左图）。触角可能有助于它们赢得配偶，也可能用来吸引好奇心重的猎物。

它们的棘有毒，也意味着蓑鲉敌手甚少，不过科学家已经知道有些鲨鱼会捕食它们。

自卫的毒棘

蓑鲉身上的很多长棘有毒，当蓑鲉受到威胁时会用它们来自卫。长棘刺穿猎物皮肤时，棘上覆盖有毒组织的鞘会向下松落，露出3个与棘身等长的凹槽，里面有有毒组织。毒液从这些组织里挤出来，进入伤口，使猎物感到严重的疼痛、恶心和呼吸困难。

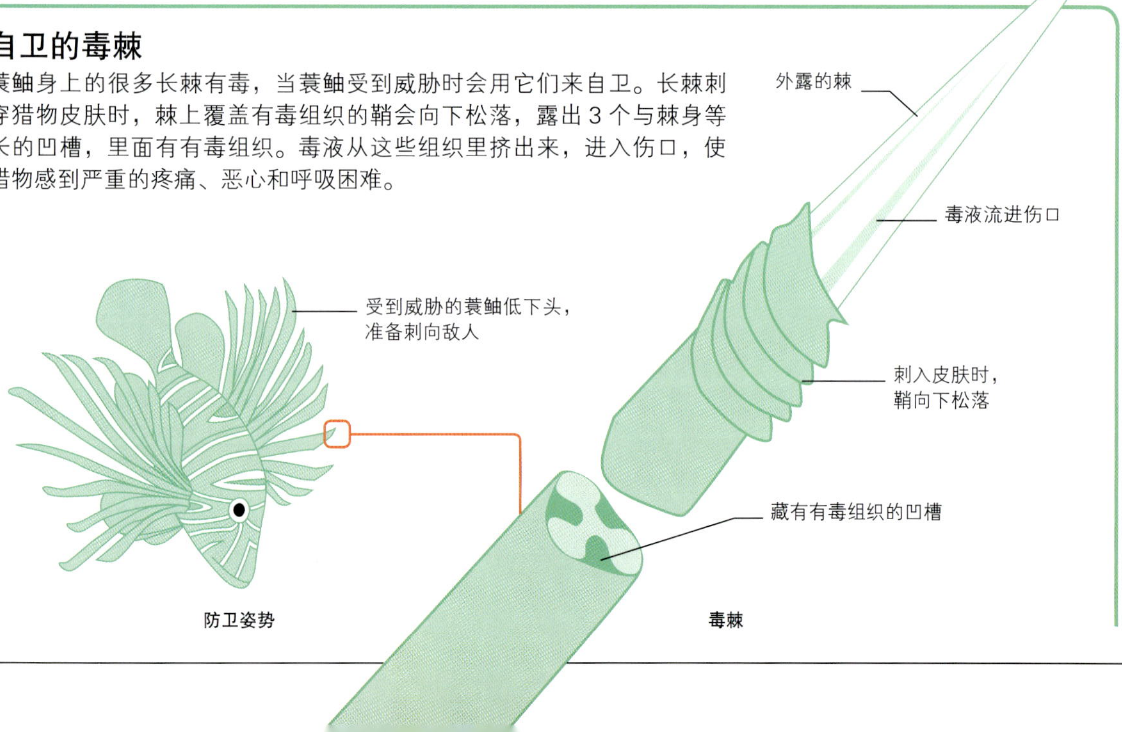

13根背鳍上长着毒棘

骨棘

蓑鲉身上的棘和体内骨骼的构成材质一样，因此，在右图这张X射线照片里，这些骨棘也显示了出来。这些棘是特化过的鳍条——一种支撑鱼鳍的结构。多数鱼类的鳍条细长而柔软，但蓑鲉的鳍条较为坚硬，有些还携带强效的毒素。

羽毛状的小鳍

胸鳍鳍条支撑着长而窄的小鳍。

胸鳍

骨棘之间连着几近透明的薄膜片是胸鳍。

鱼类

蓑鲉

Pterois volitans

分布区域：印度洋-太平洋海域

体长：最长38厘米

食物：小型鱼类

旗鱼幼体喜欢**结群游动**，其中个体数**最多可达30条**。成年旗鱼结**小群**或**独自**游动。

旗鱼

这些具有流线型身体的捕食者，是海洋里游泳速度最快的鱼类，能超过一艘全速前进的快艇。它们在广阔的海洋中漫游，寻找可以攻击和吞食的小鱼群。

旗鱼的名字来自其巨大且鲜艳的背鳍，展开时像一面旗子，也像一面船帆。作为旗鱼的近亲，马林鱼和剑鱼同样具有流线型的身体和迅疾的游速。全速前行时，旗鱼以巨大的侧肌带动尾巴和月牙形的尾鳍来回快速拍打，而身体则保持笔直。这和多数鱼类以身体摆动前行的方式不同。肌肉运动产生的热量能够供应到旗鱼的脑部，也能使旗鱼在寒冷的深海寻找和捕食猎物时保持一定的体温。

有记录以来，旗鱼跃出水面的最快速度是110千米/时。

捕食饵球

旗鱼的主要猎物是沙丁鱼和凤尾鱼这样的小鱼，这些小鱼成群行动，感到危险时形成紧密相依的饵球。三四条旗鱼会一起行动，将小鱼赶到一起，形成饵球。之后再从饵球中急速穿过，将鱼群分成更适于捕食的小群。旗鱼猛烈地甩动着长嘴，令猎物晕眩甚至受伤，以便于捞起猎物整个吞食。

耀眼的色彩

旗鱼的身体通常呈深蓝色和银白色，但旗鱼也可以瞬间变色。它们通过收缩或扩张皮肤里不同的色素细胞，把蓝色变成红色、橘色或棕色，上面点缀着色彩斑斓的条纹和斑点。这些色彩通常会在旗鱼捕猎时出现，很可能是因为它们对追逐感到兴奋。

折叠式鱼鳍

旗鱼快速游动时，会将背鳍折叠在背部的凹槽里，这样身体就像鱼雷一样流畅。当它们兴奋时，当它们想让自己看起来更大，以吓唬或驱赶猎物时，或者想吓退像鲨鱼那样的敌人时，旗鱼就会张开艳丽的大背鳍。

鱼类

平鳍旗鱼

Istiophorus platypterus

分布区域： 印度洋–太平洋海域

体长： 最长3.5米

食物： 小鱼、乌贼

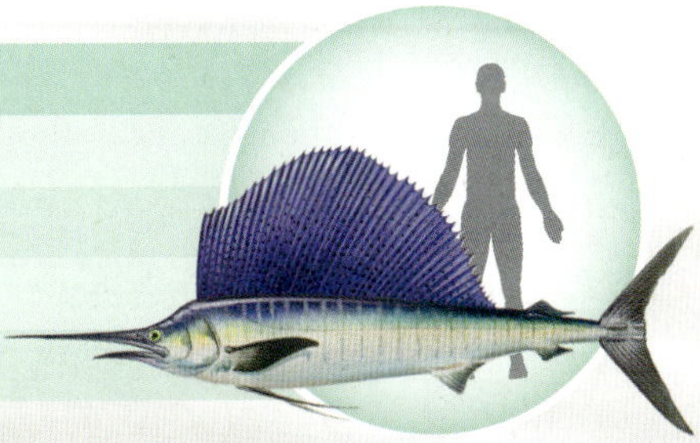

锯脂鲤约有**30种**，全部生活在**南美洲的河流里**。

有些锯脂鲤是**素食者**，**以植物类食物为生**。

疯狂摄食

红腹锯鲑脂鲤攻击猎物后，猎物的血液在水中蔓延，又能吸引来更多的红腹锯鲑脂鲤，引发红腹锯鲑脂鲤群疯狂摄食。鱼群蜂拥而上，争夺猎物，甚至可能会在兴奋中互相残杀。

红腹锯鲑脂鲤

红腹锯鲑脂鲤能在数分钟内用锋利的牙齿将猎物啃到只剩骨头。它们也因此臭名昭著，成为最可怕的淡水鱼类之一。实际上它们是食腐动物，主要以动物尸体或行将死亡的动物为食，另外它们也吃小鱼和无脊椎动物。不过它们摄食的速度和方法确实令人毛骨悚然。

红腹锯鲑脂鲤是锯脂鲤的一种，生活在南美洲热带地区的河流中，在浅滩上常常可以看到它们成群游动。一旦找到食物，鱼群就一哄而上，每条鱼都想抢夺一大口，很快猎物便只剩下一副骨架。在极少数情况下，它们会伤害人类。

有人看见过一群红腹锯鲑脂鲤在不到**一分钟的时间里**，将一头40千克重的水豚啃得只剩下骨头。

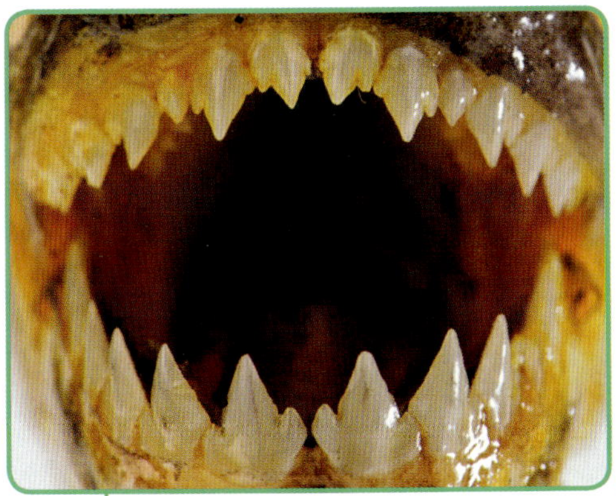

剃刀一样的牙齿

红腹锯鲑脂鲤剃刀一样尖利的牙齿可以完全咬合在一起，非常适合撕咬。凭借异常强壮的颌肌，红腹锯鲑脂鲤能以惊人的速度从猎物的骨头上撕下肉来。

红腹

这种鱼因它们鲜红色的腹部而得名。通常情况下，雄鱼的腹部比雌鱼的更红。

大眼睛

凭借一双大眼，红腹锯鲑脂鲤能在热带雨林的河流里看见猎物，哪怕水下光线幽暗，也能避开盘结交错的树根。如果河水混浊，它们就靠自己的能力感知水压变化，以自己对气味的精准感知找到方向。

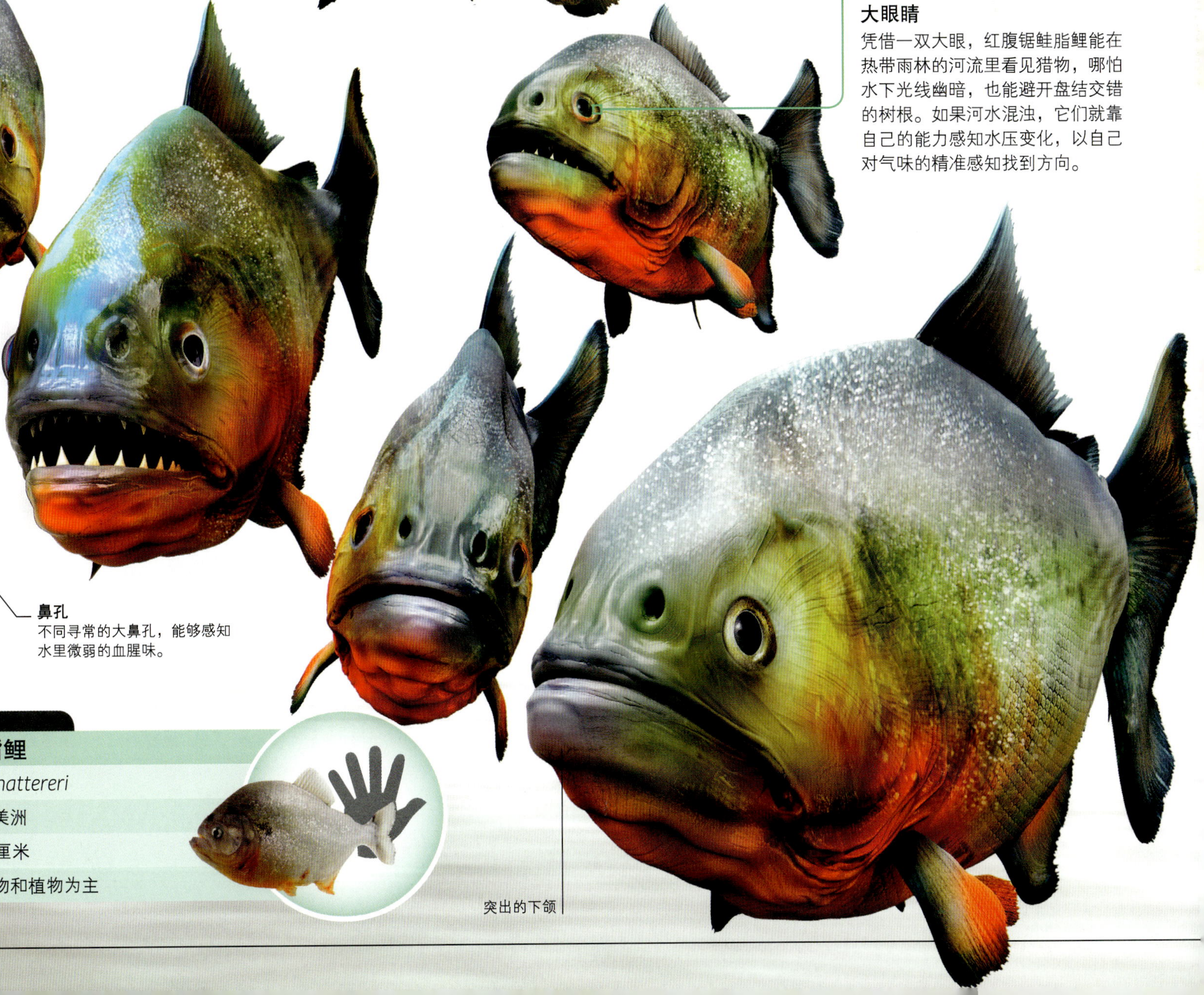

鼻孔

不同寻常的大鼻孔，能够感知水里微弱的血腥味。

突出的下颌

鱼类

红腹锯鲑脂鲤

Pygocentrus nattereri

分布区域： 南美洲

体长： 最长33厘米

食物： 以小动物和植物为主

已知**最早**的硬骨鱼，**生活在约4.2亿年前**。

硬骨鱼

地球上的江河湖海里生活着各种各样的硬骨鱼，它们已经适应了多样化的栖息地和生活方式。

多数硬骨鱼是鳍条鱼，它们的鱼鳍由纤细的骨质框架和骨棘支撑。少数硬骨鱼，如矛尾鱼和肺鱼，它们的下半身长有两对由硬骨支撑的叶状肉鳍。具有相似叶状肉鳍的鱼类是所有四足脊椎动物的祖先。

绿裸胸鳝

Gymnothorax funebris

分布区域：大西洋西部

体长：最长2.5米

绿裸胸鳝藏身于岩石暗礁的缝隙里，是凶恶的捕食者，以鱼或其他动物为食。它们主要通过气味发现猎物，再猛冲出去以尖利的钩状牙齿抓住它们。绿裸胸鳝明亮的体色来自覆盖在皮肤表面的厚厚黏液。这层黏液也保护了它们免受疾病的侵袭。

双颌

绿裸胸鳝喉咙里还藏有一副牙齿。如果被咬在嘴里的猎物挣扎，“第二个颌”就会向前猛咬，迫使它们进入喉咙。

异尾须唇飞鱼

Cheilopogon heterurus

分布区域：大西洋东北部

体长：最长40厘米

体表光滑的异尾须唇飞鱼常常在海面附近游来游去，以小动物为食。它们躲避敌人的方式是凭借翅膀一样的长长的胸鳍钻出水面，在波浪上滑行。

星斑川鲽

Platichthys stellatus

分布区域：北太平洋

体长：最长91厘米

如星斑川鲽这样的鲽鱼，它们幼时看起来和正常鱼类一样。但随着年龄增长，一只眼睛就会移到另一只眼睛旁边，这样，两只眼睛都在同一侧。此后，它们便以无眼的一侧身体，平躺在海底。

红大麻哈鱼

Oncorhynchus nerka

分布区域：太平洋北部

体长：最长84厘米

和其他麻哈鱼一样，红大麻哈鱼成年后多数时间生活在海里，但在繁殖季节会长途溯江河洄游产卵。繁殖期的雄鱼，身体呈鲜红色，头尾部呈绿色。

欧洲鳀

Engraulis encrasicolus

分布区域：大西洋东部

体长：最长20厘米

欧洲鳀成群游动，以鳃部过滤海水摄食微小的海洋动物。其他鱼类，如鲱鱼，也是成群行动的滤食动物。这些鱼群是金枪鱼、鲨鱼、海鸟及巨大的座头鲸等海洋猎手的食物。

主刺盖鱼

Pomacanthus imperator

分布区域：印度洋–太平洋海域

体长：最长40厘米

热带珊瑚礁里生活着许多色彩斑斓的鱼，每种鱼都有自己的生活方式。主刺盖鱼生活在珊瑚礁的缝隙里，雄鱼将自己所生活的珊瑚礁区域当作领地保卫。

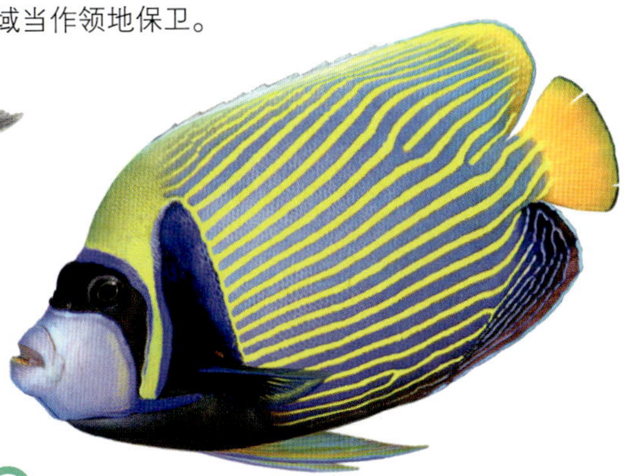

欧洲鲟

Acipenser sturio

分布区域：大西洋东部

体长： 最长6米

鲟鱼这类鱼是淡水鱼里身体最大的，也是寿命最长的，一些物种的寿命可达 100 年。它们一生中大部分时间生活在海岸区，以软体动物、蟹及其他海底的动物为食，它们像红大麻哈鱼一样洄游到江河里产卵。

矛尾鱼

Latimeria chalumnae

分布区域：印度洋

体长：最长2米

科学家曾经以为长着叶状肉鳍的矛尾鱼已于 6500 万年前灭绝，但 1938 年在印度洋发现了它们的活体。它们生活在热带海岸区的深水里，以鱼类和软体动物为食。

蝰鱼

Chauliodus sloani

分布区域：温带海洋

体长：最长35厘米

蝰鱼生活在昏暗的海洋深处，是凶猛的猎手之一。它们巨大的牙齿让猎物没有任何逃跑的机会。

大西洋鳕鱼

Gadus morhua

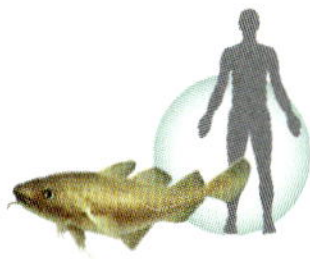

分布区域：大西洋北部和北冰洋

体长：最长2米

鳕鱼是我们常见的食用鱼类。它们个头巨大，常在海底捕食较小的鱼类和乌贼。因为过度捕捞，部分地区的鳕鱼数量减少了 95% 以上。

大斑刺鲀

Diodon liturosus

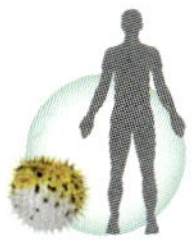

分布区域：印度洋和大西洋东南部

体长：最长65厘米

大斑刺鲀生活在热带珊瑚礁中，和有毒的河鲀是近亲。它们遇到危险时，会猛灌海水使自己的身体膨大，成为一个刺球，以此自卫。敌人几乎不可能吞食它们。

白斑狗鱼

Esox lucius

分布区域：北美洲、欧洲和亚洲

体长：最长1.5米

白斑狗鱼以凶残闻名。这种淡水鱼一动不动地藏匿在水草间，等待猎物。它们能以极快的速度捕食鱼类、蛙类和水鸟。食物紧缺时，它们甚至会捕食小狗鱼。

两栖动物

两栖动物因它们的生存既离不开水又离不开陆地的习性而得名。它们也是最神秘的脊椎动物。很多两栖动物只在夜间出没，白天则躲进潮湿阴暗的地方。它们有着极为特别的生命周期，其中一些是地球上毒性最强的动物。

什么是两栖动物？

两栖动物是从鱼类进化而来的。第一批爬上岸的鱼类用它们的四只肢鳍爬出水面，在陆地上捕食，呼吸空气。但这些鱼还要将卵产在水中，它们的后代仍然需要在水里或潮湿的环境里生长。它们身上的皮肤仍然很薄，容易流失水分，所以不能远离水域。

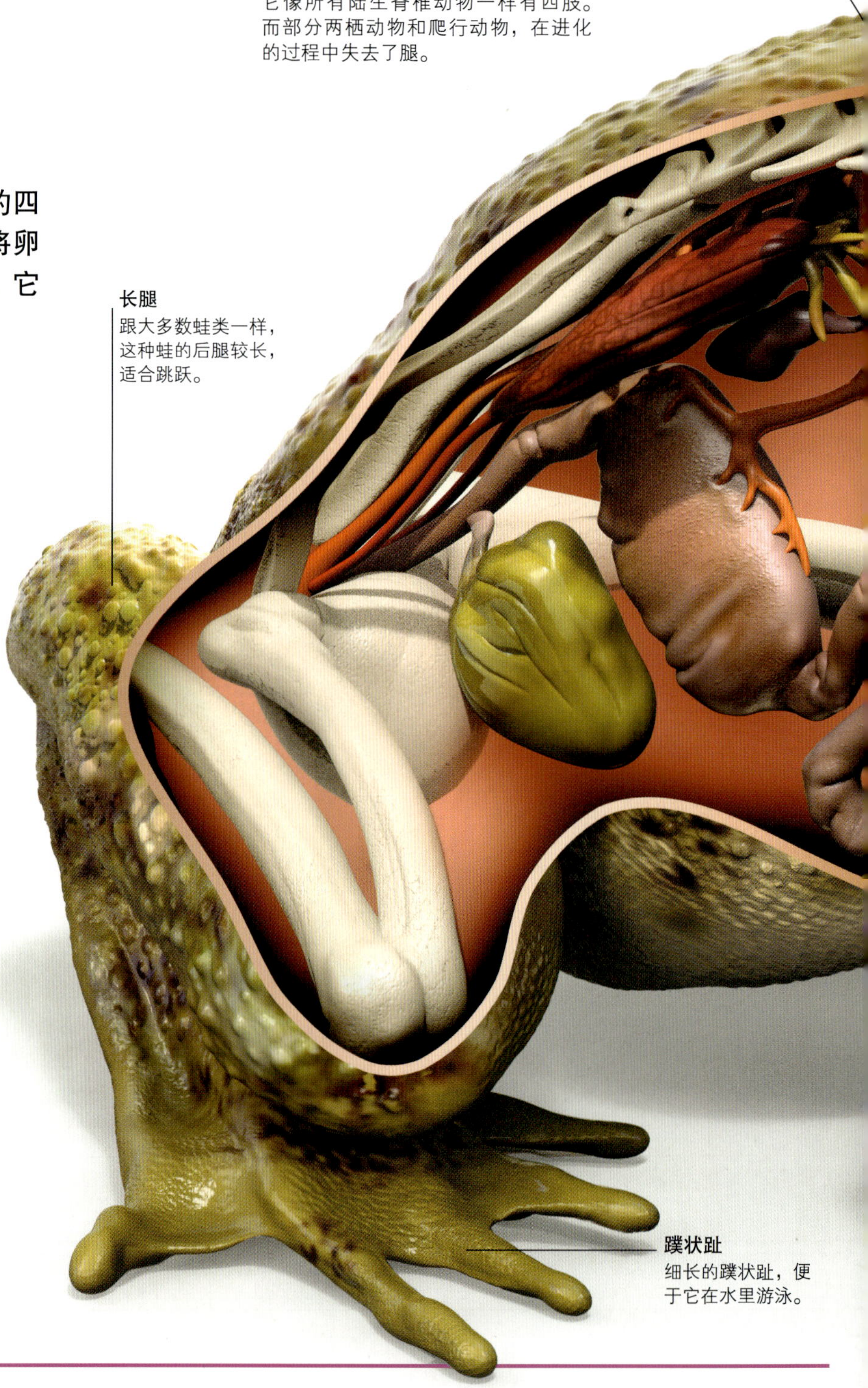

两栖动物的体内结构

从这只欧洲林蛙的剖面图中可以看到，它像所有陆生脊椎动物一样有四肢。而部分两栖动物和爬行动物，在进化的过程中失去了腿。

肺

蛙类用喉咙将空气吸入肺部，进行呼吸。

长腿

跟大多数蛙类一样，这种蛙的后腿较长，适合跳跃。

蹼状趾

细长的蹼状趾，便于它在水里游泳。

两栖动物的种类

最常见的两栖动物是蛙和蟾蜍，它们长着大脑袋，没有尾巴。长尾的蝾螈和鲵生活习性较为接近，而蠕虫一样的蚓螈是神秘的穴居者。

蛙和蟾蜍

蛙和蟾蜍同属无尾目，是两栖动物中最大的类群，约有 5600 种。它们体形相似，看上去差别不大，只是蛙类的皮肤较为光滑。

铃蟾

蝾螈和鲵

蝾螈和鲵属有尾目，这个类群包括 580 多种。其中有些种类完全水栖，还有一些种类完全陆栖。

火蝾螈

蚓螈

蚓螈目包括 170 多种。它们没有四肢，眼睛几乎看不见。蚓螈居住在地下洞穴，以坚硬的头部钻洞，捕食蠕虫和昆虫。

刚果蚓螈

基本特征

两栖纲只有三个目，却包括很多种动物。这些动物生活方式各异，繁殖方式也各不相同。尽管如此，它们中的大多数都具有某些共同的基本特征。所有两栖动物成体都用肺呼吸，属于变温动物。它们的皮肤薄且不防水。大部分两栖动物必须在潮湿的环境里产卵，多数种类一生中有部分时间生活在水里。

脊椎动物

像它们的鱼类祖先一样，两栖动物的体内都有脊椎。

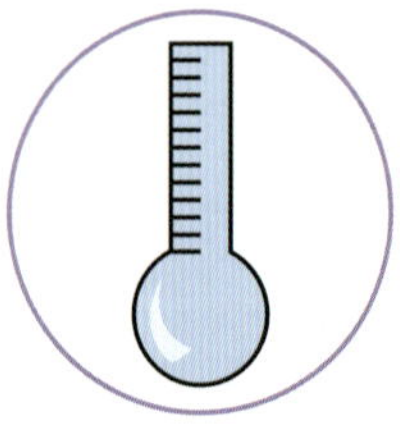

变温

两栖动物的体温随其所处的环境或水体的温度而变化。

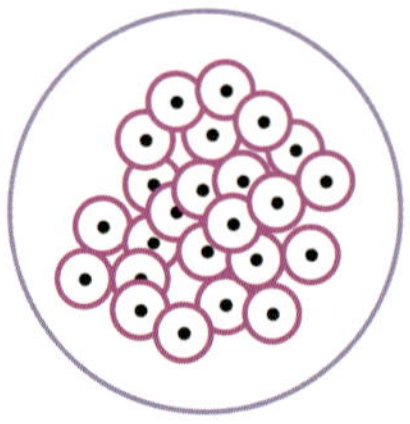

多数卵生

除了蚓螈是胎生，其他两栖动物都是卵生。它们的卵没有坚硬的外壳。

幼体水生

一般情况下，蝌蚪由卵孵化出来，在水里生活，最终发育为成体。

湿润的皮肤

两栖动物的皮肤薄且湿润，容易流失水分，但也可以辅助吸收氧气。

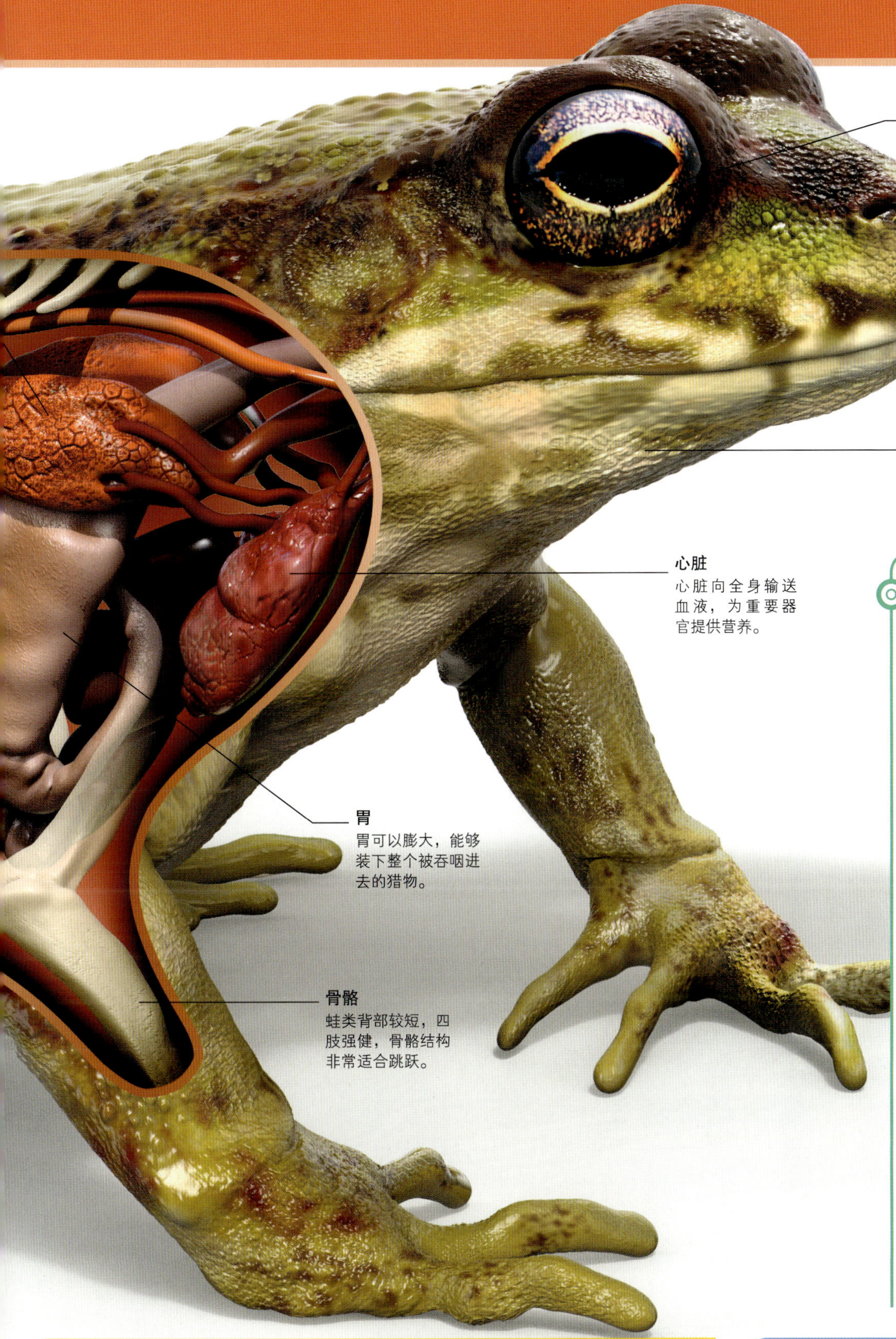

改变形态

脊椎动物中，只有两栖类幼体与成体的形态结构和生活习性差异很大，这个发育过程叫作变态发育。蛙卵首先发育成长着长尾巴的蝌蚪，蝌蚪像鱼一样在水中生活数周。之后，蝌蚪慢慢长出四肢，并变成可以直接呼吸空气的幼蛙。最后，幼蛙的尾巴消失，并跳上岸，开始成蛙的生活。

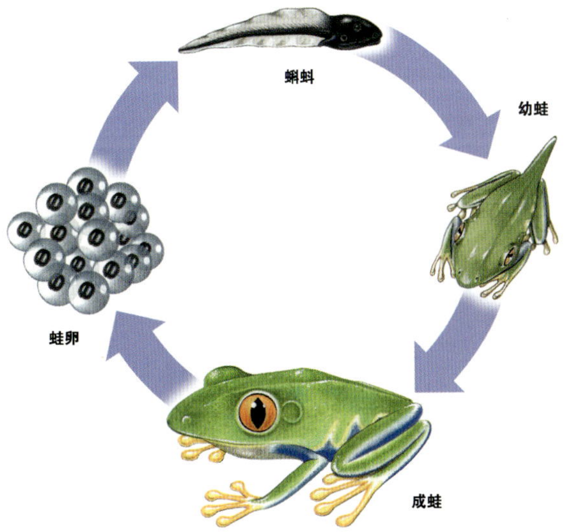

会呼吸的皮肤

很多两栖类都先发育成蝌蚪，蝌蚪用鳃在水中呼吸。变为成体后，它们再长出能够直接呼吸空气的肺。但它们要保持皮肤湿润，薄薄的皮肤也能够吸收水中或空气中的氧气。有一些无肺蝾螈，既没有肺又没有鳃，也能存活。

致命防御

图中这种生活在美洲热带地区的箭毒蛙体形娇小，体色醒目绚丽，对鸟类和其他捕食者而言是个危险的信号。它们以摄食的昆虫体内的化学物质为原料生成毒素，通过皮肤渗出。这些毒素毒性极强，因此，有人用这种毒制作毒箭。很多其他两栖动物也具有类似的以毒素进行防御的机能。

5 年——野外的**红眼树蛙的平均寿命**。

惊人的自卫方式

观察敌情时，红眼树蛙会用透明的带金色斑纹的下眼睑遮盖住眼睛，挡住其鲜艳的红色。一旦被敌人发现，它们就猛地睁大眼睛吓唬敌人，并趁机逃跑。

在繁殖期，雄蛙经常在树枝上大声鸣叫，并用后腿摇晃树叶，以宣告领地，同时吸引雌蛙。

红眼树蛙

作为两栖动物，红眼树蛙必须在潮湿的环境里繁殖，但机敏纤细的它们大部分时间生活在树上。它们之所以繁衍兴旺，是因为它们生活在中美洲的热带雨林里，这里的气候一年到头都是温暖潮湿的。

和其他蛙类一样，红眼树蛙后腿较长，便于它们在捕食昆虫时从一根树枝跳跃到另一根。红眼树蛙在夜间捕食，用它们的大眼睛在昏暗的光线下寻找昆虫，再用长而黏的舌头卷回猎物。

40 枚——平均每只**雌蛙**的**产卵**数量。

一窝卵
雌蛙把卵产在树叶上。约5天后，孵出的蝌蚪直接掉进树叶下方的水塘里。

醒目的色彩
红眼树蛙跳跃时，体侧和腿上鲜艳的色彩会暴露它们的踪迹。

长腿
红眼树蛙长长的后腿使得它们极为擅长跳跃，非常适合生活在热带雨林的树冠上。

趾垫
趾末端具潮湿坚韧的肉垫，能像吸盘一样吸附在光滑、湿润的叶子上。

两栖动物

红眼树蛙

Agalychnis callidryas

分布区域： 中美洲

体长： 最长7.7厘米

食物： 以昆虫为主

树叶摇篮

大多数蛙类在水里产卵，但红眼树蛙把卵产在雨林水塘上方的树叶上。蝌蚪孵出后，就掉入水中，之后一直在水中生活，直到长成迷你版成蛙的样子。如果卵遇到危险，比如被一条饥饿的蛇袭击，蝌蚪就会提前孵化，掉入水中逃跑。

逃跑的蝌蚪

伪装术

白天，红眼树蛙闭上红色的眼睛，将橙黄色的脚和蓝色的腿收在绿色身体的下面，一动不动地紧贴树叶的基部，躲避鸟类及其他敌人。这使得它们几乎与热带雨林中绿色的树叶融为一体。一直到黄昏之后，大部分鸟类归巢，它们才会出动。

50 年——已知的人工饲养大蟾蜍的寿命。

分泌毒液

眼睛后面鼓起的腺体能够分泌一种难闻的毒液，叫作蟾蜍素。很多捕食者只要闻到这个味道，就会避开。不过也有部分动物不受影响，比如游蛇。

两栖动物

大蟾蜍

Bufo bufo

分布区域：欧洲和非洲北部

体长：最长15厘米

食物：小动物

大蟾蜍

大蟾蜍满身瘰疣，行动缓慢，不像长腿的蛙类那样擅长跳跃，它们看起来一点也不像猎手。但对昆虫和其他小动物来说，它们却是致命的天敌，因为大蟾蜍能以闪电般的速度抓住并吃掉猎物。

和多数蟾蜍一样，大蟾蜍除了在池塘繁殖产卵外，其他时候都生活在陆地上。它们通常白天躲藏起来，黄昏后出来捕捉昆虫、蠕虫、蛞蝓和其他被它们看见的小动物。它们先是全神贯注地观察，之后再猛然伸出长舌，用黏糊糊的舌尖卷住猎物，送到嘴里整个吞下。

铜色的眼睛

眼睛为铜色，瞳孔水平。在黑暗中瞳孔会扩大。

快速行动

舌头必须快速出击才能捕到猎物。

黏糊糊的舌尖

蟾蜍的舌尖在口腔前部，因此舌头可以伸得很长。

婚垫

初春是繁殖的季节，雄蟾蜍这时候会在前3个趾端长出黑色的肉垫。这些肉垫表面粗糙，当雌蟾蜍在它们的繁殖池中产卵时，便于雄蟾蜍抓住雌蟾蜍黏滑湿润的皮肤。

粗糙的纹理有助于加强抓握能力

蟾蜍要回到自己出生的池塘繁殖后代。有时，蟾蜍冬眠的栖息地和产卵池之间相隔3千米。

膨胀自卫

如果受到图中游蛇这样敌人的威胁，大蟾蜍会猛吸空气，踮起趾尖，低下头。这种自卫性的姿势让它们看起来更大、更具威胁性，也更不好吞咽。如果这只蟾蜍运气好，那么游蛇可能会转而寻找其他容易捕捉的猎物。

交配的蟾蜍

刚受精的卵

蟾蜍配偶

在春季，雄蟾蜍率先回到自己出生的池塘，和其他雄蟾蜍相互竞争，其中的胜者可以赢得与几天后到达的雌蟾蜍的交配权。雌蟾蜍身体比雄性大，产卵时，每只雌蟾蜍背上都附着一只雄蟾蜍，便于给卵受精。卵孵化为蝌蚪，最终蝌蚪会变成蟾蜍。

澳大利亚长褶雨滨蛙一次**跳跃**的距离是自己体长的**50倍**。

蛙和蟾蜍

凭借它们的大脑袋和大嘴，无尾的短身体和长长的后腿，我们一眼就能辨认出蛙和蟾蜍。它们是物种最丰富、进化最成功的两栖动物。

从科学的角度来讲，蛙和蟾蜍没有太大区别。通常，人们把皮肤光滑，水栖时间更长些的称作蛙，而长相没那么优雅，以陆栖为主的种类称作蟾蜍。但也有几种蟾蜍生活在淡水里，还有些蛙生活在树上。它们中的多数进化出了独特的繁殖适应性。

非洲牛箱头蛙

Pyxicephalus adspersus

分布区域：非洲

体长：最长24.5厘米

这种大型的非洲牛箱头蛙生活在干燥的地方，大部分时间都藏身在地下，以保持身体湿润。雨季的时候它们出来捕食小型哺乳动物、鸟类、爬行动物和其他蛙类等一切它们可以捕到的猎物。它们巨大的嘴巴可以整吞猎物。

臭名昭著的肉食者非洲牛箱头蛙，有时甚至摄食自己的幼蛙。

网纹玻璃蛙

Hyalinobatrachium valerioi

分布区域：美洲南部和中部

体长：最长2.6厘米

透过腹部透明的皮肤，可以看到这种小小的热带树蛙跳动着的鲜红色心脏。雄蛙一次吸引好几只雌蛙在树叶背面产卵，之后雄蛙守护受精卵，直到卵孵化出来。

欧洲林蛙

Rana temporaria

分布区域：欧洲和亚洲

体长：最长9厘米

和大多数两栖动物一样，欧洲林蛙夜里总在潮湿的地方捕食昆虫、蛞蝓和其他陆地上的小动物。它们回到池塘里繁殖。雄蛙先到池塘，以呱呱叫的大合唱吸引后到的雌蛙。

黑掌树蛙

Rhacophorus nigropalmatus

分布区域：东南亚

体长：最长10厘米

这种生活在马来西亚的黑掌树蛙在树与树之间跳跃时，那宽阔有蹼的大脚能起到降落伞的作用，使得它们能滑翔 15 米或者更远，直接落在其他树枝上，而不用着陆。脚趾上的黏性肉垫能让它们更好地吸附在光滑的树叶上。

50—70 天——**达尔文蛙**的蝌蚪在雄蛙**声囊**里发育的时长。

7.7 毫米——**最小的成蛙**（来自巴布亚新几内亚的阿马乌童蛙）的**体长**。

东方铃蟾

Bombina orientalis

分布区域：东亚和东南亚

体长：最长8厘米

多数蛙类和蟾蜍都能在皮肤表面分泌毒液，进行自卫。东方铃蟾以腹部红黑相间的鲜艳颜色提醒捕食者它们有毒，它们甚至肚皮朝上躺着向捕食者展示自己的腹部。它们身上的红色来自吃掉的猎物体内的色素。

三角枯叶蛙

Megophrys nasuta

分布区域：东南亚

体长：最长12厘米

三角枯叶蛙堪称蛙类中的伪装大师。它们身体的形态和体色都酷似枯叶。在热带雨林中，如果它们趴在满是落叶的地面上一动不动，就能够与自然环境融为一体，极难被发现。它们利用这副伪装伏击小动物。

大平原蟾蜍

Anaxyrus cognatus

分布区域：美洲北部和中部

体长：最长11厘米

繁殖季节，雄蟾蜍会大声鸣叫，召唤雌蟾蜍。这种大平原蟾蜍鼓起声囊，把发出的金属颤音放大，这个过程能持续数分钟。

蓝箭毒蛙

Dendrobates tincturius

分布区域：南美洲

体长：最长4.5厘米

这些生活在南美洲热带地区的小型蛙类，身体具有鲜亮的颜色，这是在警告大家它们是地球上最毒的动物之一。当地的猎人利用它们制作毒箭。

达尔文蛙

Rhinoderma darwinii

分布区域：南美洲

体长：最长3厘米

部分蛙类和蟾蜍为了避免在水中繁殖，想出了一些新招数。雄达尔文蛙把卵放在嘴里孵化，然后将蝌蚪存到声囊中，待到蝌蚪发育成小蛙，再将它们放出。

条纹犁足蛙

Cyclorana alboguttata

分布区域：澳大利亚

体长：最长7厘米

这种分布于澳大利亚的条纹犁足蛙对付干旱的方法之一就是藏身地下洞穴。它们在身上储存足够的水分，并用厚厚的防水黏液像茧一样将自己完全包住。雨季到来时它们才会现身，在此之前，它们能待在地下洞穴好几年。

番茄蛙

Dyscophus antongilii

分布区域：马达加斯加

体长：最长10.5厘米

番茄蛙得名于它们那鲜红的皮肤，这是一种警戒色，是在提醒捕食者它们的皮肤能分泌黏糊糊的毒液。它们只生活在马达加斯加，大部分时间一动不动，等着昆虫和其他猎物来到自己的攻击范围内。

负子蟾

Pipa pipa

分布区域：南美洲

体长：最长18厘米

雌蟾蜍抚养后代的方式比较独特。受精卵在雌蟾蜍后背皮肤的小囊中孵化。发育成小蟾蜍后，它们就开始独立生活。

冠北螈栖息在**欧洲的东部**，从英国到乌克兰一带。

两栖动物

冠北螈

Triturus cristatus

分布区域： 北欧

体长： 最长16厘米

食物： 小动物

冠北螈

春季的夜晚，雄性冠北螈为了求偶真是煞费苦心，在雌性面前卖力地舞蹈。它们在水中不停地快速摆动尾巴，向雌蝾螈散发出引诱性的气味。

和大多数两栖动物一样，冠北螈多数时间在陆地上捕食小动物。但到了春天，它们又会回到池塘进行繁殖。每天晚上，体色艳丽的雄蝾螈都要跳求偶的舞蹈。它们喜欢选择水草丰茂的大水塘，那里便于藏身，也便于雌蝾螈在那里产卵。

珍贵的“包裹”

交配季节，雌蝾螈在池塘水底寻找雄蝾螈留下的精子包囊，这可以给它们即将产下的卵受精。雌蝾螈小心翼翼地在树叶上产下一颗卵，或两三颗的一串卵，再用后肢将树叶卷起包住这些卵。卵外面的黏性物质把卷起的树叶粘在一起。

幼体水生

类似蝌蚪的幼体从卵中孵出大约需要一个月。它们皮肤呈黄色，长着羽毛状的鳃，用来从水中吸收氧气。幼体先长出前肢，接着长出后肢。最后它们的肤色转成黑色，鳃消失，它们爬出池塘，成为呼吸空气的“蜥蜴”。

冠北螈**能活8年**。

600 枚——**每个繁殖季，**一只**雌蝾螈**最多的产卵数量。

尾部纹带
雌蝾螈尾部下方有一条明黄色的纹带。蝾螈幼体没有棱脊，也没有纹带，因此雄性和雌性看起来一样。

栖息地减少致使冠北螈成了濒危物种。它们在许多国家都受到严格保护。

人们曾一度认为蝾螈**不怕火**，能够在**火焰中**肆无忌惮地**爬行**。

日本大鲵

Andrias japonicus

分布区域： 日本

体长： 最长1.4米

这种体形巨大的日本大鲵生活在高山上冰凉的溪水里，而不会出现在陆地上。和大部分鲵一样，它们主要通过自己薄薄的带褶皱的灰色皮肤呼吸水里的空气。

极北鲵

Salamandrella keyserlingii

分布区域： 亚洲东北部

体长： 最长15厘米

令人惊讶的是，这种变温动物可以生活在最低温达到 –35℃的区域。即使被冷冻，它们也能存活数年，解冻后，仍可恢复正常的生活。

蝾螈和鲵

虽然四肢短小，尾巴较长，样子看起来像蜥蜴，但它们是蛙和蟾蜍的近亲，属于两栖动物。它们的身体很容易失去水分，所以无法在干燥的地方生存。尽管如此，仍有许多种类终生生活在陆地上。

鲵和蝾螈一样属于两栖动物，不过它们水栖时间更长，每年春季回到池塘繁殖。许多陆生的蝾螈可以在陆地潮湿的地方产卵，但有些蝾螈比鲵更需要水生环境，甚至从不离开水里。

大鳗螈

Siren lacertina

分布区域： 美国东南部

体长： 最长90厘米

多数蝾螈的四肢都很短，而鳗螈的后肢则完全消失了。大鳗螈是鳗螈中体形最大的一种，和其他鳗螈一样，它们栖息于水中，以脖子两边羽毛状的鳃在水下呼吸。它们在夜间捕食昆虫和其他小动物。

火蝾螈

Salamandra salamandra

分布区域： 欧洲中部和南部

体长： 最长28厘米

火蝾螈身上鲜艳的颜色是在警告敌人它们的皮肤能分泌致命的毒液。火蝾螈能从后背的开口喷射乳白色的毒液。

剑陆巨螈

Dicamptodon ensatus

分布区域： 北美洲

体长： 最长30厘米

虽然没有日本大鲵大，但它们也比多数蝾螈大。它们也是幼体生活在水中，以羽毛状鳃呼吸，成年后在陆地上生活。但也有些个体成年后仍保持着幼年时的鳃，继续生活在水中。

二趾两栖鲵

Amphiuma means

分布区域： 美国东南部

体长： 最长1.1米

二趾两栖鲵是一种水生蝾螈，是两栖鲵中体形最大的一种。它们喜欢生活在湿地和河沟的静水里。和多数蝾螈一样，它们的四肢已经退化，几乎没有任何用处。

洞螈

Proteus anguinus

分布区域：欧洲南部

体长：最长30厘米

洞螈属于严格意义上的水生蝾螈，它们终生生活在流经石灰岩洞的黑暗水体里。它们没有视力，凭借气味、触觉和声音捕食。除了肉眼可见流经羽毛状鳃的红色血管外，洞螈的身体几乎没有任何色彩。

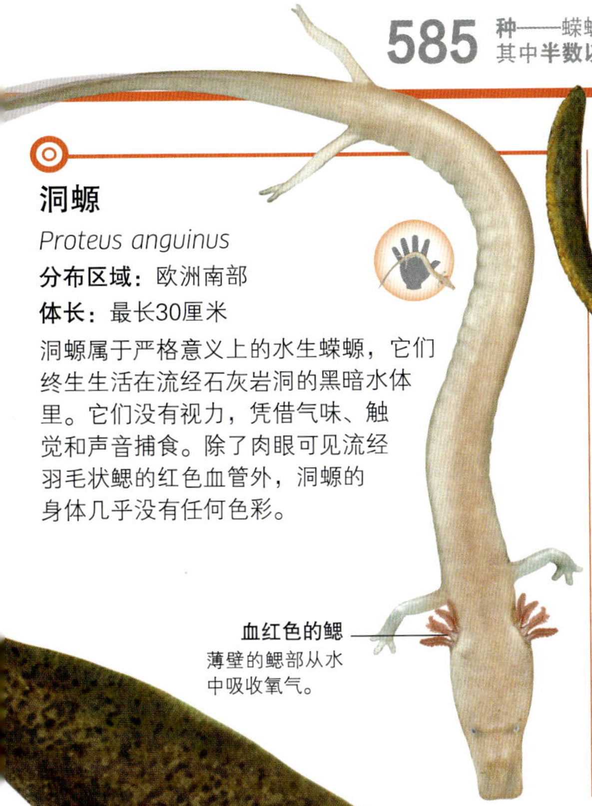

血红色的鳃
薄壁的鳃部从水中吸收氧气。

琉球棘螈

Echinotriton andersoni

分布区域：日本

体长：最长16厘米

琉球棘螈的行踪难以捉摸，它们仅分布于日本的几个岛屿上，濒临灭绝。这种动物有一套独特的自卫方式。如果被捕食者捉住，它们的肋骨尖端就从皮肤上的疣状毒腺刺出，刺进捕食者的嘴里，让捕食者因疼痛而不得不放开它们。

露出骨头
刺一样的肋骨尖上布满致痛的毒素。

幼体的身体特征
成年墨西哥钝口螈仍保留着幼年时的鳃部和尾巴。

墨西哥钝口螈

Ambystoma mexicanum

分布区域：墨西哥

体长：最长30厘米

大多数两栖动物在水中出生，利用自己的外鳃呼吸，并随着成长逐渐失去外鳃。但墨西哥钝口螈幼年呼吸所用的外鳃，在成年后也不会消失。由于栖息地遭到破坏，墨西哥钝口螈现在数量很少。

萨尔游舌螈

Bolitoglossa salvinii

分布区域：中美洲

体长：最长12.5厘米

蝾螈通常生活于陆地或水中。而这种蝾螈生活于热带雨林中，擅长爬树。它们的尾巴可以缠附在树枝上。其长舌尖端具黏性，可以伸出捕食昆虫。

南部急流螈

Rhyacotriton variegatus

分布区域：美国西部

体长：最长11.5厘米

急流螈生活在沿海针叶林里多石且湍急的溪流中。南部急流螈是急流螈属中的一种。它们的身体很容易变干，在暴雨期间它们在森林的地面上捕食昆虫，但雨一停，就会立马退回到溪流里。

红土螈

Pseudotriton ruber

分布区域：美国东部

体长：最长18厘米

两栖动物都能以它们湿润的薄皮肤吸入氧气。除了无肺蝾螈，大多数两栖动物还同时具有鳃和肺。图中这种无肺蝾螈夏天生活在陆地上，冬天生活在水里。

可以呼吸的皮肤
湿润的皮肤可以协助呼吸。

爬行动物

爬行动物大多身被鳞甲，体温不恒定，部分物种具有毒腺和毒牙。每每看到它们，人们可能会感到害怕，而不是喜爱。其实它们非常迷人，具有很多特别的生活习性。从慢吞吞的龟到不寻常的飞蛇，爬行动物包括了世界上许多非凡的动物。

什么是爬行动物？

爬行动物是第一批完全适应陆地生活的脊椎动物。它们进化出了具有鳞甲的防水的皮肤，避免在炎热干燥的气候下失去身体里的水分。多数爬行动物的卵有坚硬的外壳，也有助于防止身体失水过多。因此，地球上除了最寒冷的地方，其他所有陆地都有爬行动物生存和繁衍。

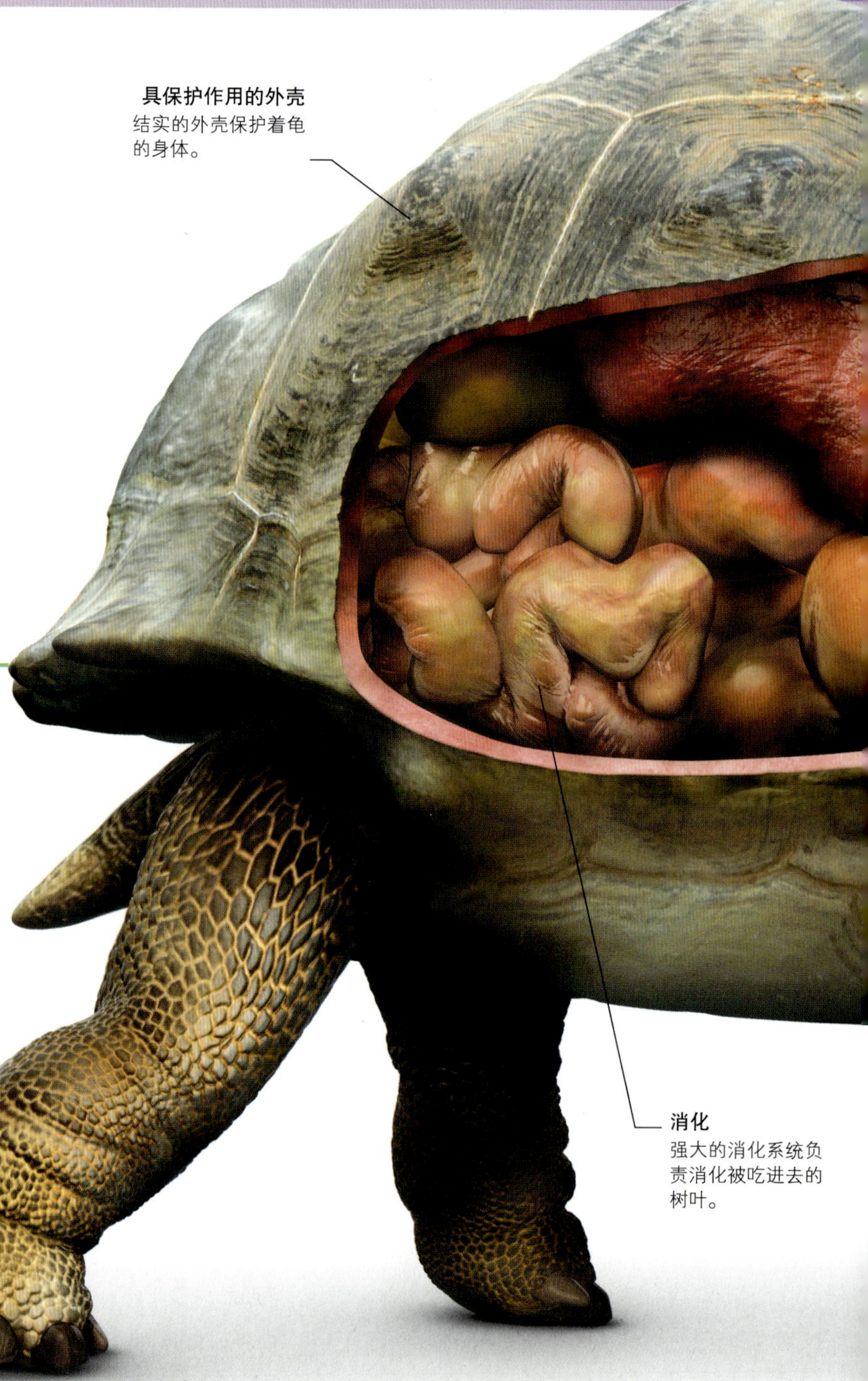

爬行动物的种类

爬行动物主要有四大类，其中一类是喙头目，只有一种现生物种，这就是生活在新西兰的喙头蜥。其他三类分别是包括水生龟和陆龟在内的龟鳖目，包括鳄和短吻鳄在内的鳄形目，还有蜥蜴、蛇和像蠕虫一样穴居的蚓蜥等构成的有鳞目。

水龟和陆龟
这是最容易辨认的一类爬行动物。它们半球形的甲壳同时具有脊椎和肋骨的作用。陆龟生活在陆地上，水龟生活在海洋和淡水里。大约有 340 种。

钻纹龟

喙头蜥
喙头蜥是曾在巨型恐龙时代繁荣兴旺且唯一存活至今的一类爬行动物。另外那些爬行动物大都于 1 亿年前灭绝。喙头蜥生活在新西兰。

新西兰大蜥蜴

蜥蜴和蛇
蜥蜴和蛇属于爬行动物中最大的一类，大约有 9800 种。没有四肢的穴居者蚓蜥，也叫作蠕蜥，也属于这个类群，不过它们种类较少。

珊瑚蛇

鳄
鳄、短吻鳄以及它们的近亲，加起来有 25 种，它们包括了最大的和最可怕的爬行动物。尽管有些鳄偶尔在陆地捕食，但它们大部分时间都生活在水中。

尼罗鳄

基本特征

爬行动物包括很多种动物，这些动物适应不同的生活环境，从海洋到沙漠，都有它们的身影。它们具有一些共同的基本特征：所有现存爬行动物都是变温脊椎动物，身上粗糙防水的表皮让它们可以在地球上一些极端干燥的区域生存。多数爬行动物卵生，卵具有防水的革质壳。少数爬行动物直接产出幼崽。

脊椎
爬行动物的身体由骨骼支撑。

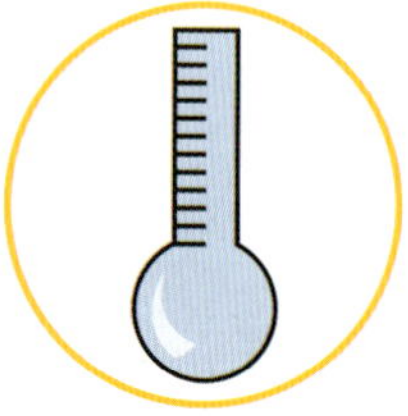
变温
体温由所处环境决定。

卵生
爬行动物的卵具有防水外壳。

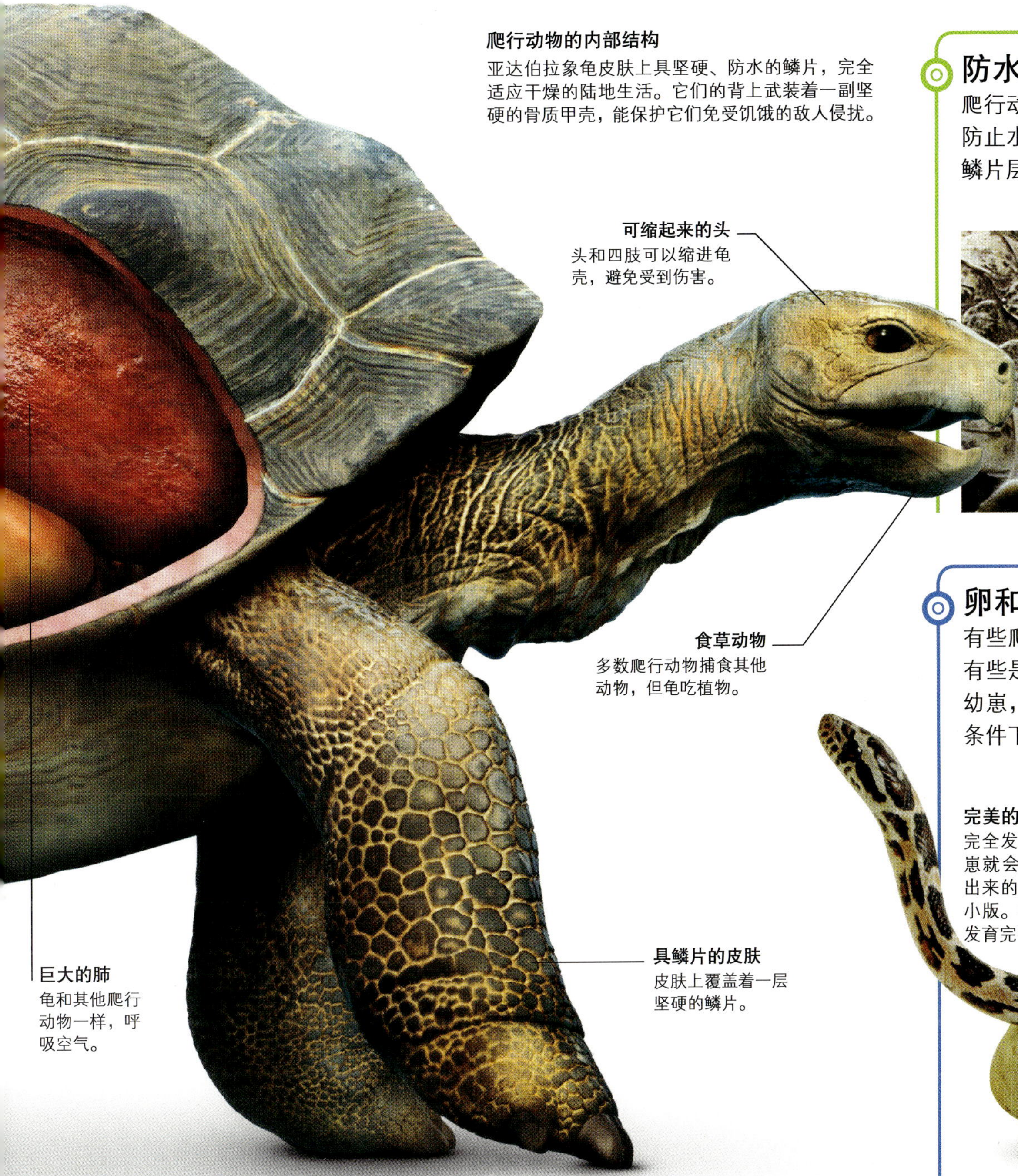

爬行动物的内部结构

亚达伯拉象龟皮肤上具坚硬、防水的鳞片，完全适应干燥的陆地生活。它们的背上武装着一副坚硬的骨质甲壳，能保护它们免受饥饿的敌人侵扰。

可缩起来的头

头和四肢可以缩进龟壳，避免受到伤害。

食草动物

多数爬行动物捕食其他动物，但龟吃植物。

巨大的肺

龟和其他爬行动物一样，呼吸空气。

具鳞片的皮肤

皮肤上覆盖着一层坚硬的鳞片。

防水的皮肤

爬行动物和两栖动物不一样，它们的体表具有一层能防止水分流失的粗糙皮肤。这层皮肤由坚硬而灵活的鳞片层保护，这些鳞片多以层叠的形式铺展。

响尾蛇的鳞片

每片鳞的根部都紧贴皮肤外层。蛇一生中需要蜕几次皮，也会一起蜕掉这些鳞片。新生的皮肤上会形成新的鳞片。

卵和幼崽

有些爬行动物的卵像鸟卵一样，外面有一层硬壳，也有些是坚韧的软壳。这些卵必须保暖，否则会孵不出幼崽，所以它们被放置在温暖的地方。在寒冷的气候条件下，一些爬行动物会直接产出幼崽，而不是卵。

完美的微型版

完全发育成熟后，爬行动物的幼崽就会咬破或磕开卵壳爬出来，出来的幼崽看上去就是成体的缩小版。毒蛇的幼崽一出来就有着发育完善的毒牙。

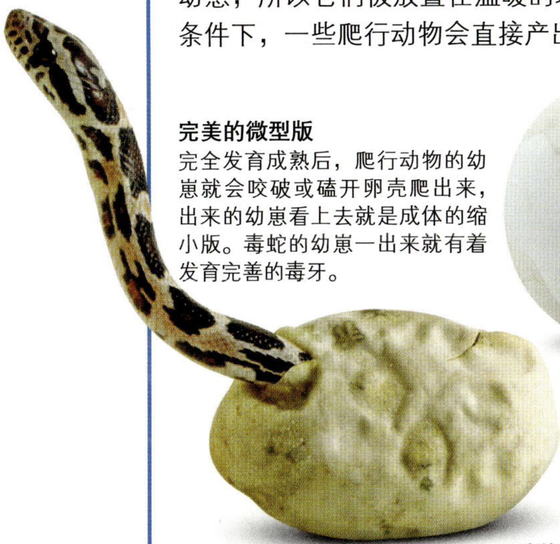

玉米锦蛇

豹纹陆龟

远古时期，爬行动物也包括恐龙，它们是曾经存在过的最大的陆生动物。

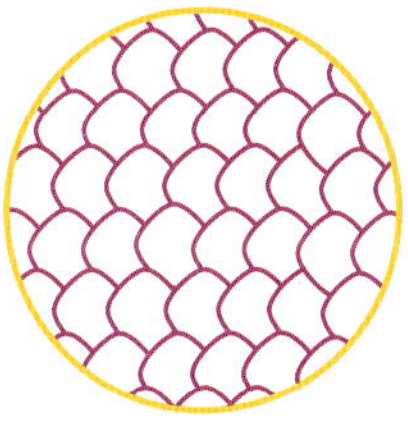

具有鳞片的皮肤

鳞片保护皮肤，同时可以减少水分流失。

胎生

有些蛇类和蜥蜴可以直接产出发育完全的幼崽。

节能高手

虽说爬行动物被描述成“冷血动物”，但它们的身体需要温暖起来才能正常运转。它们依靠外界环境提供所需的热量，因此，很少有爬行动物生活在有寒冷冬季的地方，那些生活在有寒冷冬季地方的种类，也只在夏天活动。在热带地区，取暖不再是问题，爬行动物不需要为自己的身体提供热能，因此可以节约大量能量。比起相同体形的恒温动物，它们维持生命需要的食物要少得多。

晒太阳

这种蜥蜴必须要先在太阳底下晒一会儿才能觅食。

绿鬣蜥

控制体温

爬行动物，比如图中这只绿鬣蜥，以自己的行动调节体温。如果需要热量，它们就爬到太阳底下晒一会儿；如果太热了需要凉下来，它们就溜到阴凉处。

150 厘米——加拉帕戈斯象龟的外壳能达到的长度。

加拉帕戈斯象龟

曾经有一只人工饲养的加拉帕戈斯象龟，**活到了170岁高龄。**

加拉帕戈斯象龟是地球上最大的陆龟，体积庞大，寿命长久。它们曾经在厄瓜多尔科隆群岛（又称加拉帕戈斯群岛）的 7 个岛屿上都有分布，大约有上千只。它们之所以种群繁荣，主要是因为它们栖息的岛屿偏远，那里没有天敌，也没有竞争食物的对手。

岛上生存着不同的象龟群，彼此隔离，所以又分别进化出 14 个种，每个物种都特点鲜明。如今，加拉帕戈斯象龟数量急剧下降，这是因为它们受到多种外来入侵物种的影响，包括捕食幼龟的老鼠，和龟竞争食物的山羊等。科隆群岛上象龟的种群数量日渐减少，其中有几种已被列为濒危物种。

年轮
加拉帕戈斯象龟的幼龟刚从卵里孵出时，比老鼠还小，但它们的壳上已经有了终生相随的盾板（粗糙的鳞甲）。随着小龟成长，盾板也跟着成长，每年增加一圈。但最早长出的部分会随着时间的推移而磨损，所以并不能通过数圈数了解它们真正的年龄。

覆盖鳞片的腿
四肢覆盖着具有保护作用的强韧鳞片。

400 千克——有记录的**最大的加拉帕戈斯象龟的体重**。

雌性加拉帕戈斯象龟一次**产2—16枚卵**。**4个半月后**，小龟破壳而出。

角质喙

象龟没有牙齿，它们以边缘锋利的角质喙抓取食物。它们生活在草原和森林中，吃各种植物，包括草和多刺的仙人掌的肉质茎。有些种类具有形状特别的龟壳，其脖子上的壳拱起，不会阻碍它们把头抬得更高，使它们能够吃到灌木丛里高处的叶子。

骨质甲壳

和所有的陆龟、水龟一样，加拉帕戈斯象龟背部的龟甲也是半球形的，也是由肋骨和角质融合而成，而腹部的龟甲扁平，由骨骼构成。外壳上覆盖着一层由角蛋白构成的坚硬盾板（鳞甲），其构成材料和我们的头发及指甲一样。

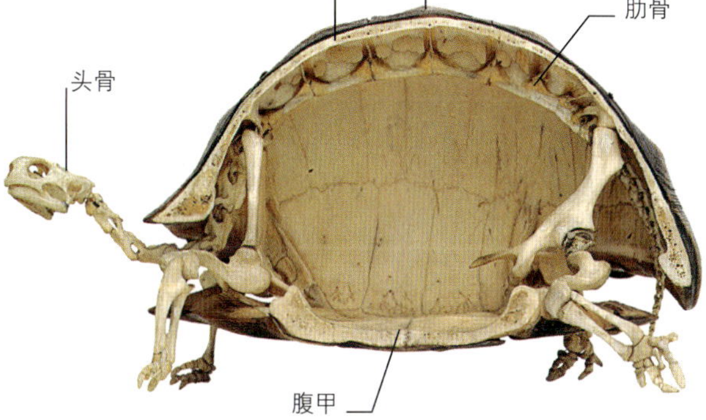

雄龟间的竞争

繁殖季节，成年雄龟如果碰到一起，会竞相展示自己的优势。它们尽可能站得高一些，伸长脖子，张大嘴巴。有时候它们会打起来，但一般情况下，脖子较短的那只龟会主动退缩。

爬行动物

加拉帕戈斯象龟

Chelonoidis Spp.

分布区域： 科隆群岛

体长： 最长1.2米

食物： 树叶、仙人掌、浆果和地衣

188 年——一只辐射龟存活的年数，比其他陆地动物都长。

真鳄龟

Macrochelys temminckii

分布区域：北美洲

体长：最长80厘米

真鳄龟得名于它们强大的咬合力。这种淡水龟捕食的方式是张大嘴巴静静躺着，露出嘴里蠕虫一样的粉红色舌头，受到吸引前来的猎物很快就会被它们吞进肚子。

诱饵
真鳄龟的舌头像蠕动的虫子，很少有鱼类能抵抗这种诱惑。

猪鼻龟

Carettochelys insculpta

分布区域：巴布亚新几内亚和澳大利亚

体长：最长75厘米

猪鼻龟和其他淡水龟不一样，它们没有长着爪子的脚，而是和海龟一样长着脚蹼。它们得名于其肉乎乎的鼻子，有像猪一样朝前的鼻孔。

纹背鳖

Chitra chitra

分布区域：南亚和东南亚

体长：最长1.6米

软壳龟和其他龟一样具有坚硬的骨甲，只是它们的骨甲表面不是盾板，而是柔软的革质皮。纹背鳖是这类物种中体形最大的一种，其雄性的尾巴比雌性的更长更粗。

水龟和陆龟

通过它们圆顶状的龟壳，我们很容易就能认出水龟和陆龟。它们大小各异，形状繁多，适应各种生活环境。341 种龟中，绝大部分生活在水中。陆龟仅有 58 种，全部隶属于同一个科。

这类爬行动物历史悠久，可以追溯到 2.2 亿年前，那是恐龙最早出现的时期。它们的骨质甲壳一直将它们保护得很好，特别是在水中，其体重并不影响它们的生活。而在陆地上，这则成为龟类行动极其缓慢的原因之一。

角质喙
边缘锋利的嘴非常适合咬断海草。

绿海龟

Chelonia mydas

分布区域：全世界

体长：最长1.5米

绿海龟是优雅的游泳者，生活在全世界的热带海洋里。它们和其他海龟一样，经过长途迁徙去繁殖的海滩产卵，经常年复一年回到同一个海滩。多数海龟是食肉动物，但绿海龟是食草动物，主要以海草和海藻为食。

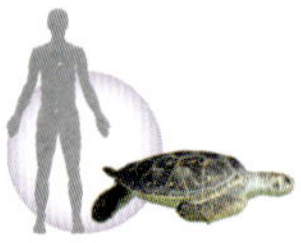

甲壳
流线型的皮革甲壳上有 7 条棱脊。

棱皮龟

Dermochelys coriacea

分布区域：全世界

体长：最长2.7米

这种海洋巨无霸是目前为止最大的海龟。它们的骨质甲壳外是油性的革质皮。棱皮龟以水母和其他浮游生物为食。

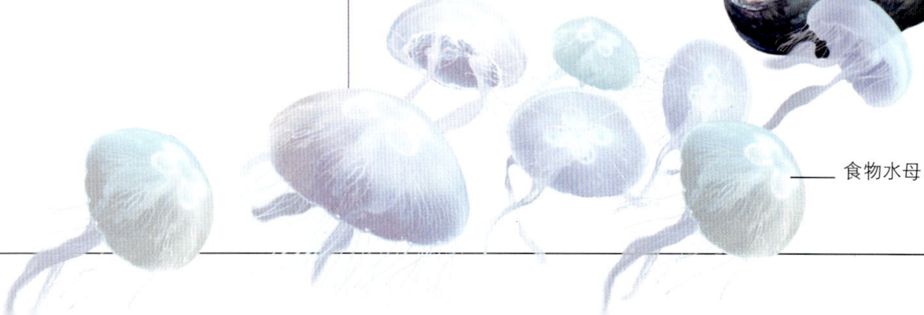

食物水母

钻纹龟

Malaclemys terrapin

分布区域：北美洲

体长：最长23厘米

这种小龟在北美洲的大西洋沿岸广泛分布，它们适应潮汐盐沼地和红树沼泽的生活，以蜗牛、蛤蜊和其他软体动物为食。

麝龟

Sternotherus odoratus

分布区域：北美洲

体长：最长14厘米

受到威胁时，这种长脖子的小龟能从甲壳下的腺体释放出一种难闻的液体。它们在溪底走动，而不是游动，捕食各种食物。

辐射龟

Astrochelys radiata

分布区域：马达加斯加南部

体长：最长40厘米

陆龟是一类适于陆地生活的龟。辐射龟生活在马达加斯加干燥的林地间，它们的龟壳极其华丽。辐射龟主要以草为食，也吃水果和仙人掌。

平胸龟

Platysternon megacephalum

分布区域：东亚

体长：最长40厘米

这种生活在淡水中的平胸龟头部太大，以至于无法缩进壳里。它们的头部另具一副保护性的盾甲。它们也有强大的咬合力。

饼干龟

Malacochersus tornieri

分布区域：非洲东部

体长：最长20厘米

饼干龟生活在多岩石的山丘上。它们背部的甲壳非常平，因此它们能够灵活地溜进狭窄的缝隙里。对于其他龟来说，它们的移动速度相当快，一旦感觉到危险，能立即躲进最近的避难所。

长颈龟

Chelodina longicollis

分布区域：澳大利亚

体长：最长28厘米

与一般的龟不同，长颈龟只能把长长的脖颈向两侧弯曲，头无法缩进龟壳。这种龟以小型水生动物为食。

枯叶龟

Chelus fimbriatus

分布区域：南美洲

体长：最长70厘米

枯叶龟凭借巧妙的伪装隐藏自己，藏身在浅溪或池塘底部。一旦猎物进入捕食范围内，枯叶龟就突然张大嘴巴，水流涌进嘴巴时，也会把猎物带进来。

200 种——已知的变色龙的物种数量。还有很多物种尚未被发现。

帕氏诡避役

帕氏诡避役是一种大型变色龙，这种爬行动物在马达加斯加热带雨林的树枝上捕食昆虫。它们喜欢独居。雄性领域意识较强，它们会头对着头进行战斗。

擅长缠附的尾巴

一般情况下，变色龙有力而灵活的尾巴总像弹簧一样卷起。尾巴也可以紧紧缠住树枝以保持稳定。在对猎物发动进攻时，这种能力非常有用。

变色龙

变色龙是避役科动物的统称，以变色能力强而出名。除此之外，它们还有一个在自然界中极其有效的武器——就是具有黏滑舌尖的长舌，它们的舌头能伸出惊人的长度。

变色龙的每个特征都专为捕食而生。它们的眼睛长在具鳞片的高高的“炮台”上，能够独立转动，所以它们能同时看向两个不同的方向。它们的脚趾合并生长，呈钳夹状，适于抓握细树枝。为了避免惊扰到猎物，它们移动的速度极慢，然后再以人眼难以捕捉的速度，伸出舌头抓住猎物。

爬行动物

帕氏诡避役

Calumma parsonii

分布区域：马达加斯加

体长：最长68厘米

食物：昆虫

改变颜色

和其他变色龙一样，这个物种也擅长变色。它们的体色受情绪影响，也能作为伪装。图中这只正在向竞争对手展示自己。

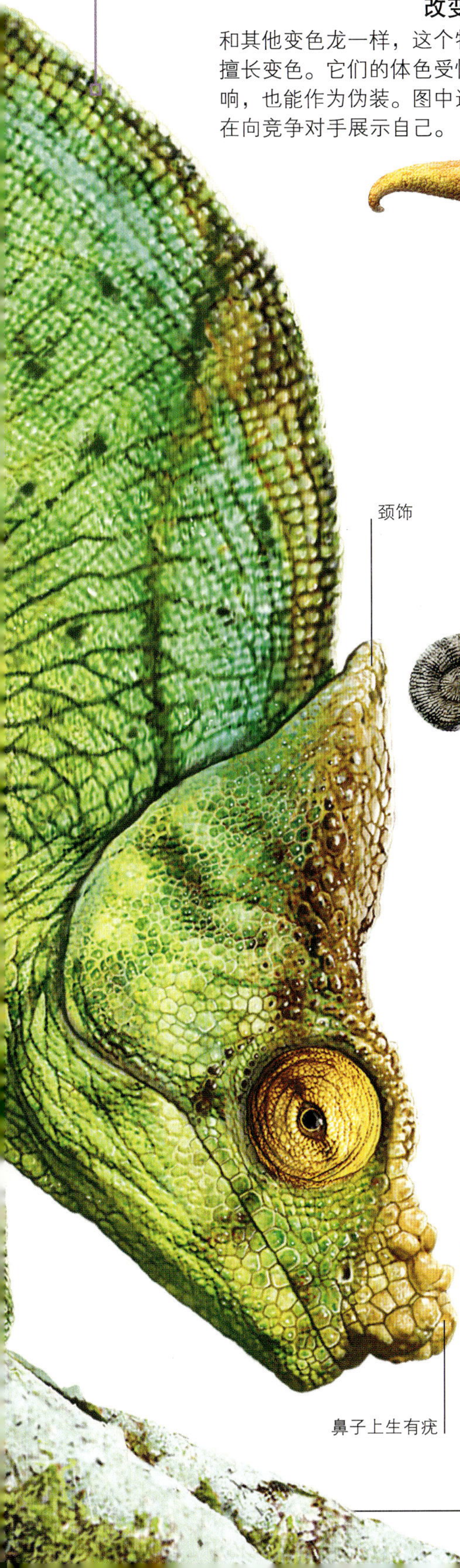

迷你变色龙

Brookesia micra

分布区域：马达加斯加

体长：最长2.8厘米

迷你变色龙于2012年被发现，是最小的变色龙，也是最小的脊椎动物。它们晚上在树上睡觉，白天在地面上捕食昆虫。和大多数变色龙不一样，它们的皮肤始终是棕色，不能变色。

地中海变色龙

Chamaeleo chamaeleon

分布区域：西班牙南部、非洲北部、中东地区和地中海岛屿

体长：最长40厘米

位于地中海的克里特岛和塞浦路斯岛上经常能见到这种变色龙。它们行踪神秘且独立，总是悄悄靠近猎物，再以闪电般的速度用舌头卷回猎物。

纳曼卡避役

Chamaeleo namaquensis

分布区域：非洲西南部

体长：最长25厘米

这种生活在沙漠的变色龙，和其他多数变色龙不一样，它们在地面上生活。它们常在凉爽的清晨变成黑色，以便更高效地吸收热量。

帕达利斯避役

Furcifer pardalis

分布区域：马达加斯加

体长：最长50厘米

帕达利斯避役和帕氏诡避役一样，生活在干燥的森林里，雄性之间为了领地权竞争激烈。竞争对手见面时，体色变得极为鲜艳，不过落败的一方很快会变成浅褐色。

锉吻避役

Kinyongia fischeri

分布区域：非洲东部

体长：最长30厘米

多数变色龙生活在偏远的地区，在树上觅食。这种锉吻避役只生活在坦桑尼亚的森林里，很少被人看到，人类对它们的习性知之甚少。

尖嘴避役

Trioceros jacksonii

分布区域：非洲东部

体长：最长38厘米

和多数变色龙一样，尖嘴避役的雄性比雌性身上具有更多装饰性结构。雄性鼻子上有3个长角，在争夺领域时，能够发挥作用。

科莫多巨蜥能**探测到**10千米外**动物尸体的气味**。

30 **年**——科莫多巨蜥**存活的寿命**。

科莫多巨蜥

作为最大的蜥蜴，科莫多巨蜥是一种十分可怕的捕食者。它们的力量足以伏击、捕杀并吞掉一头成年水牛。它们甚至会残杀并吃掉同类。

科莫多巨蜥生活在科莫多岛及其附近岛屿，以及印度尼西亚南部爪哇岛附近的海岸上，它们以其能捕获的任何的动物为食。一只成年科莫多巨蜥只需甩一甩尾巴，就能击倒一头鹿，之后以长爪抓住猎物，再用锯齿状牙齿杀死并撕开猎物。雄性巨蜥之间也会为雌性巨蜥或领地激烈竞争，它们用后腿站立起来摔跤，直到其中一方被摔倒在地。

装甲鳞片

科莫多巨蜥皮肤表面覆盖的鳞甲，是一种含有骨内膜的小骨头，可以形成粗糙但灵活的铠甲，像中世纪的士兵穿的由钢环互连做成的锁子甲。其他的蜥蜴身上也有这种装甲鳞片，以保护自己免受大型捕食者的伤害。但科莫多巨蜥身上的装甲是为了避免它们彼此间的伤害。

安全的避风港

科莫多巨蜥唯一害怕的动物是比自己体形更大的同类。一旦得到机会，较大的科莫多巨蜥很可能会猎食较小的同类。刚孵出来的科莫多巨蜥幼体会直接爬上树，身长达到约1.2米后才到地面生活。即使这样，较小的科莫多巨蜥在进食时也要避开较大的同类。它们甚至会在猎物的内脏上打滚，让自己闻起来很恶心，以此避开饥饿的较大同类。

一头成年的科莫多巨蜥一餐能吃掉相当于自己体重80%的食物。

庞大的身躯

庞大的身躯能容纳的食物足够科莫多巨蜥维持一个月的生命。

强壮的尾巴

雄性科莫多巨蜥站起来与竞争者扭打时，长而重的尾巴起到支撑的作用。

覆鳞片的腿

强健的腿部能保护科莫多巨蜥身体的侧部，也使得它们的步态像典型的蜥蜴一样笨拙。

分叉的舌头
科莫多巨蜥的舌头像蛇类的一样有分叉，能分辨气味。因此它们可以凭借舌头来探测腐肉，也能追踪猎物。

视力
科莫多巨蜥能区分色彩，但夜视能力较弱，捕食时需要依赖嗅觉。

尖锐的牙齿
60 颗锯齿状的牙齿，排列在一起像牛排刀一样，让科莫多巨蜥能将猎物连皮带肉地撕开。

致命一口
科莫多巨蜥流出的口水有毒，毒液由位于下颌的腺体分泌出来。毒液混合着科莫多巨蜥的唾液，顺着它们尖锐的牙齿流到咬开的伤口上，能够阻止猎物的血液凝固，还可能使猎物内出血。因此，即使猎物侥幸逃脱了第一次攻击，也很快会因失血过多而体力不支或休克，成为寻踪前来的科莫多巨蜥唾手可得的食物。

长爪
每只脚有 5 个大而有力的长爪，用来抓住猎物。科莫多巨蜥的幼体也用爪子攀爬。

爬行动物

科莫多巨蜥

Varanus komodoensis

分布区域： 印度尼西亚

体长： 最长3.1米

食物： 腐尸和活的动物

30万只——**科隆群岛**上海鬣蜥的数量。**地球上其他地方**都见不到它们。

海鬣蜥

这种特别的蜥蜴生活在遥远的岛屿上，它们用自己锋利的牙齿把海藻从岸边的岩石上扯下来，作为食物。有些海鬣蜥甚至会游到海里，潜入水下寻找海藻。

海鬣蜥生活在太平洋东部科隆群岛布满岩石的海岸边，那里大部分地方是光秃秃的火山岩，植物稀少，但是海藻很丰富。经过漫长的进化，海鬣蜥掌握了充分利用其独特的食物来源的特殊方法。

爬行动物

海鬣蜥

Amblyrhynchus cristatus

分布区域：科隆群岛

体长：最长1.5米

食物：海藻

凿子一样的牙齿

海鬣蜥的牙齿比较小，每颗牙有3个分叉。每个叉具凿子一样锋利的尖端，非常适于从坚硬的岩石上刮下海藻。这些牙齿永远不会变钝，因为它们在不停地更新。尖锐的新牙齿会替代脱落的旧牙齿。

45 分钟——海鬣蜥能**屏住呼吸**的时长。

雌性海鬣蜥一次最多产**6枚卵**，之后**将卵埋在沙地**或软土里。

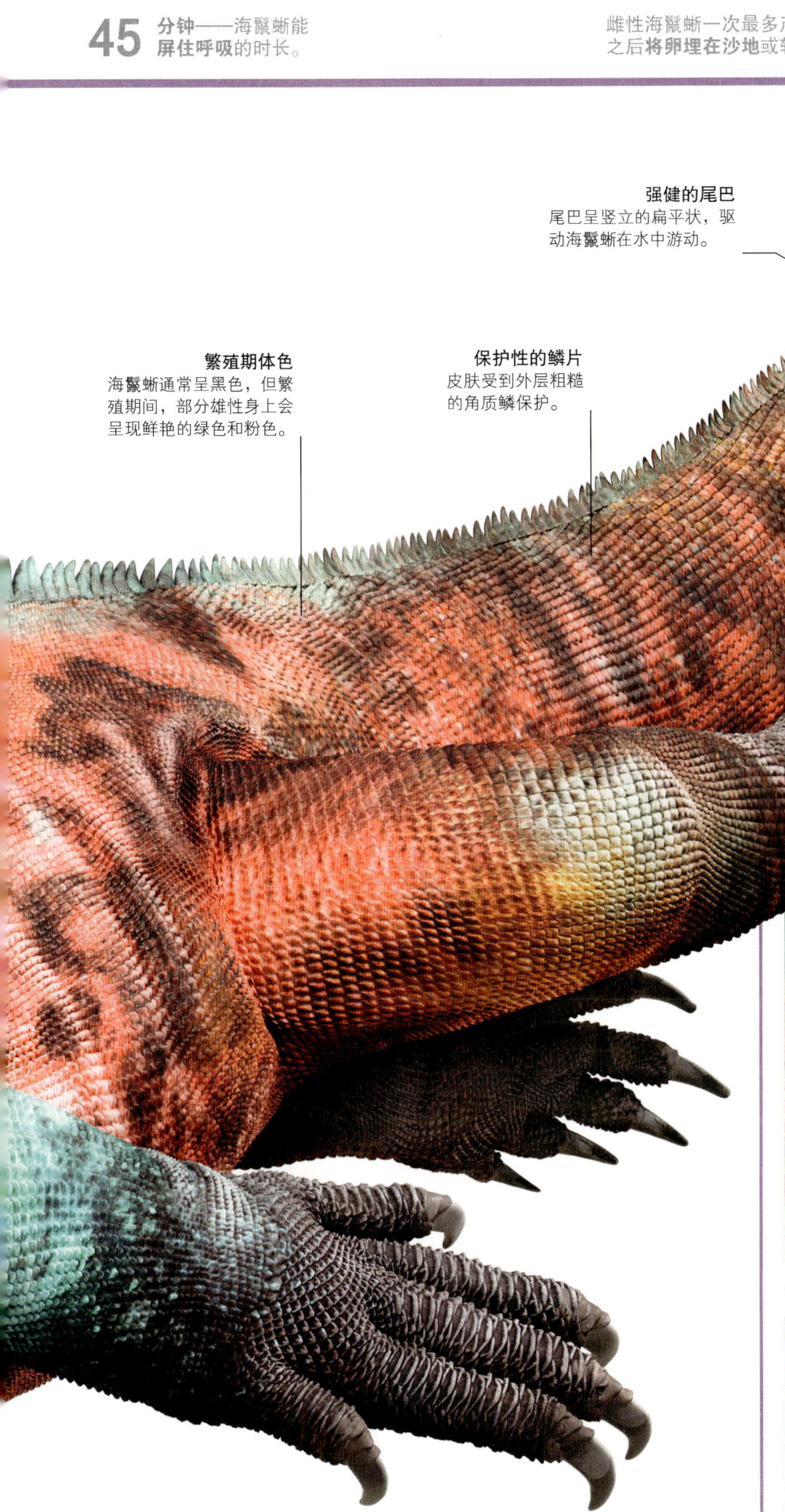

长爪

海鬣蜥的四肢格外强壮，上具长趾，趾端有极长的尖爪。海鬣蜥用爪子抓牢覆盖着海藻的岩石。即使在波涛汹涌的岸边，它们也能步履平稳；在水下进食时，也不会被洋流冲走。

水下摄食

多数海鬣蜥在落潮时啃食岩石上裸露的海藻。也有些海鬣蜥——以大型雄性为主——在水下摄食。它们一次能进食半小时，但通常不会坚持这么长时间，因为围绕科隆群岛的洪堡寒流冰冷刺骨。

盐喷嚏

海鬣蜥从海里出来后，身体必须要暖和起来，才能消化自己的食物。为此，它们会在海岸边热烘烘的岩石上晒一会儿太阳取暖，同时不断打喷嚏，从鼻孔中的盐腺喷出带盐的液体，以排出进食时带入体内的过多盐分。

最大的海鬣蜥能潜入海底超过10米深，在波浪下寻找一顿大餐。

6145 种——已知的蜥蜴的物种数量。

60% 的爬行动物是蜥蜴。

绿鬣蜥

Iguana iguana

分布区域：美洲中部和南部

体长：最长1.5米

这种生活在热带的绿鬣蜥是少数素食蜥蜴之一。它们爬上树，用刀片一样的锋利牙齿啃食树叶和水果。绿鬣蜥背后长而尖的鬣鳞保护它们免受饥饿的鹰类侵扰。虽然它们的名字叫作绿鬣蜥，但其皮肤也可以呈橙色、黑色或蓝色。

魔蜥

Moloch horridus

分布区域：澳大利亚

体长：最长20厘米

魔蜥生活在沙漠里，背上林立着圆锥形的棘刺，用来防御捕食者。棘刺之间的间隙可以收集空气中的水分，供它们饮用。它们几乎完全以蚂蚁为食。

双嵴冠蜥

Basiliscus plumifrons

分布区域：中美洲

体长：最长61厘米

这种背冠华丽的蜥蜴，以能在深水表面快速行走闻名。它们在水面行走时，靠后肢长而扁平的脚趾支撑身体。它们常以这种方式逃避捕食者。

犰狳蜥

Ouroborus cataphractus

分布区域：非洲南部

体长：最长10厘米

这种蜥蜴背部具结实的棘状鳞，它们可以咬住尾巴将身体团成球保护自己。无论对哪种猎手来说，这种刺球都难以下口。在白天，犰狳蜥会展开身体，在沙漠里的岩石地带捕食昆虫、蜘蛛和其他小动物。

蓝舌石龙子

Tiliqua scincoides

分布区域：澳大利亚东部

体长：最长61厘米

石龙子是一类短腿矮小的蜥蜴，家族庞大。蓝舌石龙子属于大型石龙子的一种。它们的舌头呈明亮的蓝色，遇到敌人时就会伸出来。突然出现的鲜艳明亮的蓝色，会让敌人大吃一惊，给石龙子制造了逃跑的机会。

防御动作

砂鱼蜥

Scincus scincus

分布区域：非洲北部

体长：最长20厘米

这种蜥蜴以鱼游泳的姿势，在柔软干燥的沙地快速移动。它们的身体为流线型，头部呈楔形，体表鳞片光滑闪亮，极为适合在沙地中行动。它们凭借探测昆虫在沙地里的行动进行捕猎。

蓝尾板蜥

Cordylosaurus subtessellatus

分布区域：非洲南部

体长：最长15厘米

蓝尾板蜥常常在岩石地带被发现，这种光滑的蜥蜴以其长长的蓝尾出名。和许多种类的蜥蜴一样，受到威胁时，它们会折断自己的尾巴，留下扭动的断尾吸引敌人的注意力，然后趁机逃跑。它们会慢慢再长出一条新尾巴，但是比之前的短。

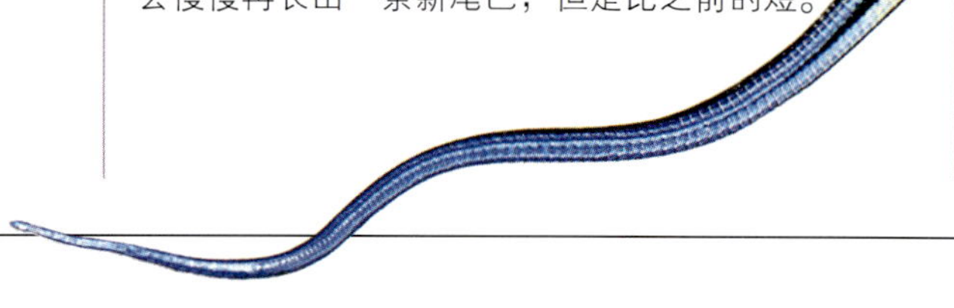

胎生蜥蜴

Zootoca vivipara

分布区域：欧洲和亚洲

体长：最长15厘米

多数蜥蜴卵生，并依靠温暖的气候孵化产下的卵。但也有几种是胎生，比如这种广泛分布在欧亚大陆的蜥蜴，会直接产出仔蜥。这种情况让它们比其他蜥蜴更适应寒冷的生活环境，甚至北极。它们主要以昆虫为食。

蛇蜥

Anguis fragilis

分布区域：欧亚大陆和非洲西北部

体长：最长48厘米

蛇蜥看起来非常像蛇，而事实上它们是无足蜥蜴中的一种。与蛇不同的是，它们有能闭合的眼睑，可以眨眼，不能吞下整个大块头的猎物。它们以昆虫、蛞蝓和蠕虫为食。

马达加斯加叶尾守宫

Uroplatus fimbriatus

分布区域：马达加斯加

体长：最长33厘米

守宫（通常称作壁虎）是一种特别的蜥蜴。它们极其擅长攀爬，趾端下方长有黏性结构，能附着在任何表面上。这种动物蜷伏在树干上时，其体色是很好的伪装，使得它们很难被看见。它们具有绝佳的夜视能力，利于在夜晚捕食昆虫。

蜥蜴

全世界有 6000 多种蜥蜴，它们是种类最繁多的爬行动物。从微型变色龙（参见 102—103 页）到鳄那么大的巨蜥，它们具有各种形状和大小。

典型的蜥蜴，皮肤上具鳞片，有 4 条腿和 1 条长尾。它们的腿从身体向体侧伸展，走动时腹部贴近地面，让它们看起来显得身姿笨拙。有些蜥蜴的腿更短，还有些甚至没有腿。有些物种具有毒牙。

钝尾毒蜥

Heloderma suspectum

分布区域：北美洲

体长：最长60厘米

尽管蜥蜴是蛇类的近亲，却很少有毒。这个大块头猎手是个例外。钝尾毒蜥的毒腺位于下颌，它们用毒液来防御，也用鲜亮的体色来警告敌人。

张开的伞状薄膜

强壮的前腿用来挖掘

伞蜥

Chlamydosaurus kingii

分布区域：巴布亚新几内亚和澳大利亚

体长：最长90厘米

生活于澳大利亚的伞蜥，脖子上具一圈显眼的伞状薄膜，平时处于折向身体的状态。一旦遇到敌人，它们就会张大嘴巴，张开伞状薄膜，亮出里面鲜亮的颜色。求偶时它们也使用这一招。

4 个多月——蟒蛇不进食可以存活的时间。

20 年——翡翠树蚺可以存活的年限。

翡翠树蚺

翡翠树蚺身披翠绿色的皮肤，隐藏在热带森林的绿叶之间。它们把身体悬挂在低矮的树枝上，观察攻击范围内是否有猎物。

几乎所有的蛇类，包括翡翠树蚺，都是捕食者。翡翠树蚺主要在夜间狩猎，捕食生活在南美洲低地热带森林中的小型哺乳动物和鸟类。即使在夜里，它们也可以凭借唇上的感温器感知猎物温暖的身体。翡翠树蚺和某些蛇类不一样的地方是它们没有毒性。它们以自己超长的牙齿捕捉猎物，再以其有力的身体将猎物缠死。

爬行动物

翡翠树蚺

Corallus caninus

分布区域： 南美洲

体长： 最长18米

食物： 小型哺乳动物和鸟类

尽管翡翠树蚺主要以小型哺乳动物为食，**但它们出击速度极快，足以凭借尖利的牙齿捕捉空中的飞鸟。**

尖利的牙齿

翡翠树蚺尖利的长牙向后弯曲，因此，猎物一旦被咬住，几乎插翅难逃。翡翠树蚺和其他蛇一样，将猎物整个吞入，交替使用上下颌将猎物挤入具有弹性的喉咙。这个过程需要很长时间，但每顿饭都够它们支撑好几个星期。

死亡缠绕

即使挂在树上，翡翠树蚺也能缠住猎物。它们在猎物身上缠绕几圈，每次猎物呼气时都会缠得更紧。这样，猎物很快就停止了呼吸，很可能也中断了给脑部和心脏的供血。一旦猎物死亡，翡翠树蚺就从猎物头部开始把它们吞入腹中。

翡翠树蚺幼体

不同的体色

翡翠树蚺可能一出生就是像父母一样的绿色，但更多的是砖红色、橙色或者兼具 3 种颜色，在 6 个月到 1 岁后，再变成绿色。这可能是模仿那些树栖有毒蛇类的体色，幼蛇以此躲避天敌。

野生响尾蛇能在**没有进食**的情况下存活两年。

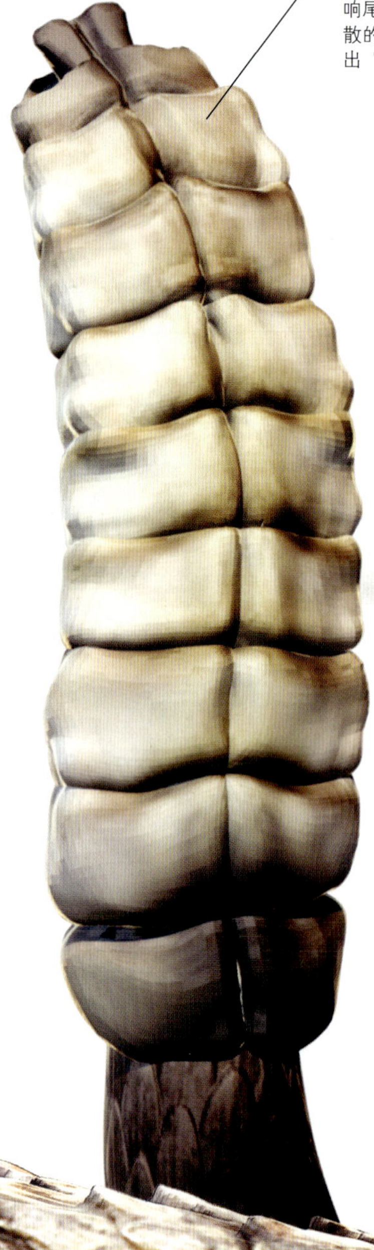

一大口

它们探测到猎物时，会悄悄接近观察，等待时机，再发起攻击。随后其头部猛冲向前，嘴巴张大，将牙齿刺入猎物体内。之后，它们静待毒液生效，再将整个猎物吞入口中，以长着尖利牙齿的灵活的上下颌将食物从喉咙咽下。

西部菱斑响尾蛇是北美洲最危险的蛇之一。因蛇咬伤而死亡的人中，被它们咬伤致死的人数最多。

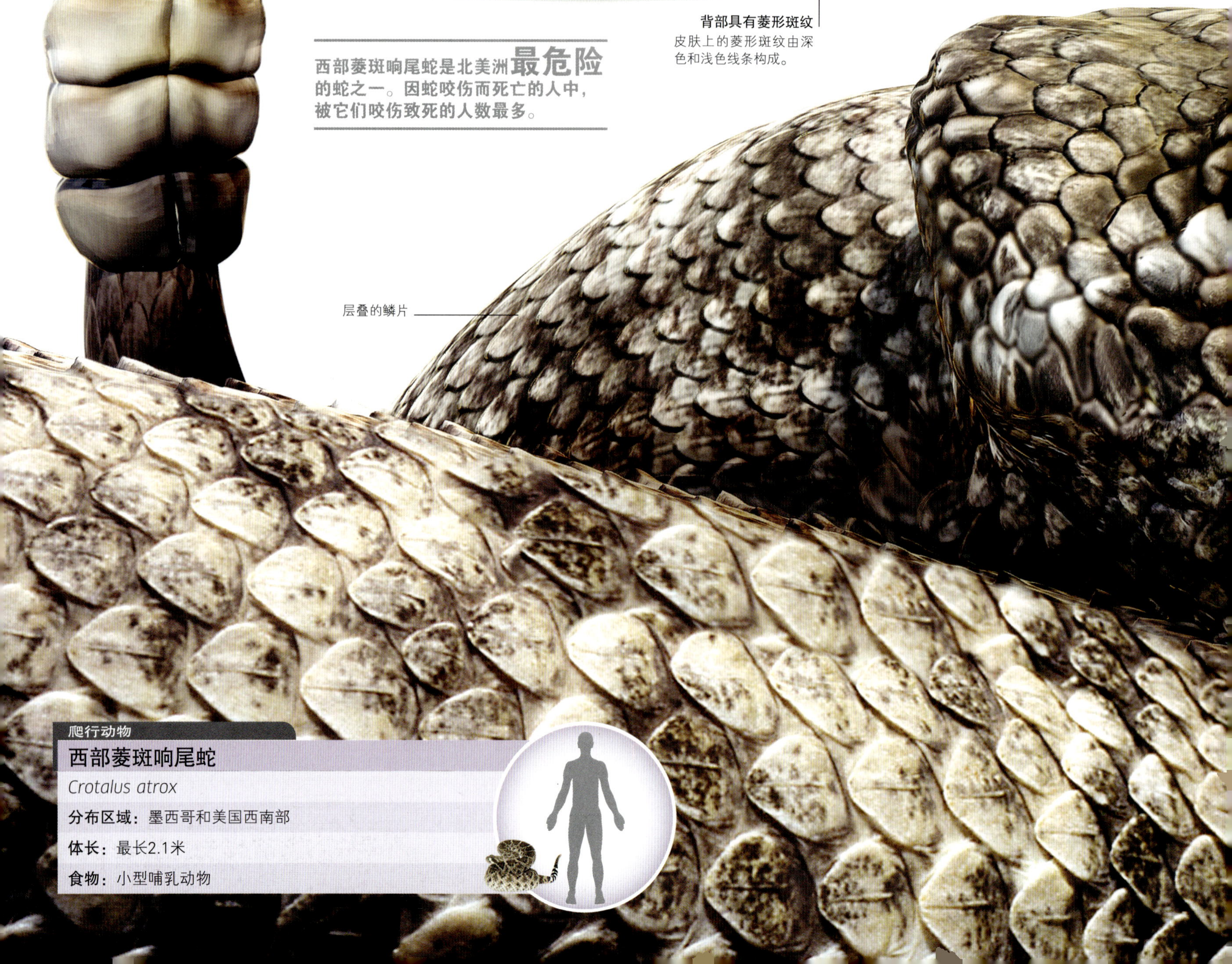

爬行动物

西部菱斑响尾蛇

Crotalus atrox

分布区域： 墨西哥和美国西南部

体长： 最长2.1米

食物： 小型哺乳动物

西部菱斑响尾蛇

西部菱斑响尾蛇身上装备着巨大的毒牙，能在黑暗中精准感知猎物，是世界上最致命的捕食者之一。

响尾蛇是毒蛇，一种具长牙的剧毒蛇类。长牙长在嘴巴前端，平时向后折叠便于闭上嘴巴。毒牙能够向猎物体内注入一种强效毒液，破坏血管和肌肉的正常运作。这种毒液的毒性足够杀死一个成人。但响尾蛇更想把毒液留作捕猎之用，它们只想用尾巴发出的警告声吓退敌人。

夜间捕食

响尾蛇属于蝰蛇科，这类蛇都有毒。响尾蛇头部两侧各有一个叫作颊窝的感温器，可以感知恒温猎物的体温，让蛇在黑暗里也能“视物”。对响尾蛇来说，老鼠在夜里几乎是发光的，因此成为不可能错过的目标。

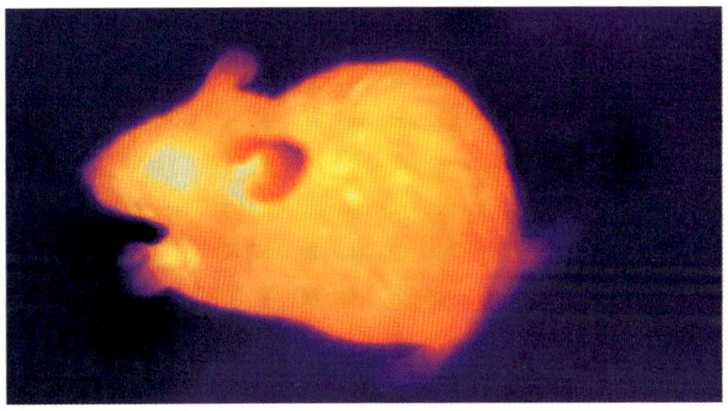

龙骨状的鳞片

响尾蛇皮肤上的鳞片具有明显的中脊线，也叫作龙骨状隆起。这种结构可以散射光线，防止鳞片在阳光下反光，从而避免响尾蛇被猎物或敌人发现。

折起的牙齿

响尾蛇为吞入猎物，可以将嘴巴张得极大。这得益于它们的下颌骨与灵活的方骨相连。随着嘴张开，活动的上颌骨向前移动，将折起的牙齿放下来，准备进攻。

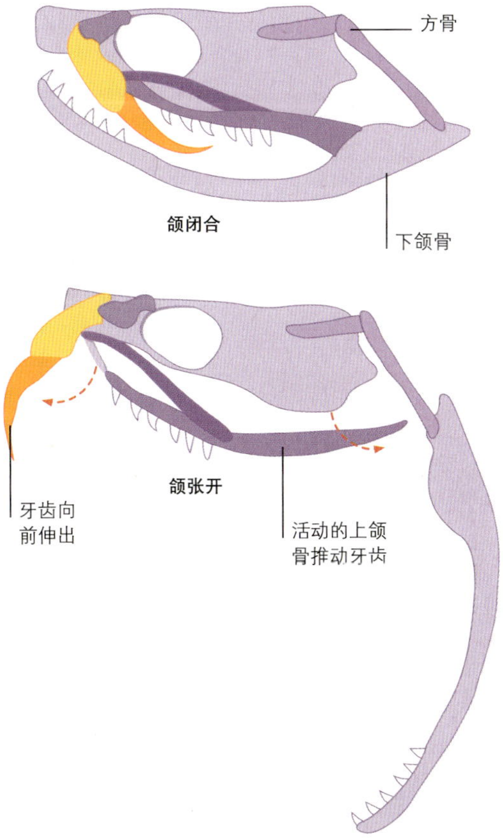

分叉的舌头

响尾蛇的舌头能感知猎物的气味。

5 厘米——**加蓬咝蝰的牙齿**能达到的长度。

金花蛇能够**滑翔**超过**100米**的距离。

蛇类

蛇类经过高度特化，极其适应捕食者的生活方式，堪称最有效率的捕猎高手。而它们的适应性，也让它们成为地球上最危险的物种之一。

蛇捕捉活的猎物，杀死猎物后再整个吞下。它们具有探测猎物的特别的感知能力。对于没有四肢的动物来说，蛇的移动速度实在惊人。它们的头骨和颌骨高度特化，可以吞下比自己头还大的猎物。有些蛇有剧毒。

网纹蟒

Malayopython reticulatus

分布区域：亚洲东南部

体长：最长10米

这种生活在热带的亚洲巨蛇是最长、最重的蛇之一，它们通过绞杀来杀死猎物。

许氏钩鼻盲蛇

Afrotyphlops schlegelii

分布区域：非洲东部和南部

体长：最长1米

这种分布于非洲的盲蛇擅长掘土，极少出现在地面上。它们其实有眼睛，只是眼睛非常小，且上面覆盖着结实的鳞片。它们具一个铲形的吻部，用来挖掘洞穴，搜索它们唯一的猎物——白蚁。

大鳞针尾蛇

Uropeltis macrolepis

分布区域：亚洲南部

体长：最长30厘米

这种穴居在印度南部森林的小蛇，尾部呈奇怪的楔形，身上的鳞片极其坚韧。它们以这层鳞片作为保护盾，在掘洞时封住洞口，同时也用来阻挡饥饿的猎食者。

角响尾蛇

Crotalus cerastes

分布区域：北美洲

体长：最长80厘米

角响尾蛇也叫作侧进蛇，这名字源于它们的行进方式。在炎热干燥又刮风的沙漠里，它们伸缩身体，横着向前。这种剧毒的角响尾蛇生活在墨西哥北部和美国西南部的沙漠里。

加蓬咝蝰

Bitis gabonica

分布区域：非洲西部和中部

体长：2米

生活在非洲的加蓬咝蝰，是大块头的杀手。它们利用无懈可击的伪装，在热带森林里伏击猎物。它们的毒牙是所有蛇类中最长的。

印度眼镜蛇

Naja naja

分布区域：亚洲南部

体长：最长2.4米

作为最危险的蛇类之一，具剧毒的印度眼镜蛇，因膨起的颈褶而出名。相比于其他毒蛇，它们的牙齿较短，但上面携带的强效毒液能麻痹神经。

东部珊瑚蛇

Micrurus fulvius

分布区域：北美洲

体长：最长1.2米

东部珊瑚蛇带有剧毒，其身上颜色鲜亮的环带向任何想要攻击它们的动物发出警示。这种警示方式极其有效，因此，无毒的猩红王蛇也模仿这种环带花纹，进行自我保护。

绿瘦蛇

Ahaetulla prasina

分布区域：亚洲南部和东南部

体长：最长1.8米

苗条的绿瘦蛇在树上狩猎，它们的体色是完美伪装。它们视力敏锐，以蜥蜴、树蛙和雏鸟为食。绿瘦蛇藏身在绿叶中，伏击猎物，并在咬住它们的时候释放毒液杀死这些“受害者”。

灰蓝扁尾海蛇

Laticauda colubrina

分布区域：印度洋–太平洋海域

体长：最长1.5米

这种蛇多数时间待在沿海浅水区，但在陆地产卵。它们的毒牙较短，但有强效毒液，能在鱼游走之前迅速杀死它们。

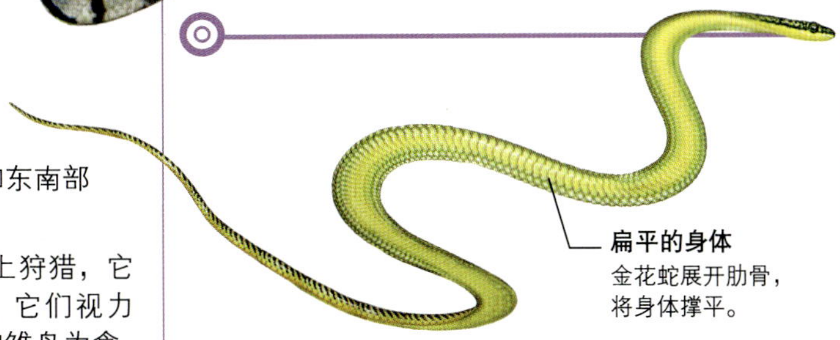

金花蛇

Chrysopelea ornata

分布区域：亚洲南部和东南部

体长：最长1.3米

生活在亚洲的金花蛇通常在树上捕食小动物。它们能够用力向空中猛扑，在树与树之间滑翔，而不用下到地面。准备“起飞”时，它们会将身体压扁，呈S形，然后像飞盘一样在空中飞过。

菱形食卵蛇

Dasypeltis scabra

分布区域：非洲、亚洲西部

体长：最长1.2米

蛇类都能吞食大型猎物，而菱形食卵蛇则能吞下大于自己头部数倍的整个卵。它们以咽喉处的骨质突出物捣碎卵壳，吸食卵液后，再把破碎的卵壳吐出。

环颈蛇

Diadophis punctatus

分布区域：北美洲

体长：最长46厘米

受到威胁时，这种分布于美洲的小型蛇类会盘起尾巴，并翻转过来，露出色彩鲜艳的腹面，以此警告敌人它们有毒，尽管它们的毒性不算很强。

尼罗鳄能**捕杀**一头成年**非洲水牛**。

100 年或更久——鳄的大概**寿命**。

鳄类

作为体形最大、力量最强的爬行动物，鳄类具有适合水生的最强装备，同时也因为它们令人恐怖的咬合力以及几乎能捕杀并吃掉所有动物的能力而声名远扬。

鳄类，即鳄形目，包括 3 个科——短吻鳄科（鼍科）、长吻鳄科和鳄科。这些鳄类基本体形相近，都是食肉动物，但随着食物不同，它们的颌也有所变化。它们以长而有力的尾部推动身体在水里前行，并且可以为了伏击猎物，屏住呼吸潜在水中很长时间。

爬行动物

尼罗鳄

Crocodylus niloticus

分布区域：非洲热带区域

体长：最长6.1米

食物：鱼类、哺乳动物和鸟类

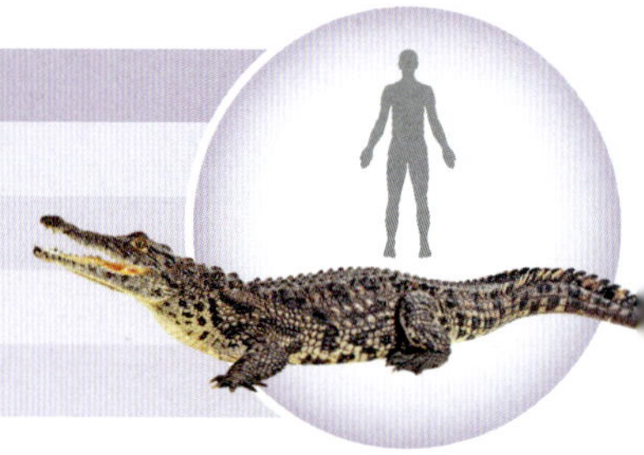

鳞甲

鳄的背部被巨大的骨板保护着，骨板上嵌有大而厚的鳞片。这些通常被称作鳞甲，可以保护鳄免受更大的同类的袭击，也免于被挣扎的猎物的锋利蹄子和角所伤。

不断更新的牙齿

鳄有 68 颗牙齿。有些牙齿比较大，有些较小。对于大部分鳄来说，即使闭上嘴巴，也能看到很多牙齿。每颗牙齿磨损脱落时，会被新牙替换，因此，鳄总是有一口完整的牙齿。

尼罗鳄

这种巨鳄特别擅长伏击，它们藏身在有大型动物前来喝水的水塘和河流里，等待猎物靠近后突然冲出水面，抓住猎物，拖入水中，等待猎物溺毙后再撕开进食。

恒河鳄

Gavialis gangeticus

分布区域：印度和巴基斯坦

体长：最长7米

濒危的恒河鳄口吻部极细长，牙齿尖锐，便于捕食鱼类。它们的尖牙多达110颗，利于刺穿和抓住猎物溜滑的身体。成熟的雄鳄吻端常有膨大的瘤状物，当地人称之为“盖拉”。

雄鳄的装饰物
雄性吻端的瘤状物，可能有助于它们赢得配偶。

眼镜凯门鳄

Caiman crocodilus

分布区域：美洲中部和南部

体长：最长2.5米

这是在南美洲最常见的凯门鳄，它们和短吻鳄是近亲。作为全能的猎手，它们主要以鱼类为食，但也能扑倒像野猪那么大的哺乳动物。

非洲狭吻鳄

Mecistops cataphractus

分布区域：非洲中部和西部

体长：最长4米

非洲狭吻鳄和恒河鳄一样，专门吃鱼。它们以细长的口吻部在水里捕食。但这种鳄也用吻部探查河岸上的洞穴或裸露的树根来寻找其他猎物。

湾鳄

Crocodylus porosus

分布区域：从印度到澳大利亚

体长：最长7米

湾鳄得名于它们的栖息地，它们生活在不同的湿地，主要包括沿海的红树林沼泽和河口潮汐带。它们经常游到海里，游向附近的海岸。作为体形最大的鳄，它们几乎能捕杀所有进入其领地的动物。

密河鳄

Alligator mississippiensis

分布区域：美国南部

体长：最长5米

密河鳄口吻宽阔，闭上嘴巴时看不见下牙。这种鳄从得克萨斯州到南、北卡罗来纳州都有分布，也最为人们熟知。它们生活在沼泽和河流里，以鱼类、龟类、哺乳动物和鸟类为食。

侏儒鳄

Osteolaemus tetraspis

分布区域：非洲中部和西部

体长：最长2米

侏儒鳄是鳄类中体形最小的。这种害羞的夜行性爬行动物，有一个相当短的钝圆的口吻，并且具有厚重的鳞甲，这可能是为了应对体形更大的鳄的袭击。它们主要以鱼类为食，特别是在热带雨季的洪水来临时，但它们也吃蛙类和甲壳动物。

鸟类

鸟类凭借五颜六色的羽毛和它们对飞行的操控能力，成为最具吸引力的动物。在春天的繁殖季节,鸟儿们的歌唱使空气中充满了美妙的音乐。在所有脊椎动物中，鸟类是最擅长飞行的一类，也是进化得最成功的类群。

什么是鸟类？

自 20 世纪 90 年代以来，一系列新发现的保存完好的化石，毫无疑问地证明了鸟类是具有羽毛的恐龙——像伶盗龙这样有两只脚的猎手的近亲。鸟类从它们的恐龙祖先那里继承了羽毛、恒定的体温和超高效的肺。正是这些特征，使最初的原始鸟类在 1.4 亿多年前飞上了天空。6600 万年前，鸟类已经进化成了和今天我们看到的差不多的样子。

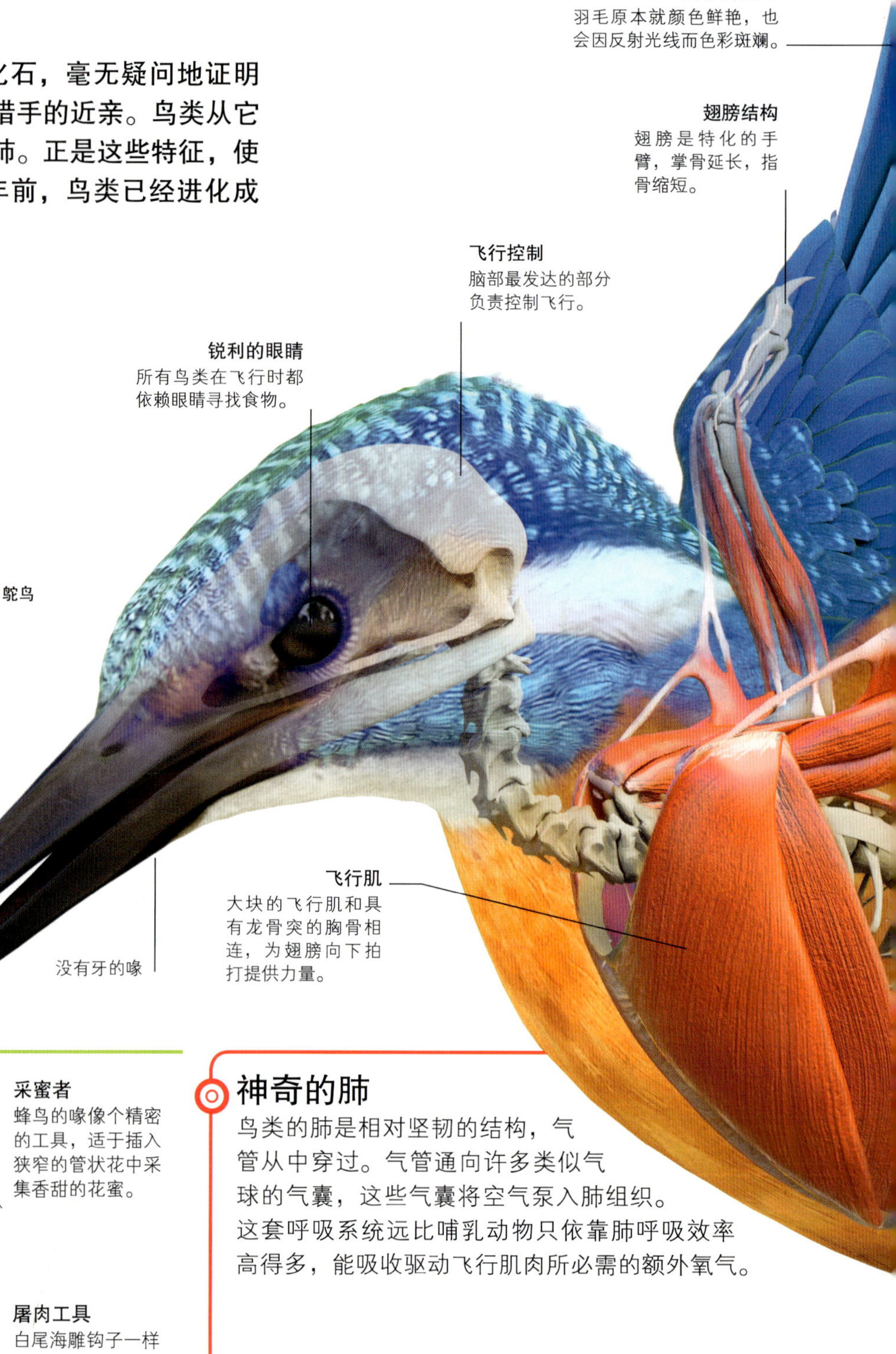

鸟的种类

全世界已发现的鸟类，有 1 万多种，可分为 28 个大类群。其中雀形目的物种数量占鸟类总数的一半还多。其他目包括了一些具有独特特征的种类，如猫头鹰、鹦鹉和猛禽。

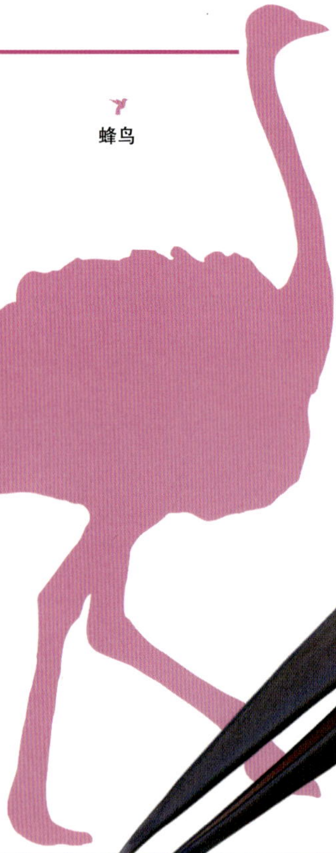

最大的鸟和最小的鸟
最大的鸟是鸵鸟，它们不会飞行，其体重是最重的会飞的鸟的 8 倍。最小的鸟是蜂鸟，它们只比鸵鸟的眼睛大一点儿。

喙的形状

从吸食花蜜到撕碎猎物，因食物种类和摄食方法不同，鸟喙也进化出了不同的形状。

采蜜者
蜂鸟的喙像个精密的工具，适于插入狭窄的管状花中采集香甜的花蜜。

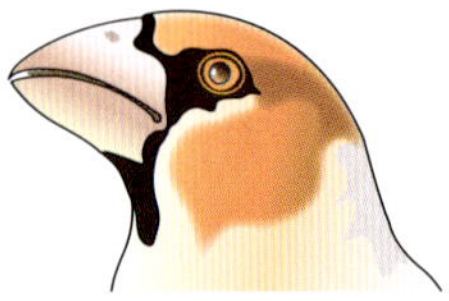

坚果钳
吃种子的鸟的喙极其坚硬。锡嘴雀强劲的喙能敲碎樱桃核。

屠肉工具
白尾海雕钩子一样的喙用来从鱼、鸟和哺乳动物的骨头上剔肉。

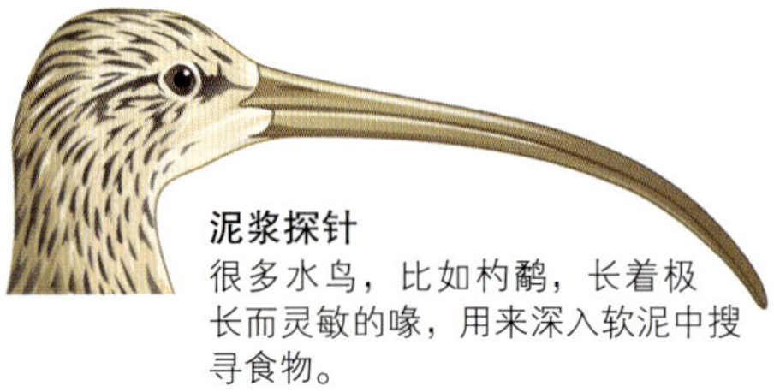

泥浆探针
很多水鸟，比如杓鹬，长着极长而灵敏的喙，用来深入软泥中搜寻食物。

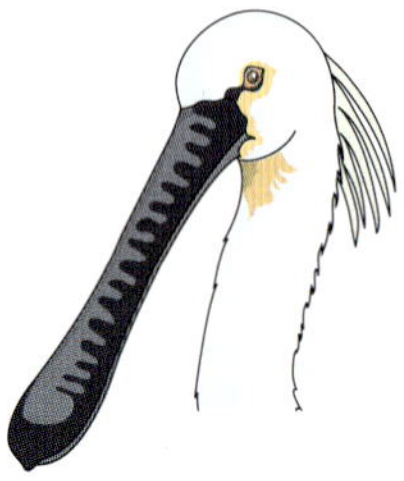

水筛
琵鹭用自己高度特化的喙在浅水里来回扫动，滤食水中的小动物。

神奇的肺

鸟类的肺是相对坚韧的结构，气管从中穿过。气管通向许多类似气球的气囊，这些气囊将空气泵入肺组织。这套呼吸系统远比哺乳动物只依靠肺呼吸效率高得多，能吸收驱动飞行肌肉所必需的额外氧气。

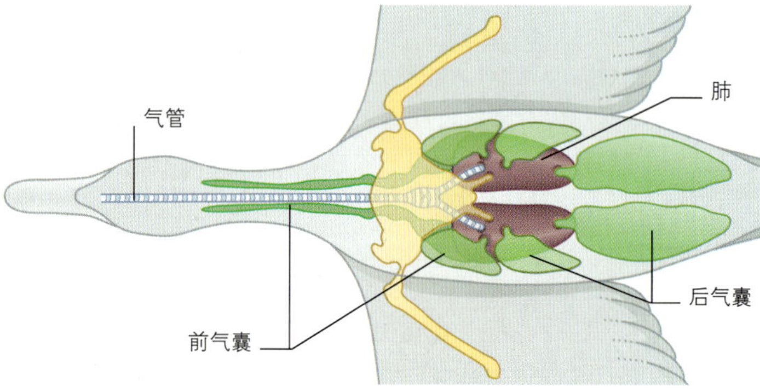

鸟类解剖
翠鸟结实而又轻巧的骨骼、有力的肌肉和轻盈的羽毛，都是专为飞行而生的。这些特征使鸟类成为天空的主宰。

飞羽
翅膀上层层叠叠地覆盖着大面积的飞羽。

具鳞的腿
腿上具鳞状皮肤。趾端的尖爪用来抓握和停留休息。

尾部
尾巴和翅膀一样，主要由羽毛构成。尾巴既是转向舵，也是刹车器。

鸟巢和卵

大多数鸟类在适宜的地点筑巢、产卵，给卵提供发育所需的热量直到雏鸟孵出，之后再抚养它们。鸟巢多种多样，粗糙的巢就是在地面上随便挖的洞，精致的巢多用各种材料搭建而成。有些鸟巢建在洞穴中，有些建在树上或悬崖边。

芦鹀的巢

羽毛的种类

鸟羽具多种功能。蓬松的绒羽和某些覆羽上蓬松的绒羽部分，帮助鸟类抵挡寒冷。翅膀和尾部上稍大些的羽毛，硬挺而轻巧，完全适合飞行需要。

绒羽　覆羽　飞羽

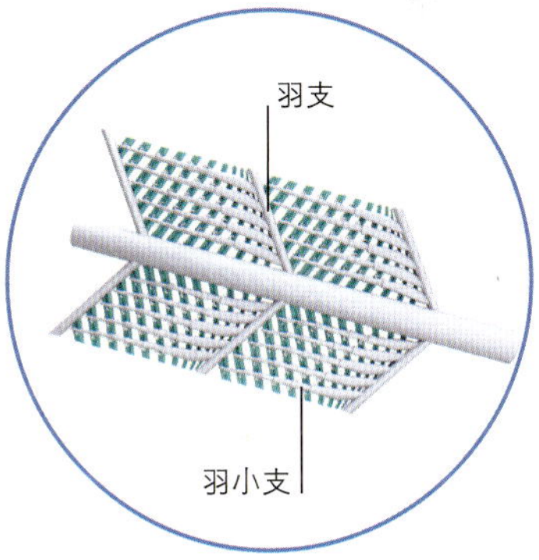

羽毛的结构
飞羽的羽支边缘有具钩或槽的羽小支，这两种羽小支像拉链一样交织起来，形成羽片。

基本特征

鸟类具有一些共同特征。和哺乳动物一样，它们属于恒温脊椎动物，但覆盖在它们身体上的不是毛，而是羽毛。它们为卵生，多数会飞，或者祖先会飞。同时具有这些特征的动物，才能被定义为鸟类。

我们常认为鸟类**不够聪明，**但是事实上，**有些乌鸦和鹦鹉的智力跟猩猩和海豚差不多。**

脊椎动物
鸟类的身体由内骨骼支撑。

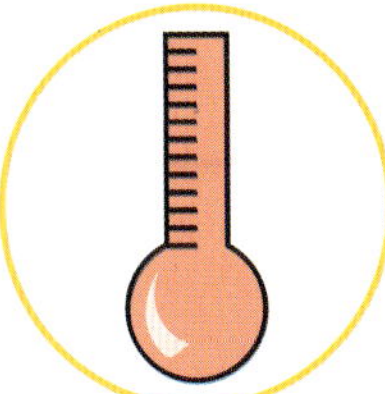
恒温
不管处于何种环境，鸟类都能通过自身新陈代谢而保持相对稳定的体温。

产卵
鸟类通过产卵来繁殖后代，鸟卵具有坚硬的外壳。

多数会飞
有些鸟类一生的大部分时间都在空中。

身披羽毛
羽毛为鸟类保暖，也帮助它们飞行。

1.4 千克——一枚**普通鸵鸟蛋**的重量，**20枚鸡蛋**加起来也没有这么重。

鸟类

普通鸵鸟

Struthio camelus

分布区域：非洲

身高：最高2.8米

食物：小型植物和动物

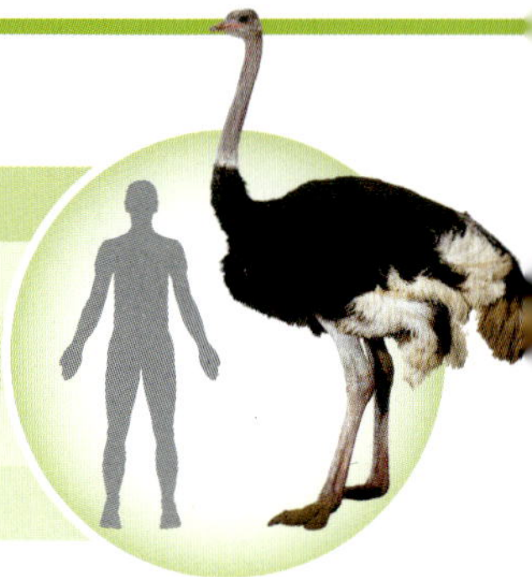

死亡天敌
猎豹是少数几种能追上普通鸵鸟的猎手之一。

遮阳罩
鸵鸟用翅膀跳舞求偶，也用翅膀为雏鸟遮挡阳光。

平胸类鸟

鸵鸟是一类不善飞行的鸟，凭借快速奔跑来摆脱捕食者的袭击。巨大的普通鸵鸟，是平胸类鸟中最大的一种。有些平胸类鸟因陷入困境时的残暴举动而臭名昭著。

虽然平胸类鸟也有翅膀，但它们的羽毛不是硬挺的飞羽，而是柔软、蓬松，类似毛发的羽毛。它们相对较弱的飞行肌与扁平的胸骨相连，而其他鸟类的飞行肌与胸骨上的突起结构相连，即龙骨突。人们认为它们和鹅科鸟类来自共同的祖先。鹅科鸟类是一群能够飞行的地栖鸟类，不过只能飞行较短距离。

蓬松的羽毛
鸵鸟的羽毛蓬松柔软，类似其他鸟类用来保温的绒羽。它们羽毛上没有具钩的羽小支，因此也没有羽片坚挺的飞羽。

有力的腿
超长的腿让鸵鸟能将大多数敌人甩在后面。

两趾
每只脚上有两个脚趾，内趾上具有蹄子似的大趾甲。

普通鸵鸟
作为体形最大的鸟类，普通鸵鸟喜欢在非洲热带开阔的草原和沙漠里漫步，寻找稀缺的食物。黑白花色的雄鸟能与多达7只的褐色雌鸟交配。这些雌鸟都在一个共同的巢里产卵。雄鸟帮忙孵卵。

大眼睛
鸵鸟的眼睛堪称巨大，眼球直径可达 5 厘米。它们和其他鸟类一样，主要依赖敏锐的视觉定位食物、探测危险和寻找繁殖后代的配偶。

长脖子
对于观察正在逼近的危险，普通鸵鸟拥有很好的视野，这主要得益于它们的长脖子。

鸵鸟不会咀嚼，因此它们吞下石子，可以帮助其砂囊磨碎食物。

大美洲鸵

Rhea americana

分布区域： 南美洲

身高： 最高1.5米

精美的羽毛
雄鸟求偶时展示自己的翅膀。

南美洲的大美洲鸵和非洲的普通鸵鸟生活方式极为相近。它们都是成群生活在开阔草原上，以各种植物和动物为食。

双垂鹤鸵

Casuarius casuarius

分布区域： 印度尼西亚、巴布亚新几内亚和澳大利亚北部

身高： 最高1.8米

这种身材高大、身体强壮的双垂鹤鸵生活在热带雨林里，它们的脚上长有尖矛状的爪子，这对任何靠近它们的动物来说都是危险的。雌鹤鸵比雄鹤鸵体色更鲜艳，头上的角质冠（头盔样的顶饰）也更高。

伪装起来的雏鸟
双垂鹤鸵的雏鸟，身上具浅色条纹，打破了身形的整体性，让它们难以被发现。

鸸鹋

Dromaius novaehollandiae

分布区域： 澳大利亚

身高： 最高1.9米

这种鸟可以说是生活在澳大利亚的鸵鸟，它们在陆地上到处游荡。鸸鹋喜欢有林子的村庄，因为那里有充足的食物。它们即使很久不摄食，也能存活。

褐几维

Apteryx australis

分布区域： 新西兰的南岛

身高： 最高65厘米

生活在新西兰的褐几维属于平胸类鸟中较小的一类，它们的羽毛细如发丝。在夜间，它们用长喙捕食泥土里的无脊椎动物。

敏感的须

凤头鴂

Eudromia elegans

分布区域： 从智利南部至阿根廷

身高： 最高41厘米

生活在美洲中部和南部的凤头鴂虽然会飞，但也被列入平胸类鸟中。这种鸟成群生活在巴塔哥尼亚地区寒冷、干燥的灌木丛中。

具斑点的羽毛

50 岁——帝企鹅能**达到的寿命**。

繁殖期的帝企鹅经常不得不在冰上走**100多千米，到开放水域寻找食物**。

帝企鹅

帝企鹅体表光滑，是一种捕食性鸟类，它们潜入南大洋的冰层下捕捉鱼类和乌贼。帝企鹅在海面浮冰上养育后代，雌企鹅产下一枚卵后返回开放水域寻找食物。雄企鹅孵卵，耐心地等待配偶归来，之后再长途穿越冰面去觅食。

帝企鹅比其他企鹅产卵早，这样在冬天到来之前，小企鹅就能在整个春天和夏天成长发育。体形较小的企鹅发育得更快，因此它们可以等到春季解冻期之后在岩石海岸上繁殖和产卵。

卓越的保温层
帝企鹅已经适应了极端的严寒。它们的表皮下有极厚的脂肪保温层。它们的羽毛短而硬，层叠起来形成防水层，同时也可抵御严寒。

帝企鹅能潜到500米深处，甚至更深直达海底。

不能飞翔的翅膀
企鹅的翅膀适合游泳，可以像坚硬的鳍状肢一样推动其身体前行。

具有倒刺的舌头
帝企鹅以各种小鱼、乌贼和磷虾为食，它们利用自己游动的速度优势，逐个追捕猎物。它们的舌头布满倒刺，防止猎物在被咽下之前脱逃。

毛茸茸的小企鹅
刚孵化出的企鹅雏鸟，身上长满厚厚的银灰色绒羽。

最初的羽毛
大概3个月后，企鹅幼鸟身上的绒羽渐渐被另一身羽衣替代。

鸟类

帝企鹅

Aptenodytes forsteri

分布区域：南极

身高：1.2米

食物：鱼、乌贼和磷虾

帝企鹅是现存体形最大的企鹅。

20% 的帝企鹅幼崽只能活到一岁。

寒冬守护人

整个冬天，雄鸟都在孵卵。它们将卵放在自己的脚上，再用腹部有褶皱的皮肤覆盖在卵上，以免卵受冻。雄鸟孵卵时并不摄食，两个月之内它们的体重会减轻一半。

运动能手

帝企鹅和其他企鹅一样是超级游泳者。它们游动速度极快，最快可达到 24 千米 / 时，且能在水下停留约 20 分钟。

隔绝寒冷

为了熬过南极酷寒的冬天，雄鸟们会紧紧地挤在一起，形成一个多达 5000 只帝企鹅的大群。它们经常交换位置，轮流面对最外层凛冽的寒风。

和**企鹅**亲缘关系最近的是**信天翁**和**海鸥**。

22 分钟——潜水的企鹅在水下屏住呼吸的时长。

王企鹅

Aptenodytes patagonicus

分布区域：南极洲及其附近岛屿

身高：95厘米

王企鹅和帝企鹅很像，只是个头稍小。它们在南极洲及其附近岛屿上的广阔领域繁殖后代，主要以鱼类和乌贼为食。

纹颊企鹅

Pygoscelis antarcticus

分布区域：南极大陆沿岸及其附近岛屿

身高：68厘米

几百万只纹颊企鹅在南极大陆沿岸及其附近岛屿上繁殖。有些岛屿上的纹颊企鹅群生活在活火山的山坡上，那里温暖的岩石有助于孵化它们的卵。

企鹅

企鹅是特化过的海鸟，高度适应水下捕食。大部分企鹅生活在遥远的南极地区，那里有地球上最寒冷的水域。

企鹅专为游泳而生。流线型的身体，桨一样坚硬的鳍状肢，身体最下方的蹼足，这些都是为水下生存而具备的完美特征。但也是这些特征，让它们在陆地上变得笨拙而脆弱。所以，大多数企鹅在没有陆地捕猎者的偏远海岸上繁殖后代。

白眼斑企鹅

Pygoscelis papua

分布区域：南极洲及其附近岛屿

身高：81厘米

这是企鹅王国的第三大物种，具有超长的尾巴。它们在南极大陆周围的岛屿上集小群生存繁殖，其分布最北部到马尔维纳斯群岛（英国称福克兰群岛）。

阿德利企鹅

Pygoscelis adeliae

分布区域：南极洲

身高：70厘米

除了帝企鹅，这种小型企鹅的繁殖地比其他企鹅的更靠近南极点。它们在多岩石的南极大陆沿岸集大群生活，那里春季和夏季不下雪。这种企鹅主要以磷虾为食，经常于猎食期间在浮冰和冰山上休息。

有的阿德利企鹅群中有约 **25万**对企鹅夫妻。

加岛企鹅

Spheniscus mendiculus

分布区域：科隆群岛

身高：50厘米

加岛企鹅是唯一生活在赤道以北的企鹅。它们在岩石裂缝中筑巢，以小型热带鱼类为食。不过它们濒临灭绝，目前仅存不到2000只。

秘鲁企鹅

Spheniscus humboldti

分布区域：南美洲

身高：68厘米

秘鲁企鹅和加岛企鹅一样，在温暖的海岸上繁殖，但在从南极往北流动的冰冷的洋流里捕食。它们在地洞或海岸洞穴里养育后代，以躲避热带炙热的阳光。

南非企鹅

Spheniscus demersus

分布区域：非洲南部

身高：70厘米

南非企鹅也叫作公驴企鹅，因为它们的叫声响亮而刺耳。它们在流经非洲西海岸食物丰富的本格拉寒流里捕食。

凤头黄眉企鹅

Eudyptes chrysocome

分布区域：南半球的海洋和岛屿

身高：55厘米

凤头黄眉企鹅因其在岸边岩石上行动敏捷而得名。它们为回到自己的巢穴，经常在陡峭的岩石表面攀爬。它们眼睛上方有黄色的羽毛，是几种因具艳丽头冠而有亲缘关系的企鹅之一。

黄眼企鹅

Megadyptes antipodes

分布区域：新西兰

身高：76厘米

黄眼企鹅仅分布于新西兰南部的海岸和岛屿。这是一种不同寻常的企鹅，因为它们每对夫妻单独在灌木丛或森林里筑巢，而不是在海岸边。由于许多繁殖地遭到了破坏，它们现在成了稀有物种。

小企鹅

Eudyptula minor

分布区域：新西兰和澳大利亚

身高：40厘米

这种小小的企鹅在沿海的浅水区捕食，每天晚上回到岸边休息。小企鹅在地洞和洞穴筑巢，有时成对筑巢，有时也会集群聚居。

鸟类

蓝孔雀

Pavo cristatus

分布区域：印度

体长：最长2.2米

食物：种子、水果和昆虫

飞行

孔雀巨大的尾巴会给飞行带来轻微的阻碍，不过足够它们飞到安全的树枝上过夜。在原始森林中，这对它们的生存至关重要。

令人惊艳的羽毛

雄孔雀的“尾巴”实则是覆盖在尾扇上的长羽毛。

羽色暗褐

雌孔雀的羽毛远没有雄孔雀的华丽，也没有那么长。

觅食工具

孔雀以自己强硬的爪子刨地，寻找昆虫和种子。

蓝孔雀

蓝孔雀隶属于雉科，有着最耀眼的求偶炫耀行为。颜色鲜艳的雄孔雀向雌孔雀展开绚丽的尾屏，以示求爱。尾屏色彩斑斓，装饰着闪闪发光的“大眼睛”花纹。如果雌孔雀被打动，就能成功交配。

眼斑冢雉

Leipoa ocellata

分布区域：澳大利亚

体长：最长61厘米

眼斑冢雉隶属于冢雉科。雄鸟将收集的干树叶和干草堆起来，待其被雨淋过后，再在上面铺上泥土，在土丘顶部建造孵育室，然后利用植物腐败发酵产生的热量孵卵。雄鸟定期测试孵育室的温度，或给土丘通风降温，或添加泥土保温。

大凤冠雉

Crax rubra

分布区域：中美洲

体长：最长92厘米

大凤冠雉不善飞行，大部分时候在森林的地面上寻找果实和小动物。尽管如此，它们仍在树冠高处野宿。由于热带森林受到破坏，这种鸟现在已经变得稀有。

火鸡

Meleagris gallopavo

分布区域：北美洲

体长：最长1.2米

和孔雀一样，雌雄火鸡之间区别很大。雄火鸡体形巨大，身上装饰着鲜艳的颜色，常常昂首阔步地四处走动，伴随着高亢的叫声。它们以种子、果实和昆虫为食。

雉科动物

许多雉科鸟类在地面觅食，善于行走，仅能短距离飞行。几个世纪以来，它们一直被当作狩猎运动被猎杀的对象。然而，雉科动物也包括像孔雀这样具有华丽的羽毛的鸟类。

雉鸡、鹧鸪、火鸡、松鸡以及它们的近亲，主要生活在森林和林地里，都是不善飞行的地栖鸟类。它们中的大部分属于多配制，装饰华丽的雄鸟尽可能与多只雌鸟交配。在多数种类中，雌鸟独自筑巢并抚育后代，这之所以可行，是因为雏鸟几乎一孵出来就可以自己觅食。

草原松鸡

Tympanuchus cupido

分布区域：北美洲

体长：最长47厘米

这种松鸡适应草原生活。雄松鸡外表华丽，以便与其他雄松鸡竞争，尽可能和更多的雌松鸡交配。求偶时，雄松鸡一边表演令人印象深刻的舞蹈，一边鼓起脖子上橘黄色的大气囊，发出响亮的啼鸣。

灰山鹑

Perdix perdix

分布区域：欧洲

体长：最长31厘米

和许多雉科鸟类不同，灰山鹑在繁殖季节只有一个配偶，并且雌雄外表没有什么区别。这种鸟喜欢在乡村生活，常见于农田附近。但现在雏鸟经常由于吃了进食过农药的昆虫而死亡，导致灰山鹑数量大为降低。

原鸡

Gallus gallus

分布区域：东亚、东南亚

体长：最长78厘米

这种看上去很有异域风情的雉科鸟类，生活在丛林里，它们是家鸡的祖先。野生原鸡在竹林、森林空旷地带及附近的灌木丛里寻觅种子和昆虫。它们集群而居，大群的个体数多达 50 只。一只雄鸟与好几只雌鸟交配。

致命武器

雄鸟脚趾上端具尖锐的距，用来和其他雄鸟竞争。

金雕在野外**能活20年**，而在人工饲养条件下能活**40多年**。

鹰眼

相对于头部，鹰的眼睛可谓巨大。它们能看见更多的色彩，且看到的细节比人眼多5倍。因此，鹰能远在3千米外锁定猎物。

金色王冠

金雕得名于成鸟头后部和颈部的金色羽毛。

致命之爪

金雕的主要武器是锐利的爪。金雕先将爪朝前，向猎物猛击过去，再紧紧抓起它们。猎物常常在被尖爪刺穿身体和重要脏器后立刻死亡。

扇形的尾巴

就在抓住猎物之前，金雕会展开其长尾巴以降低速度。

金雕**极少发出声音**，只在飞行时发出**微弱的叫声**。

雌性金雕比**雄性**略**大**。

鸟类

金雕

Aquila chrysaetos

分布区域： 北美洲、欧洲、亚洲和非洲北部

体长： 最长90厘米

食物： 小型哺乳动物和腐肉

飞羽
翼尖的羽毛展开能使金雕低速飞行时保持高度。

金雕

金雕是分布最广的鹰类，也是体形最大的鹰类之一。它们展开宽阔的翅膀，翱翔在开阔的田野上，俯瞰地面寻找猎物，再以有力的利爪将其抓住。

猛禽是一类猎食小鸟、哺乳动物和其他脊椎动物的鸟类，其中最大的猛禽是鹰。它们用爪子捕捉并杀死猎物，再以钩子一样的喙撕碎猎物。有些种类的鹰专门吃鱼，但金雕通常捕食兔子和大型地栖鸟类。它们能在空中翱翔数小时，将翅膀展成V形，借着上升气流盘旋，直到发现目标，就俯冲发动攻击。

金雕一生只有一个配偶，它们年复一年地回到之前的老巢繁殖后代。

活动的目标
兔子是最常见的猎物，不过金雕还能捕杀小鹿。

杀手本能

金雕一生只有一个配偶，它们在悬崖和树上筑巢。雌性金雕通常每次产两枚卵。先产出的卵先孵化，因此总有一只雏鸟比另一只大，也更强壮。遇到食物短缺时，强壮的雏鸟就杀死弱一些的那只，以便吃掉两份食物。这种策略可以保证至少有一只雏鸟能够存活下来。

隼形目

隼形目鸟类都是猛禽，是鸟类世界的顶级捕食者。它们具有尖锐的爪子和钩状的喙，以及强大的飞行能力，擅长在飞行中攻击和捕食其他动物。大多数猛禽以捕猎为生，也有少数几种习惯吃腐尸。

从麻雀大的隼到庞大的秃鹫，猛禽是鸟类中最引人注目的。它们包括能从树上捕食猴子的凶猛的角雕，在空中追逐并捕食其他鸟类的速度迅疾的游隼，超级敏捷的雀鹰，专吃鱼类的鹗，像猫头鹰的鹞，以及擅长翱翔的食腐秃鹫。

裸露的头部
裸露的头部方便它们把头探入动物尸体内部取食，免得羽毛沾上血。

安第斯神鹫

Vultur gryphus

分布区域：南美洲

体长：最长1.1米

这是体形最大的美洲鹫，也是体形最大的猛禽。健壮的安第斯神鹫展开巨大的翅膀，依凭上升气流在群山间寻找食物。它们可以连续翱翔 1 小时或更久而不需要扇动翅膀。

鹗

Pandion haliaetus

分布区域：除南美洲和南极洲外的地区

体长：最长58厘米

鹗是种高度特化的鸟类，擅长冲向河流、湖泊及浅海区中，以爪子捕捉鱼类。它们的趾底布满刺，便于抓住挣扎的、湿滑的鱼类，并将猎物从水里带到栖木上享用。

食螺鸢

Rostrhamus sociabilis

分布区域：美洲

体长：最长43厘米

食螺鸢飞行速度缓慢，主要以淡水螺为食。它们在沼泽地中找到猎物，再以长钩状的喙剪开螺壳。食螺鸢主要生活在美洲中部和南部的湿地，在美国的佛罗里达沼泽也有分布。

猎物螺

白头海雕的巢是最重的鸟巢，重达2700千克，与一头成年犀牛的体重相当。

白头海雕

Haliaeetus leucocephalus

分布区域：北美洲

体长：最长90厘米

白头海雕因作为美国国鸟而被人熟知。这种强大的捕食者主要以鱼类为食，同时也捕食其他猎物。虽然它们的分布地最南可达墨西哥，但大多数白头海雕生活在美国阿拉斯加州和加拿大西部。

头上有羽毛
白头海雕头上的羽毛为白色。

有力的爪子
巨大的爪子用来抓住鱼、鸟、兔子和松鼠。

游隼俯冲的速度能达到322千米/时或更快。

蛇鹫有时以跳上蛇背、扭断蛇颈的方式捕杀蛇类。

安第斯神鹫的翼展能达3米以上。

棕榈鹫

Gypohierax angolensis

分布区域： 非洲热带地区

体长： 最长60厘米

从理论上来说，棕榈鹫属于猛禽，和食腐的秃鹫是近亲。这种黑白体色的大鸟，主要以棕榈树的果实为食。它们以钩状的喙击碎果实的外壳，这些果实富含有营养的油脂。

胡兀鹰

Gypaetus barbatus

分布区域： 欧洲、亚洲和非洲

体长： 最长1.1米

胡兀鹰得名于喙旁黑色的髭毛。这种鸟喜居在多岩石的群山间。它们以爱食骨髓出名。为了吃到骨髓，它们捡起大骨头，摔在石头上，骨头摔裂后就露出里面的骨髓。

白尾鹞

Circus cyaneus

分布区域： 欧洲、亚洲，美洲北部和中部

体长： 最长51厘米

鹞是一类身材纤细、翅膀较长的鸟，专门在开阔地面上低飞，寻找小型猎物。雄性白尾鹞体色呈可爱的鸽灰色。

苍鹰

Accipiter gentilis

分布区域： 北美洲、欧洲和亚洲

体长： 最长66厘米

苍鹰是森林中体形较大的鹰类之一，它们的翅膀相对较短，尾巴较长，擅长在树林里快速迂回飞行。它们利用自己的飞行技能捕食栖息在树枝上的松鼠和鸟，也捕食地面上的野鸡等猎物。

角雕

Harpia harpyja

分布区域： 美洲热带地区

体长： 最长1.1米

角雕是世界上最强壮的猛禽之一。它们体形巨大，生活在热带森林里，以其可怕的爪子，在热带雨林的树冠上捕食栖息在树枝上的猴子和树懒。

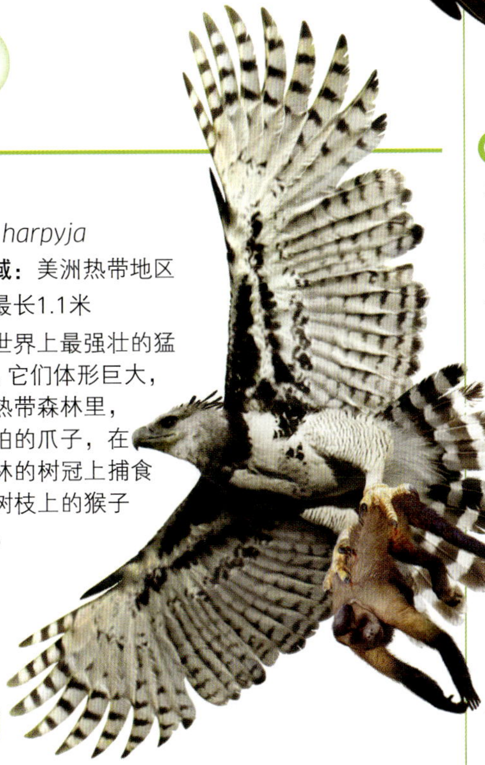

楔尾雕

Aquila audax

分布区域： 澳大利亚和巴布亚新几内亚

体长： 最长1米

楔尾雕是澳大利亚最大的猛禽，它们楔形的尾巴非常容易辨认。它们或在平原的天空上翱翔，或在栖木上守候以待捕猎。这种鸟的体形大到足够捕获一只小型袋鼠。

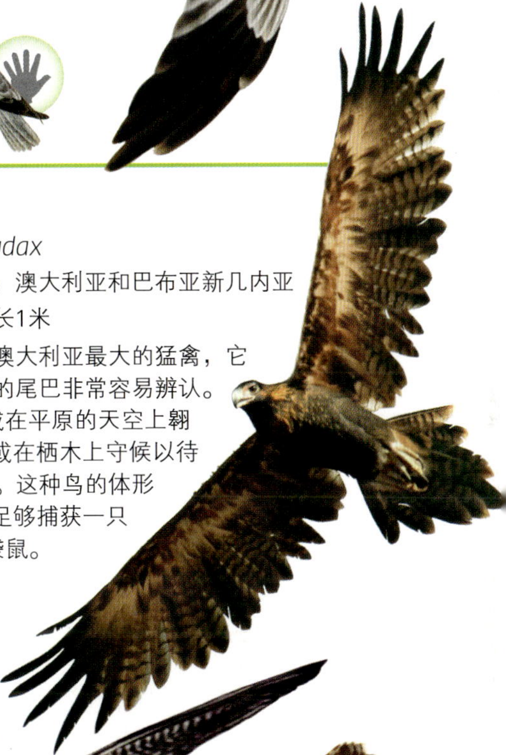

蛇鹫

Sagittarius serpentarius

分布区域： 非洲热带地区

体长： 最长1.5米

蛇鹫双腿修长，常常在热带稀树草原上昂首阔步。它们以脚捕杀昆虫、蛇类和小型哺乳动物。

游隼

Falco peregrinus

分布区域： 几乎遍布全世界

体长： 最长48厘米

多数游隼擅长空中捕食，它们的食物包括昆虫和蝙蝠等。游隼也攻击鸟类，它们半收翅膀，从高空猛然俯冲下来，以利爪刺穿猎物。

一些**非洲灰鹦鹉**能够**模仿人类说话**，向人类要东西。

鹦鹉

鹦鹉是鹦形目鹦鹉科鸟类的统称，以聪明机智和善于模仿人类说话而为人们熟知。它们色彩斑斓，钩状的喙坚韧有力，用以啄食种子和坚果。大部分鹦鹉生活在热带森林和草原上，会集成大群，但有些鹦鹉现在十分罕见。

从老鼠大小的侏儒鹦鹉，到华丽的巨型紫蓝金刚鹦鹉，各种各样的鹦鹉遍布非洲、亚洲南部、大洋洲、中美洲和南美洲。大多数鹦鹉以种子、坚果为食，但虹彩吸蜜鹦鹉和其他吸蜜类鹦鹉吸食花蜜。还有些鹦鹉捕食昆虫，甚至有一些以腐肉为食。

粉红凤头鹦鹉

Eolophus roseicapilla

分布区域：澳大利亚

体长：最长36厘米

粉红凤头鹦鹉广泛分布于澳大利亚的草原和林地，是一种长着羽冠的凤头鹦鹉。它们成群结队地觅食，以种子和谷物为食，也吃小麦。粉红凤头鹦鹉一生只有一个配偶，夫妻一起在树洞里筑巢。

虹彩吸蜜鹦鹉

Trichoglossus moluccanus

分布区域：澳大利亚和巴布亚新几内亚

体长：最长30厘米

成群的虹彩吸蜜鹦鹉尖叫着在澳大利亚和巴布亚新几内亚森林里觅食。虹彩吸蜜鹦鹉的舌尖像刷子一样，便于采集花蜜，不过它们也吃果实和昆虫。傍晚时，虹彩吸蜜鹦鹉群聚在巨大的公共栖息地过夜。

鸮鹦鹉

Strigops habroptila

分布区域：新西兰

体长：最长60厘米

鸮鹦鹉体形巨大，不会飞行。它们是新西兰的特有种，那里曾经没有它们的天敌。随着鼬、鼠和猫的入侵，导致它们濒临灭绝。现今，它们仅生活在新西兰几个偏远岛屿上的森林和灌木丛中。

虎皮鹦鹉

Melopsittacus undulatus

分布区域：澳大利亚

体长：最长18厘米

野生虎皮鹦鹉在澳大利亚干燥的草原上成群游牧生活。为了寻找充足的种子食物，它们从一个地方飞到另一个地方。无论何时何地，只要食物充足，它们就可以在树洞里繁殖。年景好时，一对鹦鹉一年能繁育好几窝雏鸟。

灵活的舌头

紫蓝金刚鹦鹉主要以棕榈的果实为食。它们以粗壮的喙压碎坚果外壳，再以灵活的舌头取出果仁。鹦鹉的舌头强韧而灵敏。它们以舌头感知周围的环境，就像我们使用手指一样。

紫蓝金刚鹦鹉

美丽的紫蓝金刚鹦鹉是鹦鹉中体形最长最大的，尽管它们不如不会飞的鸮鹦鹉重。它们生活在巴西及其附近地区的热带低地森林，聚小群觅食，在树洞里繁殖。

敏捷的脚趾

它们的脚趾极其灵活，其中两个脚趾向前，两个向后。

鸟类

紫蓝金刚鹦鹉

Anodorhynchus hyacinthinus

分布区域：南美洲

体长：最长1米

食物：坚果、种子和水果

红胁绿鹦鹉

Eclectus roratus

分布区域：澳大利亚、巴布亚新几内亚、所罗门群岛和印度尼西亚

体长：最长43厘米

雄性和雌性红胁绿鹦鹉明显不同，以至于人们曾以为它们是不同物种。雄鹦鹉身体呈翠绿色，身上有红、蓝色斑块，雌鹦鹉身体是深红色的，腹部为蓝色。它们主要生活在巴布亚新几内亚的热带森林及其附近地区。

非洲灰鹦鹉

Psittacus erithacus

分布区域：非洲

体长：最长33厘米

这种鹦鹉因其智商高和声音模仿能力强而闻名。在野外，非洲灰鹦鹉聚小群寻找水果和坚果，但集大群栖息。它们和其他鹦鹉一样，以喙辅助爬树。

漂泊信天翁**确实四处漂泊**，据记录，曾有一只漂泊信天翁12天飞了**6000千米**。

自由翱翔

为了在海面上长途飞行，信天翁将展开的双翼调整到迎着大风的角度，以获取升力，达到一定高度后，再调整姿态，顺风滑翔，这样它们可以飞行很长距离。通过不断重复这套动作，信天翁能在空中翱翔多日。

孤单的雏鸟

信天翁夫妻在靠近海岸的山脊上以泥土和植物筑巢。鸟卵孵化后，父母会轮流照顾雏鸟6周时间。之后，父母都会离开，去海中捕食，只偶尔回来给雏鸟喂食。

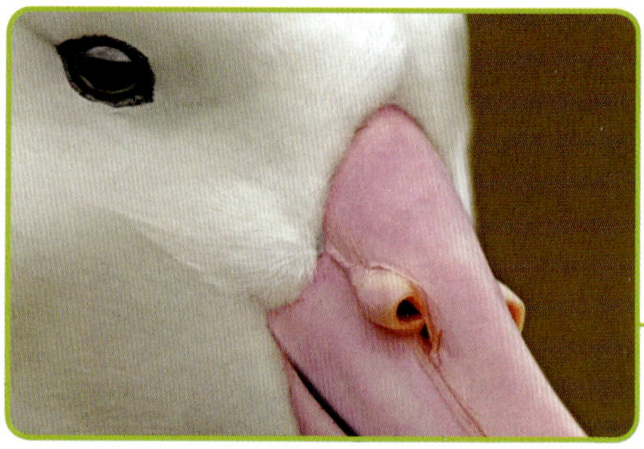

管状鼻孔

信天翁和它们的近亲都长着这种独特的管状鼻孔，这可以强化嗅觉，也有助于觅食。飞行时，鼻孔还能感知大气压力，起到空速表的作用。

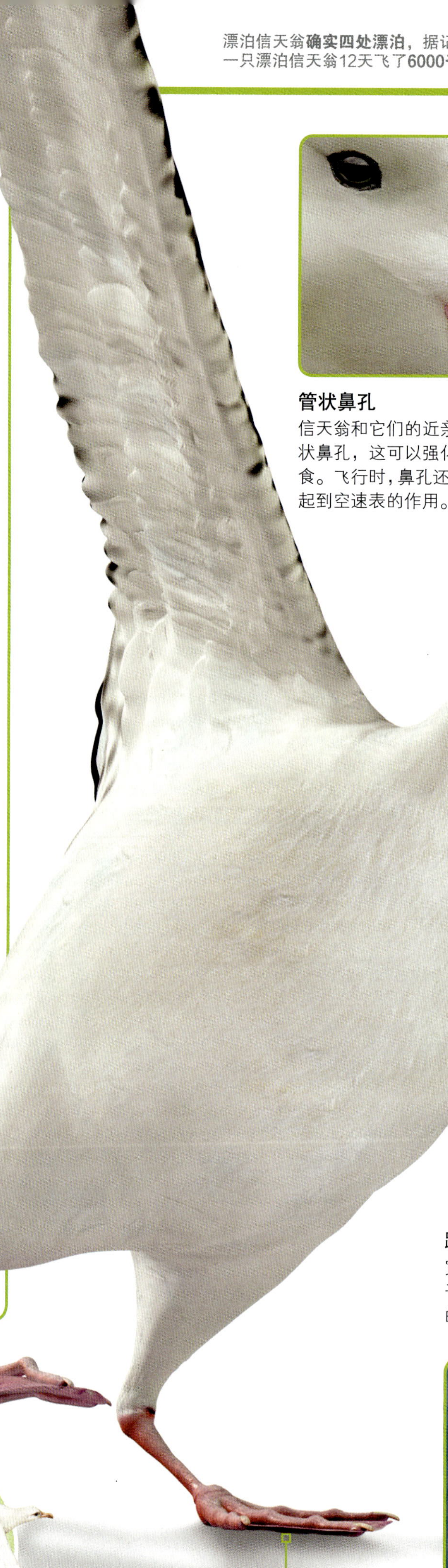

雪白的腹部

强健的腿

强健的腿和巨大的脚掌，利于信天翁着陆和游泳。

蹼足

宽阔的蹼足，让信天翁可以像鸭子一样游泳。为了捕捉特别诱人的猎物，它们甚至可以浅潜。

鸟类

漂泊信天翁

Diomedea exulans

分布区域：南大洋

体长：最长1.3米

食物：小型海洋动物

漂泊信天翁

夏季，南极附近荒凉的岛屿上大风不断，信天翁在表演求偶之舞。它们要返回自己出生的岛屿上繁殖后代。

拥有鸟类中最长的翅膀，这种海鸟专为飞翔而生。在宽阔冰冷的南大洋上，它们连续翱翔数日。它们飞得很低，一边注视着水中的小鱼、乌贼和磷虾，一边随时准备拂过水面捕食。信天翁也会在海上降落来捕食，但它们翅膀太长，不便于起飞，再次升空将变得很艰难。

30 条——北极海鹦返回巢中喂养雏鸟时，喙里可携带鱼的数量。

水鸟、海鸟和涉禽

许多鸟类特化为在水中或水边觅食。其中有些在海上捕猎，但更多的是在潮汐岸边或淡水湿地觅食。

这些鸟中，有些具有蹼足等适合快速游泳的身体结构，还有些腿部修长，可以在深水中涉行。许多鸟类特化出适应它们特别捕食方式的喙。

凤头䴙䴘

Podiceps cristatus

分布区域：欧洲、亚洲、非洲和大洋洲

体长：最长51厘米

凤头䴙䴘的脚位于身体后部，非常擅长潜入水中追捕猎物，但在陆地行走较为不便。这种鸟的窝巢漂浮于水面，方便其从水上回巢。它们因精彩的求偶炫耀行为出名。

可伸缩的喉囊

褐鹈鹕

Pelecanus occidentalis

分布区域：美洲

体长：最长1.4米

鹈鹕具有巨大的可伸缩的喉囊，用来兜取满是小鱼的水。这种鹈鹕和其他鹈鹕不一样，它们直接从空中冲入水中进行捕食。

普通鸬鹚

Phalacrocorax carbo

分布区域：除南美洲和南极洲以外的地区

体长：最长1米

这种鸟广泛分布于海岸线和淡水水域，它们在水下进行捕猎，以巨大的蹼足推动自己来追逐猎物。它们的羽毛吸水后浮力会降低，这样更便于其下潜入水。

丽色军舰鸟

Fregata magnificens

分布区域：美洲热带海域

体长：最长1.1米

丽色军舰鸟在大海上翱翔，寻找猎物，甚至在半空中抢走其他鸟类的食物。雄鸟具有红色喉囊，繁殖期间为了求偶展示会鼓起。

草鹭

Ardea purpurea

分布区域：欧洲、亚洲和非洲

体长：最长90厘米

草鹭主要在淡水中捕食。它们静立在浅水区，一动不动地等待猎物靠近。草鹭和其他鹭科鸟类一样，脖子上有一个“扭结”。这个扭结像铰链一样，让草鹭可以将脖子猛地前伸，再以矛一样的利喙快速前刺，捕捉猎物。

分散重量

超长的脚趾，利于草鹭在浮水植物上行走。

大红鹳

Phoenicopterus roseus

分布区域：欧洲、亚洲、非洲和美洲中部

体长：最长1.5米

红鹳是一类特别的鸟，它们以过滤水中微小的生物为食。有些红鹳吃微小的藻类，但大红鹳以昆虫和虾为食。它们头朝下待在浅水里，以特化的喙吸进水流，再由喙里成排的梳子一样的栉板过滤食物。

红鹳羽毛上的玫瑰粉色源自食物里的色素。

超级筛子

喙的结构非常适合从水面筛出食物。

大天鹅

Cygnus cygnus

分布区域：欧洲和亚洲

体长：最长1.6米

洁白的大天鹅于夏季在亚北极地区繁殖后代，冬天向南迁徙，成群结队地聚集在淡水沼泽和河口区域。它们的叫声响亮，类似“嗬嗬”声。

林鸳鸯

Aix sponsa

分布区域：北美洲

体长：最长51厘米

色彩斑斓的雄性林鸳鸯和灰褐色的雌性形成巨大反差。雄性的彩色羽毛在求偶时大有用处。而雌性不显眼的体色是保护色，确保它们在孵卵时安全顺利。林鸳鸯和大多数鸭子不一样，它们在树洞中筑巢。

普通秧鸡

Rallus aquaticus

分布区域：欧洲、亚洲和非洲北部

体长：最长28厘米

普通秧鸡是一种生活在淡水湿地的短翅水鸟。它们极其害羞，身材细长，非常适合在浓密的芦苇荡里穿梭。我们常常只闻其声，不见其鸟。它们发出类似猪的“呼噜”声和尖叫声。

白腰杓鹬

Numenius arquata

分布区域：欧洲、亚洲和非洲

体长：最长60厘米

白腰杓鹬具有长喙和长腿，是较大的涉禽，适合在潮汐海岸和湿地捕食。它们那极长而弯曲的喙，擅长探进柔软的烂泥深处，寻找蠕虫、蛤蜊、蟹及其他动物。

北极燕鸥

Sterna paradisaea

分布区域：北极和南极地区

体长：最长35厘米

身材苗条、姿态优雅的北极燕鸥是迁徙距离最长的鸟类。北半球夏季时，它们在北极地区繁殖后代；在北半球冬季时，它们一路飞到环绕南极的南大洋寻找食物。

北极海鹦

Fratercula arctica

分布区域：大西洋北部和北极地区

体长：最长30厘米

北极海鹦属于海雀科。海雀是一类生活在北方的海鸟。它们像企鹅一样，在水下以翅膀推动身体前进捕食。北极海鹦具有一个色彩鲜艳的大喙，能够夹住很多小鱼。

雕鸮的**捕食范围**可达**80平方千米**。

雄性雕鸮**深沉洪亮的叫声**，能**传到**1000米以外。

雕鸮

外表华丽的雕鸮是猫头鹰中最大的一种。它们强劲有力，能够杀死一头小鹿。它们的大眼睛在昏暗的光线下也能看清东西，因此，它们能在近乎黑暗的环境飞行，甚至能在月光下捕猎。

雕鸮多在黎明和黄昏时捕猎，因为那时候它们的猎物最为活跃。和其他猫头鹰一样，雕鸮听力极好，但它们比其他猫头鹰更依赖敏锐的视觉。雕鸮分布广泛，在欧洲、亚洲和非洲北部都能见到它们的身影，而且分化出 14 个亚种。

暗夜之鸮

大多数猫头鹰捕捉能整个吞下的猎物。雕鸮也是这样，但是它们偶尔也攻击并猎杀更大的动物，用钩状的喙将猎物的肉撕成一口大小，就像鹰一样。

直视

雕鸮的眼睛不是像我们一样的圆球形，而是圆柱形，不能在眼眶内自由地转动方向。因此，它们若是要观察周围的情况必须转动整个头部才行。幸好雕鸮的脖子非常灵活，能够转动 270 度，差 90 度就能转一整圈了。

1.8 米——雕鸮的**最大翼展。**

夜视

它们的眼睛很大，在黑暗中视物的能力是人类的 3 倍。

具有羽毛

腿和脚上具有羽毛，避免受到猎物尖利牙齿的伤害。

致命武器

强劲的黑色尖爪抓捕并杀死猎物。

软边羽毛

雕鸮飞羽前缘具一种特殊的梳齿状羽毛，能够消除气流与翅膀摩擦产生的声音。因此，它们能静悄悄地飞行，倾听猎物的动静，再以迅雷不及掩耳之势虏获猎物。

鸟类

雕鸮

Bubo bubo

分布区域： 欧洲、亚洲和非洲北部

体长： 最长75厘米

食物： 小型哺乳动物

40 克——成年姬鸮的平均体重。

猫头鹰

猫头鹰是鸮形目鸟类的俗称。它们像是夜行的鹰和隼，以精准的听觉和敏锐的视觉在夜间捕食老鼠等小型动物。但是，有些猫头鹰白天也捕食，还有少数几种专门捕食鱼类。

猫头鹰有一双朝前的大眼睛，这个特征使它们能被一眼认出。它们的大眼睛周围有一圈向耳朵传送声波的簇羽，因此它们的眼睛看上去比实际更大。多数猫头鹰翅膀很大，当它们寻找地面上的猎物时，能够缓慢而安静地飞行。

利爪
利爪和长腿适合捕捉猎物。

仓鸮

Tyto alba

分布区域： 除南极洲以外的地区

体长： 最长35厘米

这种浅色的猫头鹰具有一双黑色的眼睛和一个独特的心形白色面盘。仓鸮极为擅长夜间捕猎，能在漆黑的环境里完全依靠声音捕食，具备这种能力的猫头鹰为数不多。即使这样，它们偶尔也在白天捕食，特别是在需要喂养雏鸟的春季。

美洲鹛鸮

Bubo virginianus

分布区域： 美洲

体长： 最长53厘米

这种孔武有力的大鸟，是一种生活在美洲的雕鸮。它们具有类似的耳羽，也叫作“角”。大鹛鸮的栖息环境多种多样，包括森林、草地和沙漠，因此，它们的猎物也多种多样。和一般猫头鹰不一样的是，美洲鹛鸮常捕食像兔子这样无法整个吞咽的大型猎物，也会捕捉在栖枝上夜宿的鸟类。

示威
受到入侵者威胁时，美洲鹛鸮会张开翅膀示威。

雪鸮

Bubo scandiacus

分布区域： 北极地区

体长： 最长66厘米

生活在北极地区的雪鸮，身上厚厚的羽毛可以隔绝寒冷。它们通过倾听猎物在雪下的动静，捕食田鼠、旅鼠等小动物。如图中所示，雌性雪鸮体羽上具有条纹，而雄性雪鸮几乎通体雪白。

横斑渔鸮

Scotopelia peli

分布区域： 非洲

体长： 最长61厘米

大多数猫头鹰在陆地上捕食动物，但这种体形巨大的生活在热带森林中的猫头鹰是个例外，它们捕食鱼类。横斑渔鸮夜里栖息在位于河流或水塘上方低矮的树枝上，注视着水里的动静。一旦发现猎物出现造成的波纹，它们立刻俯冲下去，以利爪抓住猎物。

曾有人看见一只横斑渔鸮抓住、捕杀并吃掉尼罗鳄幼崽。

猫头鹰身上**柔软的羽毛**并**不防水**，因此，和多数鸟类不同，它们**不能在潮湿的天气飞行**。

穴小鸮的雏鸟通过模仿**响尾蛇**的**声音**，**把捕食者**从自己**漆黑的洞穴**里**吓走**。

灰林鸮

Strix aluco

分布区域：欧洲、亚洲和非洲北部

体长：最长38厘米

在欧亚大陆的大部分地区，夜间常能听见雄性灰林鸮“咕咕”的叫声。这种猫头鹰只在夜里行动。它们生活在树林里，知道林子里每只田鼠的去向和洞穴的位置。因此，它们能在夜间高效地猎捕。

乌林鸮

Strix nebulosa

分布区域：北美洲、欧洲和亚洲北部

体长：最长69厘米

作为最大猫头鹰之一，它们生活在广袤的森林里，捕食森林里的老鼠和田鼠。众所周知，为了奋力保护自己的巢穴，乌林鸮会攻击入侵者，有时会把入侵者弄成重伤。

冠鸮

Lophostrix cristata

分布区域：美洲中部和南部

体长：最长40厘米

好几种猫头鹰都具有看起来像角或耳朵的耳羽，但没有谁的耳羽像这种热带猫头鹰的耳羽这般夸张。作为夜行猎手，它们白天藏身于密林深处的栖木上。

眼镜鸮

Pulsatrix perspicillata

分布区域：美洲中部和南部

体长：最长46厘米

大多数猫头鹰都很会伪装，以免白天休息时受到打扰。但这种在森林中生活的猫头鹰，身上具有白色和深棕色的显眼花纹，黄色的大眼睛周围还有白色的“镜框”。雏鸟体羽呈白色，脸呈棕色。

姬鸮

Micrathene whitneyi

分布区域：北美洲

体长：最长14厘米

姬鸮是世界上最小的猫头鹰，生活在沙漠里，夜间捕食昆虫、蜘蛛和蝎子。相对于它们的身形，姬鸮的声音十分惊人，它们能大声发出很多种叫声。姬鸮栖息在啄木鸟的洞里，这种洞多位于树形仙人掌粗大的茎上。

准备出击
姬鸮常从栖木上俯冲，在飞行中追捕昆虫。

穴小鸮

Athene cunicularia

分布区域：美洲

体长：最长25厘米

顾名思义，这种独特的猫头鹰在没有树的草地上穴居。它们能以喙和长腿挖洞，但却喜欢占据其他动物的洞穴。和大多数猫头鹰不一样，穴小鸮白天也活动，经常能看到它们白天站在自己的洞穴外。

斑布克鹰鸮

Ninox novaeseelandiae

分布区域：大洋洲

体长：最长35厘米

斑布克鹰鸮一次叫声会分成两个调。在澳大利亚和新西兰，经常能听到从树上传来它们的叫声。它们主要以昆虫为食。生活在城区的斑布克鹰鸮会伏击被路灯引来的飞蛾。

短耳鸮

Asio flammeus

分布区域：北美洲、南美洲、欧洲、亚洲和非洲

体长：最长39厘米

这个分布广泛的物种是少数几种白天捕猎的猫头鹰之一。它们在沼泽地和草地上低低飞过，寻找小型动物。短耳鸮基本不怕人，经常靠近人类，以一双洞察一切的眼睛进行观察。

全世界已发现的**巨嘴鸟有50多种**，而**啄木鸟有200多种**。

相较于身体大小，**托哥巨嘴鸟的喙**是所有鸟类中**最大的**。

鸟类

托哥巨嘴鸟

Ramphastos toco

分布区域：南美洲

体长：最长61厘米

食物：果实、鸟蛋和小动物

托哥巨嘴鸟

托哥巨嘴鸟是巨嘴鸟中体形最大的。它们的巨嘴的长度非常适合采摘果实，还有助于调节体温，其明亮的颜色可能用来吸引其他巨嘴鸟的关注。它们的巨嘴也用来完成求偶仪式。在这样的仪式里，它们向潜在配偶扔果实，试图开始一场抛接游戏。

短翅膀

巨嘴鸟的翅膀短小，只能短时间内在树与树之间飞行。

眼睛周围的蓝色皮肤

轻型结构

虽然巨嘴鸟的喙很大，但重量轻。鸟喙的最外面是坚韧的角蛋白层，中间是纤细的骨头支撑起的类似泡沫的网状结构，最里面是中空的。角蛋白层下的血管网可能有散热器的作用，有助于巨嘴鸟散去体内多余的热量。

灵活的尾巴

巨嘴鸟尾部的3块尾椎骨融为一体，因此，它们的尾巴可以向前弯折，直至抵到脑袋。它们睡觉时就是这样的姿势。

善于抓握的脚

巨嘴鸟的脚和鹦鹉的相似，两个脚趾向前，两个向后。

多数啄木鸟**用喙快速击打**树干来宣示领地权，而**不是**像别的鸟类那样**鸣叫示威**。

有些树木**依靠巨嘴鸟散播种子**，因为巨嘴鸟**不能消化种子而是**将其直接排出体外。

红胸吸汁啄木鸟

Sphyrapicus ruber

分布区域：北美洲

体长：最长19厘米

大多数啄木鸟以昆虫为食，但这种生活在北美的小型啄木鸟则是在充满甜蜜汁液的树干上啄洞，吸取树液为食。它们会先试着啄几个洞，如果树的汁液丰盈，便再啄更多的洞。然后它们吸取树液，顺便捕捉前来分食树液的昆虫。

绿啄木鸟

Picus viridis

分布区域：欧洲

体长：最长30厘米

啄木鸟具有极长的舌头，用来取出躲在树洞里的蛀木昆虫。但绿啄木鸟主要以蚂蚁为食。它们在牧场或草原上跳来跳去，寻找蚁穴。它们叫声响亮，听起来像笑声。

黑啄木鸟

Dryocopus martius

分布区域：欧洲和亚洲

体长：最长45厘米

黑啄木鸟生活在林地中。它们利用强壮有力的喙和强劲的颈部肌肉，在树上钻洞寻找甲虫幼虫，也借此凿洞为巢。硬挺的尾羽在它们工作时支撑身体。

巨嘴鸟和啄木鸟

这两类鸟是近亲，它们的喙都格外显眼，但它们使用喙的方法却大不相同。啄木鸟的喙是工具，但巨嘴鸟的喙主要为了炫耀。

虽然这两类鸟都主要生活在森林里，其中巨嘴鸟只生活在美洲中部和南部的热带森林里，而啄木鸟几乎遍及全世界。巨嘴鸟主要以果实为食，也捕食小动物，偷食其他鸟类的卵和雏鸟。典型的啄木鸟，配得上它们的名字，它们在树上钻洞、捕食昆虫和筑巢。

圭亚那小巨嘴鸟

Selenidera piperivora

分布区域：南美洲

体长：最长35厘米

和其他巨嘴鸟不一样，这种鸟的雄性和雌性具有颜色明显不同的羽毛。不过它们的眼睛后面都具有鲜艳的黄色斑块。它们常成对觅食，在树冠上寻找浆果和昆虫。

领簇舌巨嘴鸟

Pteroglossus torquatus

分布区域：美洲中部和南部

体长：最长40厘米

领簇舌巨嘴鸟体形较小，没有其他巨嘴鸟那么健壮。这种鸟常结小群在森林里寻找果实、偷鸟蛋，捕食它们找到的昆虫和小动物。

绿巨嘴鸟

Aulacorhynchus prasinus

分布区域：美洲中部和南部

体长：最长33厘米

绿巨嘴鸟身上明亮的色彩，看起来非常抢眼，但它们栖息在热带森林繁茂的绿叶中时，几乎看不见它们的存在。不过，这是一种聒噪的鸟类，不停发出刺耳的“嘎嘎”的声音。和其他巨嘴鸟一样，它们也是机会主义者，吃各种食物。

同一**求偶场**可以被鸟类使用**20年**或更长时间。

当地人一直在**捕杀**极乐鸟，因为它们身上的**羽毛光彩夺目**。

雄鸟间的竞争

新几内亚极乐鸟属于多配偶制。雄鸟相互竞争，争取和尽可能多的雌鸟交配。它们聚集在以往求偶展示的树上，每一只都希望以自己精彩的表演驱逐其他竞争对手。由雄鸟选出的胜利者拥有位置最好的树枝。这样，雌鸟只需找到等级最高的雄鸟，等待雄鸟在交配前，为自己做最后一场也是最叹为观止的表演。和其他多配偶制鸟类一样，雄鸟不承担抚育后代的任务。

两种极乐鸟在同一棵树上进行求偶展示

新几内亚极乐鸟

许多鸟类拥有美丽的羽毛，但很少有像雄性极乐鸟那样美得惊人。它们斑斓的色彩和华丽的羽毛，是激烈竞争繁殖机会的结果。这样的机会，只有最引人注目的雄鸟才有希望赢得。

在新几内亚岛的热带森林里，常能见到分布广泛的新几内亚极乐鸟。它们堪称最华丽的物种之一。雌鸟有着相对柔和暗淡的红棕色羽毛，但雄鸟身上则装饰着瀑布般美丽的栗色或黄褐色羽毛。为了吸引雌鸟，雄鸟在低头鞠躬为潜在的配偶表演精心准备的舞蹈时，会将自己漂亮的羽毛全部展示出来。

轻盈的羽毛

雄鸟身上层层叠叠的羽毛是外延的体羽。它们展开的羽毛像色彩绚丽的喷泉，以此吸引雌鸟。特化过的羽毛具有通风透气的开放式结构，便于它们浮在身体上。

强壮的腿

低头鞠躬

雄鸟低下头，呈扇形展开翅膀，这样它们就可以展示出全部羽毛。

黄色头冠

雄鸟头冠和颈圈呈黄色，喉部呈深绿色，上胸部呈黑色。

鸟类

新几内亚极乐鸟

Paradisaea raggiana

分布区域： 巴布亚新几内亚

体长： 最长34厘米

食物： 果实、昆虫和蜘蛛

紫翅椋鸟

作为雀形目中分布最广泛、适应能力最强的一种鸟，这种聒噪的、集群生活的鸟类，其分布范围已远远超出它们的原生地欧亚大陆，这其中部分是人为引入。

有些鸟类的特化是为了适应某一种生活方式，但紫翅椋鸟是适应性极强的机会主义者，它们在哪都能以坚硬的利嘴找到食物。紫翅椋鸟主要在开阔地带集群觅食。它们能搜寻土壤里的小动物，也能捕捉飞行中的昆虫。冬天，它们集大群在树上或建筑物上栖息过夜。

鸟类

紫翅椋鸟

Sturnus vulgaris

分布区域：欧洲、亚洲西部和其他引入它们的地方

体长：最长22厘米

食物：昆虫、蠕虫、种子和浆果

短尾
方形的短尾有助于它们在飞行中控制方向。

季节性羽毛
冬季，它们的羽毛尖端长出斑点。

强壮的腿
紫翅椋鸟以极其强壮的腿支撑行走，而不是像多数雀形目的鸟一样只会跳跃。

变化的羽毛

冬天，紫翅椋鸟深色的羽毛上布满了浅黄色的斑点。图中所示为浅色的羽毛尖端。这些羽毛到了春季会脱落，重新长出光滑的黑色羽毛，羽毛上闪着绿色和紫色的荧光，这是繁殖季节的羽色。过了繁殖季节，这些鸟儿再次换羽，重新长出冬天的羽色。

据估计，约有1.5亿只紫翅椋鸟生活在北美。**这些鸟全部是1890年在纽约放生的60只鸟的后代。**

洞巢鸟类

紫翅椋鸟可以在它们能找到的任何洞穴筑巢安身，树洞、岩石缝或者屋顶都行。每对鸟找来干草、青苔、羽毛和其他柔软的物体，垫在洞穴里，呵护它们的一窝浅蓝色的卵。雄鸟和雌鸟一起孵卵和抚养后代。

吵闹的鸣声

许多雀形目的鸟类都具有悦耳的鸣叫声，但紫翅椋鸟却是例外。它们的鸣声是一些口哨声、“咯咯”声、“嘀嗒”声、“嘎吱嘎吱”声的混搭，其中还混有对其他鸟类声音的模仿。每只鸟都有自己的拿手好戏，甚至能被训练模仿人类的声音。

搜索土壤

紫翅椋鸟在松软的土地中觅食时，会使用一种不寻常的技能。它们一边往前走，一边将强硬尖锐的喙刺进地里，再张开嘴巴，撑大洞眼。它们不断重复这个动作，寻找能拉出并吞下的昆虫幼虫或蠕虫。

空中之舞

随着夏天繁殖季节的结束，紫翅椋鸟离开各自的鸟巢，开始在公共栖息地夜宿。在安顿下来过夜前，鸟群会进行一种壮观的舞蹈表演，被称为“椋鸟之舞”。成千上万只鸟在空中协调地波浪般翻飞，就像黑色的烟云。

探测

成功！

朱红霸鹟

Pyrocephalus rubinus

分布区域：美洲

体长：最长15厘米

朱红霸鹟捕食时会从栖木上飞起，在飞行中抓获昆虫。雄性朱红霸鹟的身体呈鲜红色，翅膀呈黑色。雌鸟身体呈灰色和白色，这是一种保护色，孵卵时不易被发现。

华丽琴鸟

Menura novaehollandiae

分布区域：澳大利亚东南部

体长：最长96厘米

华丽琴鸟
白天在森林的地面上活动，晚上栖息在树上。雄鸟具华丽的尾羽，会在求偶炫耀时展开，为了吸引尽可能多的雌鸟。

家燕

Hirundo rustica

分布区域：除南极洲以外的各地区

体长：最长18厘米

和其他雀形目鸟类一样，家燕是出色的飞行家，以优雅的身姿在飞行中捕食昆虫。它们是迁徙鸟，每年繁殖结束后，就会在寒潮来临前到温暖的地方越冬。家燕常在人类的屋檐下筑巢，和其他鸟类不一样，它们因为全世界人口增长而获得益处。

新疆歌鸲

Luscinia megarhynchos

分布区域：欧洲、非洲和亚洲西部

体长：最长16.5厘米

许多雀形目鸟类也被称作鸣禽，因为雄鸟凭借鸣叫声宣告领域、吸引雌鸟。雄性夜莺的叫声是其中最婉转最独特的。夜莺的羽毛呈棕色，不容易被天敌发现。

华丽细尾鹩莺

Malurus cyaneus

分布区域：澳大利亚东南部

体长：最长14厘米

多数雀形目鸟类会夫妻共同抚养雏鸟，但这种鸟类却分工合作。在繁殖期，色彩鲜艳的雄鸟和其配偶会召集亲戚们帮忙。一般是色彩没那么鲜艳的年轻雄鸟来帮忙给雏鸟喂食。

普通䴓

Sitta europea

分布区域：欧洲和亚洲

体长：最长14厘米

雀形目鸟类独有的善于抓握的脚，让它们拥有十分高超的觅食技术。普通䴓是其中最灵活的，它们能在树干上向上或向下攀行，甚至能倒立着啄食树皮里的昆虫。

18 天——一只雄性黄胸织布鸟织好一个鸟巢所需的天数。

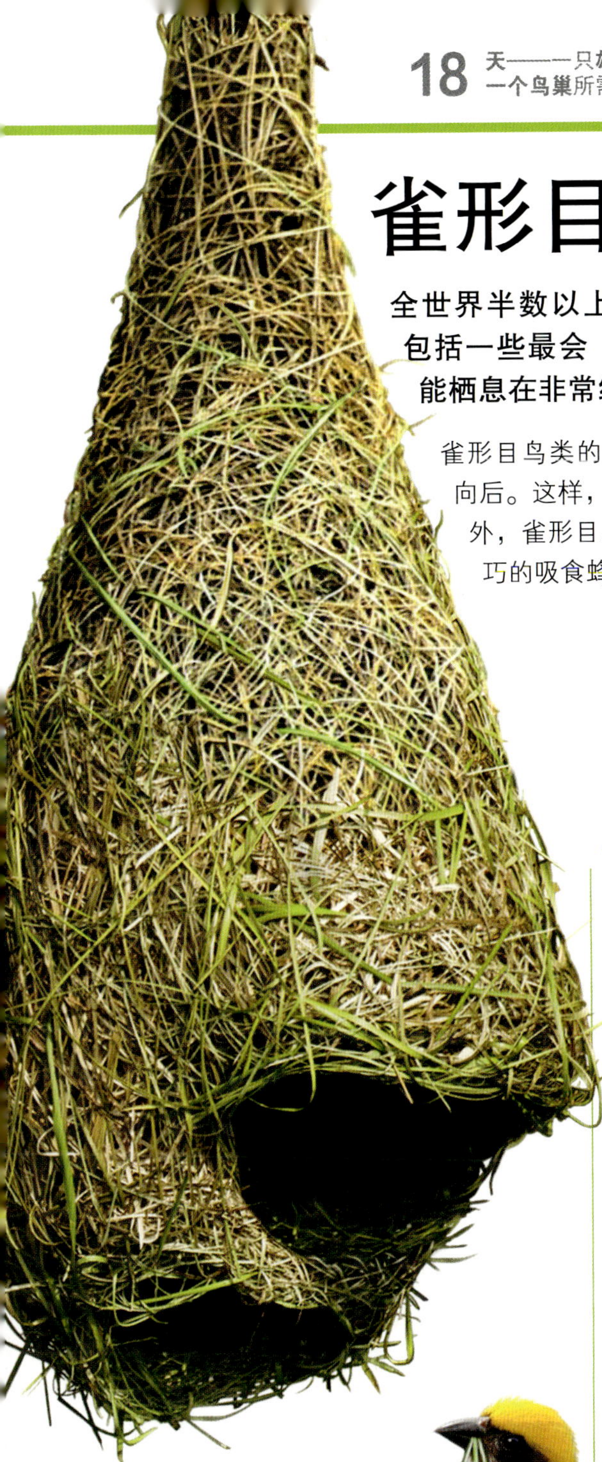

雀形目

全世界半数以上的鸟类隶属于雀形目，包括一些最会“唱歌”的鸣禽。它们能栖息在非常细的树枝上。

雀形目鸟类的脚具有相同的结构：3个脚趾向前，1个向后。这样，它们就能牢牢地抓住树枝。除此特征之外，雀形目鸟类还具有极高的物种多样性，既有小巧的吸食蜂蜜的种类，也有强大的食腐种类。

小双领花蜜鸟

Cinnyris chalybeus

分布区域：非洲南部

体长：最长12厘米

这种鸟可以说是生活在非洲的蜂鸟。它们以花蜜为食，雄鸟具有色彩斑斓的美丽羽毛。这种鸟的长喙利于伸进花朵中。

红背伯劳

Lanius collurio

分布区域：欧洲、非洲和亚洲西部

体长：最长18厘米

伯劳的捕猎方式像鹰，它们捕食蜥蜴、老鼠以及大型的昆虫，再以钩状的喙撕开猎物。红背伯劳有将猎物挂在带刺的树上的习惯，以备稍后进食。

渡鸦

Corvus corax

分布区域：北美洲、欧洲和亚洲

体长：最长69厘米

渡鸦是最大的乌鸦，也是力气最大的雀形目鸟类。它们吃各种食物，包括种子和腐肉等。和多数乌鸦一样，它们极其聪明，具备解决问题的高智商。

黄胸织雀

Ploceus philippinus

分布区域：南亚和东南亚

体长：最长15厘米

雀形目的很多鸟类在精心筑就的鸟巢中产卵。黄胸织雀瓶子状的鸟巢是其中最精致的。这些鸟巢由雄鸟以草叶和棕榈叶编织而成。很多对黄胸织雀会一起筑巢，有时同一棵树的树枝上悬挂的鸟巢会多达30个。

红交嘴雀

Loxia curvirostra

分布区域：北美洲、欧洲和亚洲

体长：最长16.5厘米

雀形目鸟类的喙适应进食多种食物，其中特化程度最高的是红交嘴雀交叉状的喙。它们用喙啄开松果，取出松子。雄性红交嘴雀呈红色，雌鸟呈绿色。

雪鹀

Plectrophenax nivalis

分布区域：北美洲、欧洲和亚洲

体长：最长16.5厘米

虽然多数雀形目鸟类体形娇小，但它们却出奇地坚强。比如只有麻雀大小的雪鹀，它们在其他陆地鸟类都不去的北方繁殖，甚至在格陵兰岛的北端筑巢。在北极冻原上，它们黑白交错的羽色是很好的伪装。

哺乳动物

身体被毛的哺乳动物是我们最熟悉的动物，因为我们自己也是其中一员，具有许多和它们一样的特征和需求。哺乳动物物种数量惊人，其中包括很多生活方式大不相同的物种。从小巧的蝙蝠到巨型的鲸类都是哺乳动物，它们几乎在地球的各个角落繁衍生息。

什么是哺乳动物？

哺乳动物最早出现于 2.2 亿年前，大约与大型恐龙的出现同期。早期哺乳动物很小，但到了中生代末期，大约 6600 万年前，大型恐龙灭绝的时候，哺乳动物开始进化出较大的形体，替代了恐龙的位置。哺乳动物体温恒定、身体被毛的特性，让它们几乎能在任何地方生存，从热带森林到冰冷的极地海洋，它们的栖息地遍布全世界。

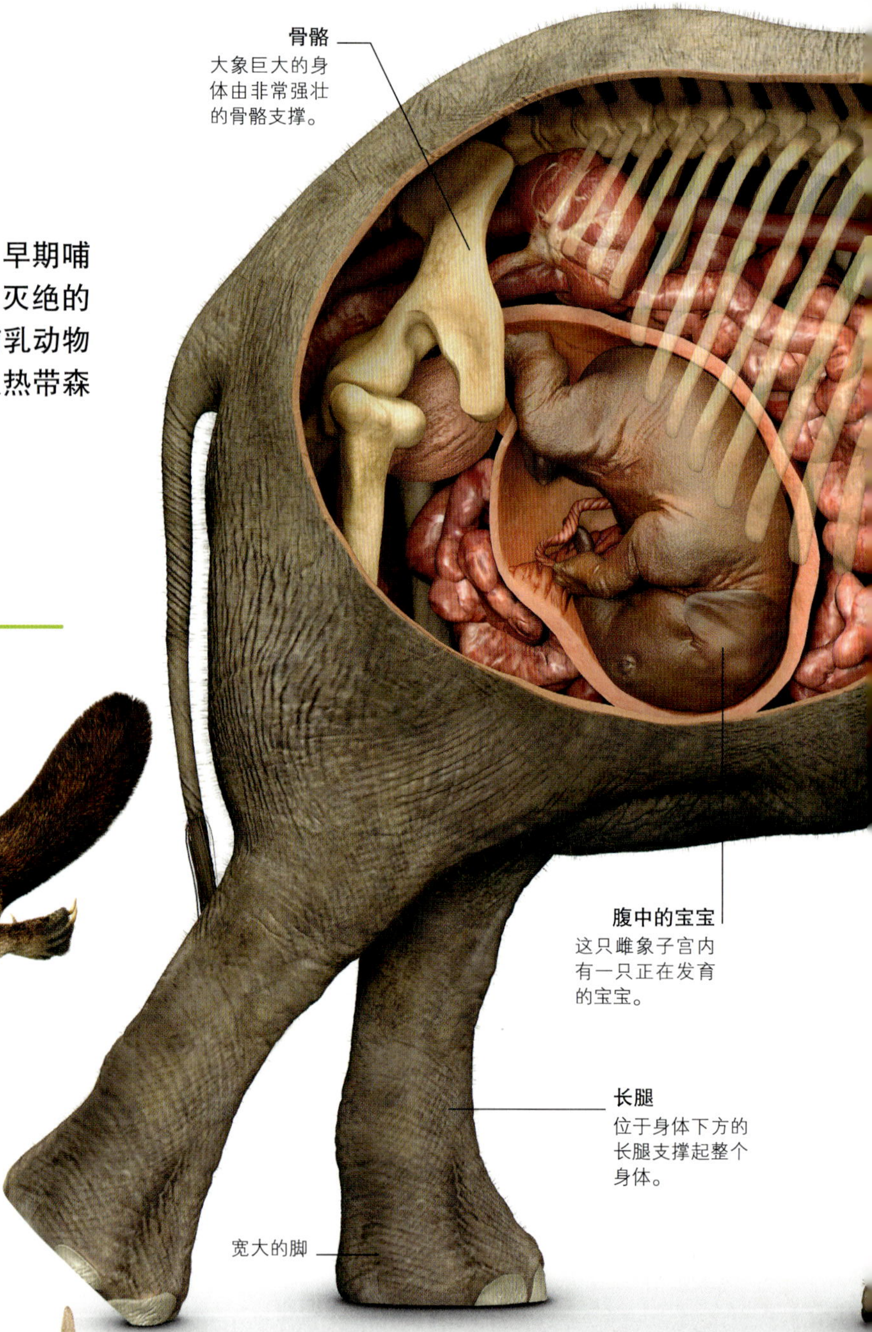

哺乳动物的类型

哺乳动物种类繁多，形态也千差万别。它们特化的身体适应各种不同的生活环境。不同类群的哺乳动物生理特征较为相似，繁殖方式可能有所不同。

单孔类
哺乳纲原兽亚纲动物的统称。早期哺乳动物多数产卵繁殖，现在仍有一些采用这种繁殖方式的动物，这就是我们说的单孔类，它们包括鸭嘴兽和 4 种多刺的针鼹。这几种动物生活在澳大利亚及巴布亚新几内亚。从卵中孵化出来的幼崽，和其他哺乳动物一样，以母亲的乳汁为食。

鸭嘴兽

有袋类
哺乳纲后兽亚纲动物的统称。雌性有袋类，比如袋鼠，产下的幼崽非常小，几乎刚刚成形。之后幼崽爬进妈妈肚子上的育儿袋内。它们在袋内吸食乳汁，乳汁里具有它们生长需要的全部营养。大多数有袋类生活在澳大利亚、巴布亚新几内亚和一些南美洲国家。

赤大袋鼠

有胎盘类
哺乳纲真兽亚纲动物的统称，亦称真兽类。绝大多数的哺乳动物直接产出发育完全的幼崽，它们出生前在母亲的体内发育很长时间，其所需的营养由脐带输送。脐带与母亲体内一个叫作“胎盘”的器官相连。因此，它们叫作有胎盘类哺乳动物。

双峰驼

基本特征

不管单孔类、有袋类还是有胎盘类，所有哺乳动物都具有一些共同的基本特征。它们都是体温恒定的脊椎动物，以乳汁喂养幼崽，直到幼崽的消化系统能够消化固体食物。虽然一些哺乳动物具有体刺甚至鳞片，但多数哺乳动物身体被毛。最后，除单孔类外，其他哺乳动物都是胎生。

脊椎动物
所有哺乳动物具有由骨头构成的内部骨骼。

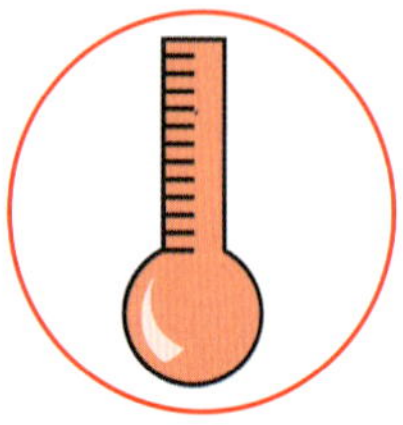
恒温
哺乳动物将食物的能量转化成热量，保持体温。

多数胎生
从母体内直接产出，而非从卵中破壳而出。

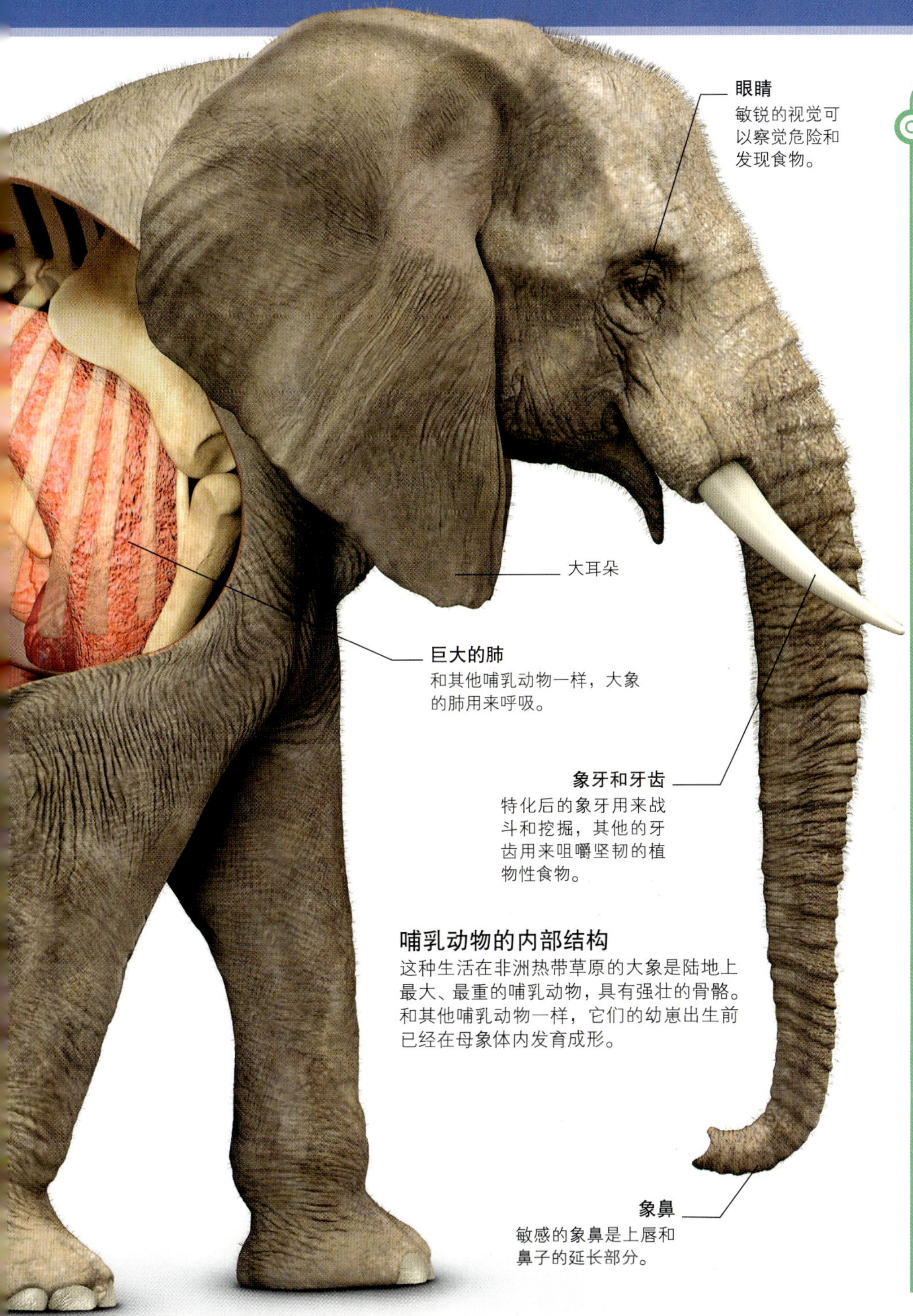

哺乳动物的内部结构
这种生活在非洲热带草原的大象是陆地上最大、最重的哺乳动物，具有强壮的骨骼。和其他哺乳动物一样，它们的幼崽出生前已经在母象体内发育成形。

保暖和安全

哺乳动物从食物中摄取的大部分能量都转化为了身体热量。因此，哺乳动物可以在寒冷的气候条件下生活，但这也意味着它们需要大量进食。良好的保温层可以减少热量损失，节约能量，所以许多哺乳动物具有浓密温暖的皮毛。形成皮毛的粗质角蛋白也是构成具有防御作用的体刺或鳞片的材料。

鲸脂

冷水环境是最消耗身体热量的。因此，海洋哺乳动物更需要保暖。海豚皮肤下具有厚厚的脂肪层，也就是我们说的鲸脂。

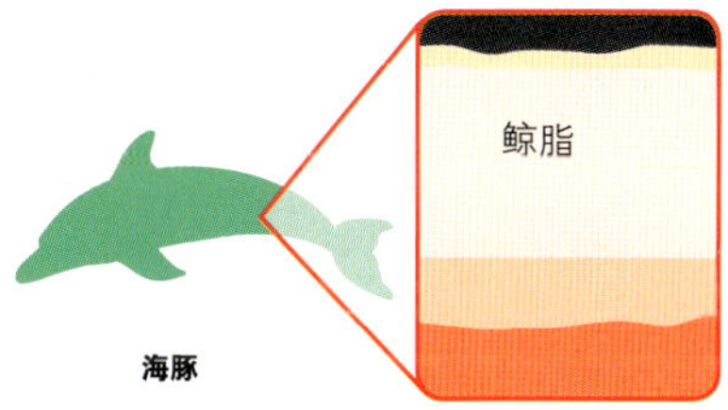

体毛

熊的体表是一层具有防御作用的坚韧的长针毛，能够保护里层厚密的绒毛。针毛防水，可以使下面的绒毛保持干燥，因此，绒毛之间保存着能保暖的空气。

体刺

豪猪身上的刺是一种特化的毛，其构成材料和毛一样，不过更粗更硬，非常尖锐，能够保护豪猪免受敌人攻击。刺猬和针鼹也有这种刺。

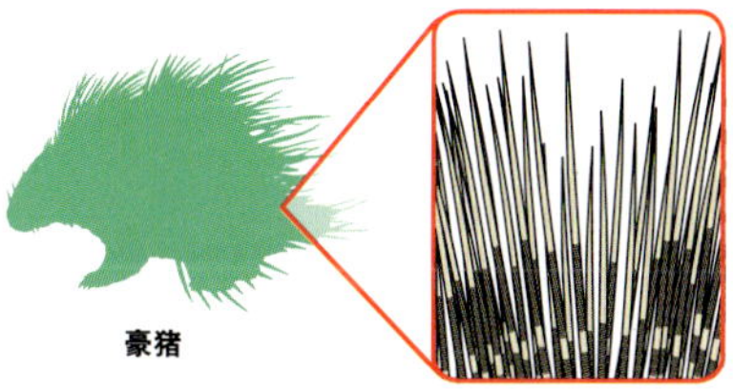

鳞片

穿山甲身上层层叠叠的鳞片也是特化后的毛，由角蛋白构成。犰狳也具有这种鳞状铠甲，不过被大块的骨片强化了。

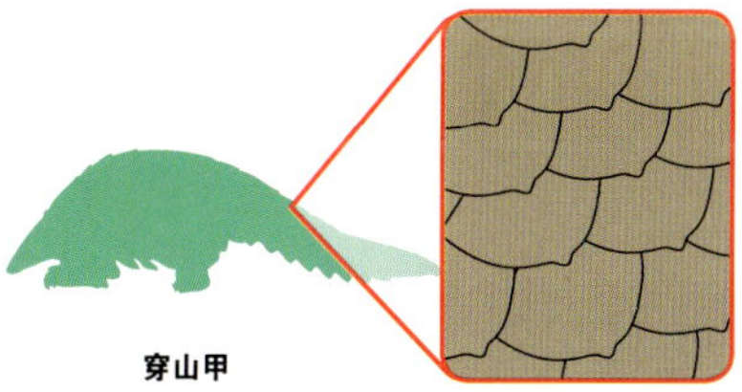

为了维持稳定的体温，一些体形较小的哺乳动物每天要摄取相当于自身体重两倍的食物。

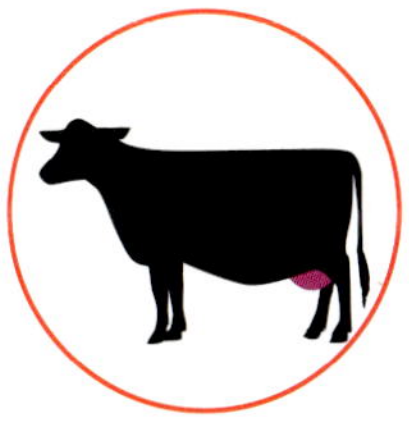

乳汁喂养幼崽
乳汁含有对幼崽至关重要的营养。

多数具有体毛
体毛里存留的空气帮助维持体温。

母兽的乳汁

哺乳动物幼崽在早期以乳汁为食。这种营养丰富的液体由母兽的身体产生，通过乳腺分泌出来。图中这只狼正在喂养一窝幼崽，不过多数哺乳动物一次只产一两只幼崽。像猩猩这样的哺乳动物，幼崽8岁前都和母兽一起生活，两三岁之前以乳汁为食。

当第一只**鸭嘴兽标本**出现在**18世纪**的欧洲时，人们觉得这种东西**太奇怪**了，肯定是有人在**恶作剧**，故意把几种**不同动物的身体部位**拼在一起。

单孔类

单孔类是一群特别的哺乳动物，它们像爬行动物一样产卵，而不是直接生下幼崽。现存的 5 种单孔类，生活在澳大利亚和巴布亚新几内亚等地。

单孔类曾经分布非常广泛，至少在南半球大陆上如此。1991 年，人们在南美洲发现了它们的化石遗迹，但现在仅存的单孔类只有针鼹和鸭嘴兽。鸭嘴兽嘴巴坚韧，尾巴宽大，看起来和针鼹完全不同。很可能早在 2000 万年前，它们就开始朝不同的方向进化了。

敏感的外层

橡胶一样柔韧的嘴上面布满电感受器，能探知藏身水底泥沙中的蠕虫和昆虫幼虫发出的微弱电神经信号。这种嘴的触觉也非常敏感。

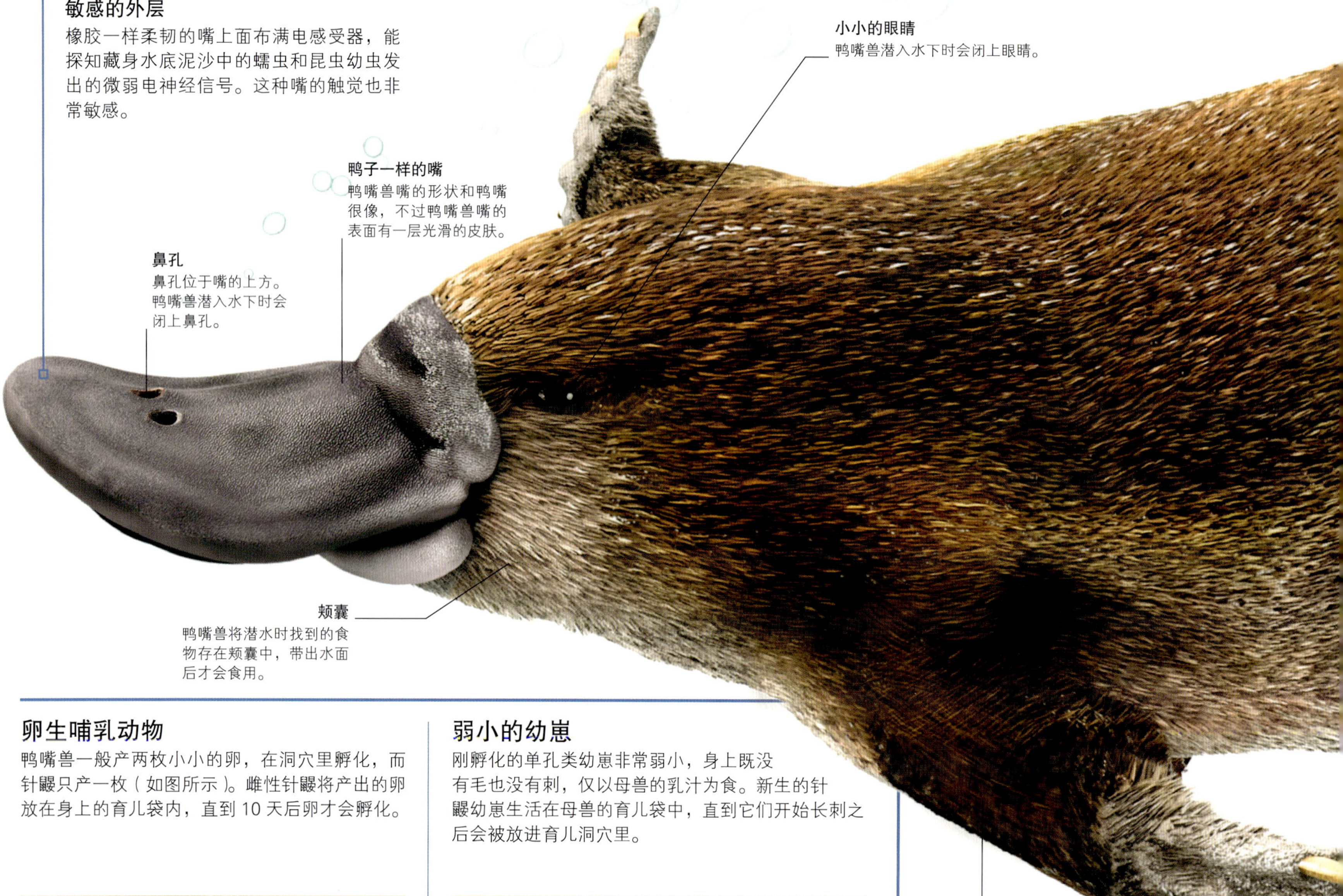

卵生哺乳动物

鸭嘴兽一般产两枚小小的卵，在洞穴里孵化，而针鼹只产一枚（如图所示）。雌性针鼹将产出的卵放在身上的育儿袋内，直到 10 天后卵才会孵化。

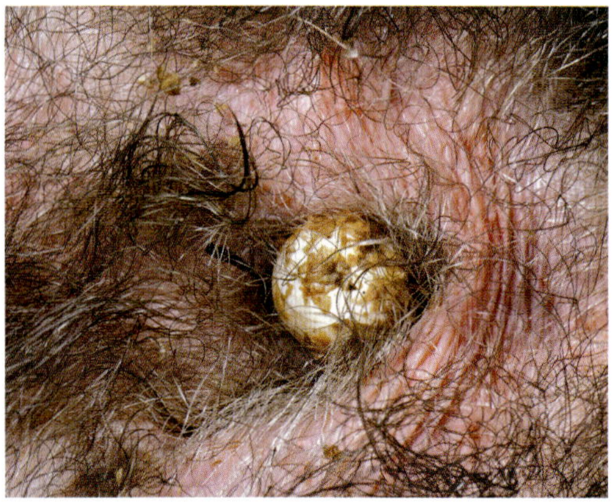

弱小的幼崽

刚孵化的单孔类幼崽非常弱小，身上既没有毛也没有刺，仅以母兽的乳汁为食。新生的针鼹幼崽生活在母兽的育儿袋中，直到它们开始长刺之后会被放进育儿洞穴里。

哺乳动物

鸭嘴兽

Ornithorhynchus anatinus

分布区域： 澳大利亚东部和塔斯马尼亚岛

体长： 最长60厘米

食物： 水生无脊椎动物

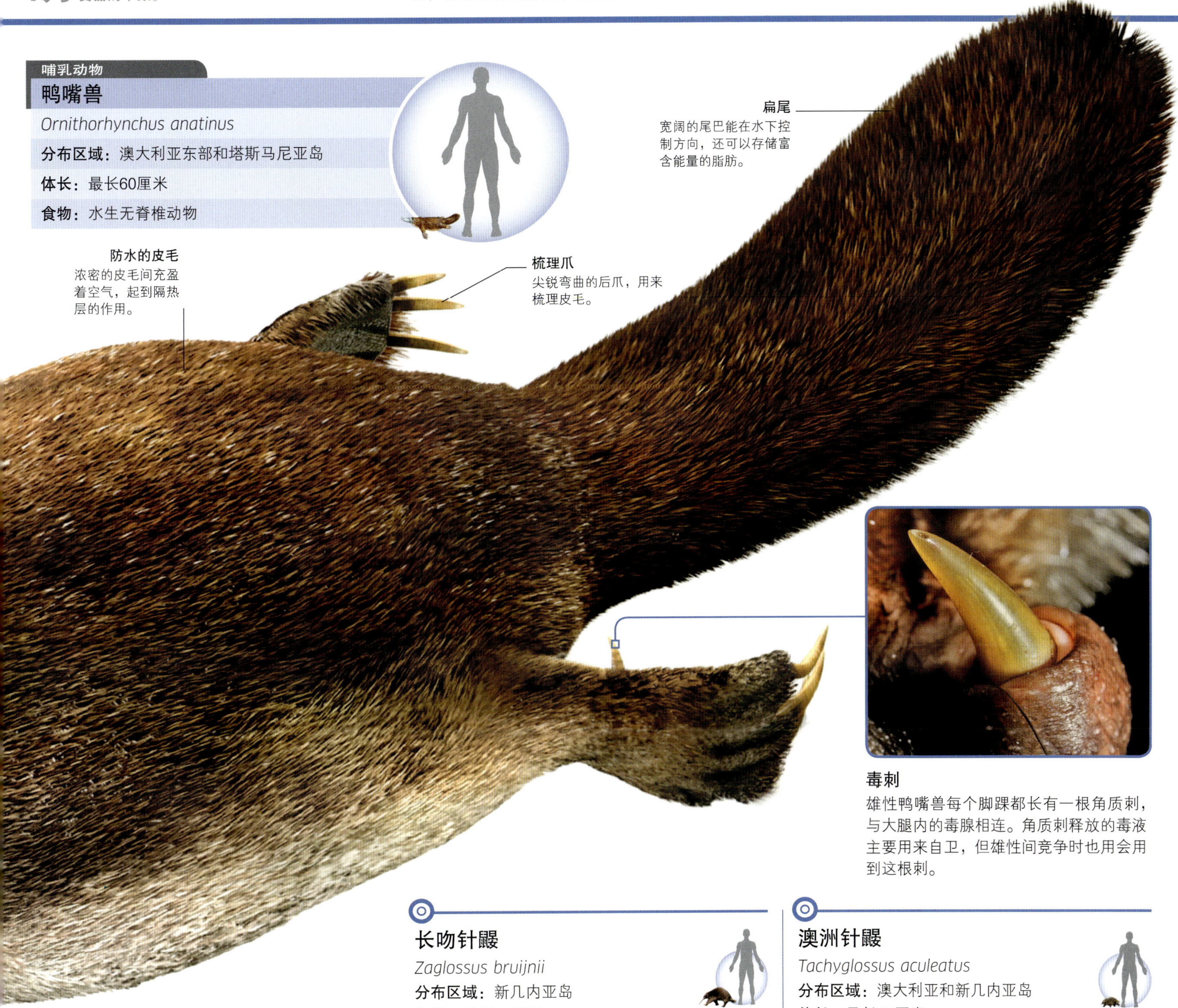

毒刺

雄性鸭嘴兽每个脚踝都长有一根角质刺，与大腿内的毒腺相连。角质刺释放的毒液主要用来自卫，但雄性间竞争时也用会用到这根刺。

鸭嘴兽

鸭嘴兽具有宽大的蹼足和大尾巴，因此它们很适应半水生的生活方式。白天鸭嘴兽躲在岸堤上的洞穴内，晚上出来，在浅水池的塘底软泥里觅食。

蹼足

鸭嘴兽在水下时，以宽大的蹼状前足拨水，推动身体前行。

长吻针鼹

Zaglossus bruijnii

分布区域： 新几内亚岛

体长： 最长77厘米

长吻针鼹隶属于原针鼹属，属内共有3个物种，都非常罕见。它们生活在新几内亚岛的山林中，以长吻进食蠕虫为生。它们利用灵活的带刺的长舌，将蠕虫从洞穴中钩出来。

澳洲针鼹

Tachyglossus aculeatus

分布区域： 澳大利亚和新几内亚岛

体长： 最长45厘米

澳洲针鼹全身披着结实的刺，遇到危险时，会蜷缩成球状。也有人叫它们“带刺的食蚁兽”，因为澳洲针鼹主要以蚂蚁和白蚁为食，它们也吃其他昆虫和蜘蛛。

赤大袋鼠**有时聚集**成多达**1500只**的**大群**。

赤大袋鼠

赤大袋鼠是澳大利亚最大的哺乳动物，也是最大的有袋类。它们灵活机敏，生活在干燥的草原上。它们后肢强壮，不用耗费太多力气就可以在开阔的野外快速跳跃。

袋鼠进化出了最有效的快速运动方式，不是奔跑，而是跳跃。每次落地，它们长长的后肢会在脚踝处弯曲，后肢后部的高弹性肌腱会拉伸。然后，肌腱回缩，再次使袋鼠跳起来。这种方式非常高效。赤大袋鼠一次跳跃的距离可达 9 米，能轻易甩开任何敌人。

正在“拳击”的雄袋鼠

成年的雄袋鼠并不捍卫领地，但它们也会为雌袋鼠大打出手。这种打斗像一场拳击赛，每只雄袋鼠都以强壮的前肢猛击对手，试图将对手打倒在地。如果“拳击”没有结果，它们也可能摔跤，或者以尾巴支撑身体，用其后肢互踢。

哺乳动物	
赤大袋鼠	
Osphranter rufus	
分布区域：	澳大利亚
身高：	最高1.4米
食物：	以草为主

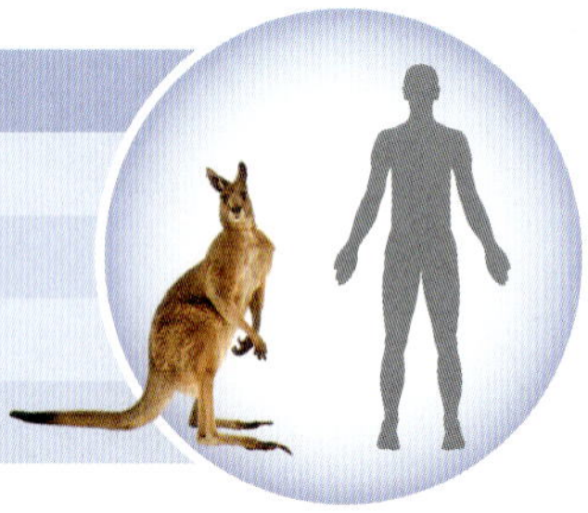

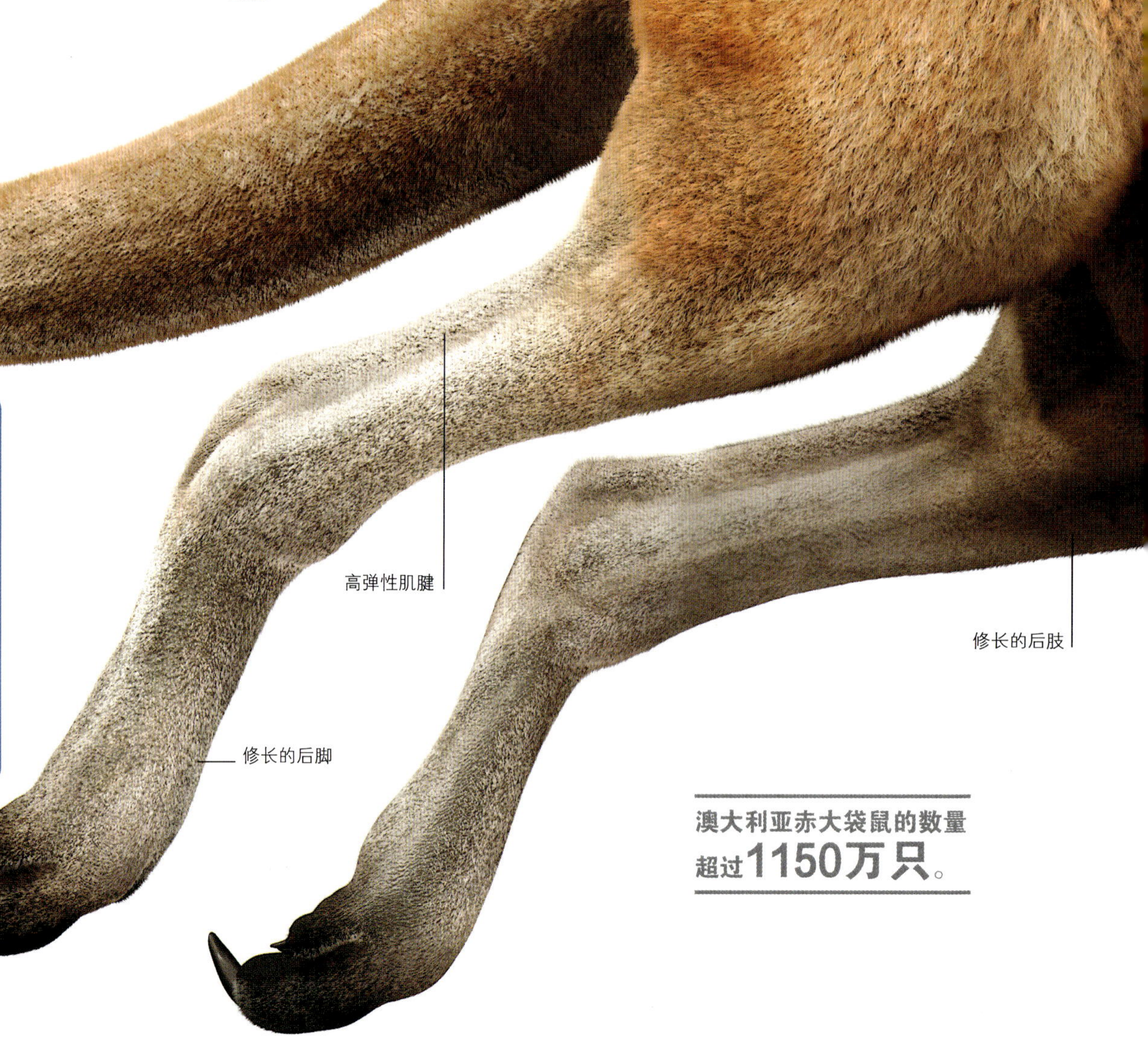

构成“三脚架”的尾巴

赤大袋鼠用后肢跳跃时，以长而重的尾巴平衡头和身体。但静立时，尾巴就像一个支柱，它们可以“坐”在上面，这样尾巴就和两条后肢一起构成了一个稳定的“三脚架”。这种特殊的支撑能为袋鼠节约能量。

澳大利亚赤大袋鼠的数量
超过1150万只。

育儿袋

雌性赤大袋鼠产下的是尚未发育完全的幼崽。刚出生的幼崽身体很小，和胚胎的大小差不多，而且没有视力，没有毛，全身裸露。幼崽爬进雌袋鼠腹部的育儿袋内，找到提供营养乳汁的乳头，之后依附在乳头上长达数周，直到发育成有毛的小袋鼠。6个月后，小袋鼠才会首次离开育儿袋，开始其生命中第一次探险。

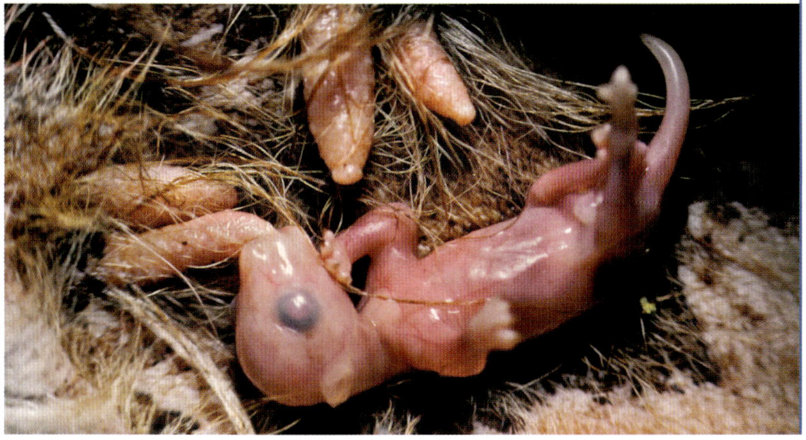

灰色的雌袋鼠

只有雄性赤大袋鼠具有红棕色的皮毛。雌袋鼠的皮毛呈蓝灰色，身体也小很多，体重几乎只有雄袋鼠的一半。尽管这样，雌袋鼠也能承担育儿袋内幼崽的额外重量。小袋鼠至少7个月后才会离开育儿袋独立生活。

从育儿袋内探出脑袋的小袋鼠

蜜袋鼯凭借**翼膜能滑翔**50多米。

北美负鼠

Didelphis virginiana

分布区域：北美洲

体长：最长50厘米

这种适应性极强的杂食动物，靠垃圾桶里的残羹剩饭也能茁壮成长。北美负鼠在美国许多城市很常见。它们因擅长以装死的方式进行自卫而闻名。北美负鼠装死的时候，躺在地上，嘴巴张开，舌头伸出嘴外。

袋鼹

Notoryctes typhlops

分布区域：澳大利亚沙漠地区

体长：最长14厘米

这种穴居的动物前腿具有用来掘土的大爪子。它们圆柱形的身体上长有短毛，鼻子上有角质保护盾。袋鼹视力很差，依靠嗅觉寻找昆虫幼虫和蚯蚓等。

袋食蚁兽

Myrmecobius fasciatus

分布区域：澳大利亚西南部和南部

体长：最长29厘米

这种身上长有条纹的袋食蚁兽专门以白蚁为食。它们主要依靠嗅觉寻找白蚁，用黏糊糊的长舌卷起白蚁，再送进嘴巴。它们曾经分布广泛，但现在已经濒危，只生活在几个保护区内。

袋獾

Sarcophilus harrisii

分布区域：塔斯马尼亚岛

体长：最长65厘米

作为体形最大的肉食性有袋类，袋獾是狩猎者兼食腐者，它们具有能捕杀猎物、咬碎骨头的大而有力的上下颌。袋獾独自狩猎，能猎捕像小袋鼠那么大的动物。

黄袋鼩

Antechinus flavipes

分布区域：澳大利亚东部和西南部

体长：最长13厘米

黄袋鼩以昆虫、蜘蛛、蠕虫及类似的动物为食。这种小型有袋类具有特别的繁殖习性，一生只有一次交配行为。雄性黄袋鼩配偶众多，在繁殖季节全力交配，会因耗尽身体能量而很快死亡。

兔耳袋狸

Macrotis lagotis

分布区域：澳大利亚沙漠地区

体长：最长55厘米

兔耳袋狸有像兔子耳朵一样长长的耳朵，并且善于挖洞，但它们的食性比兔子的更复杂，适应沙漠生活。它们夜间行动，从食物中获取身体所需全部水分，而不需要喝水。

树袋熊

Phascolarctos cinereus

分布区域：澳大利亚东部

体长：最长82厘米

树袋熊，也称为考拉，是我们最熟悉的有袋类之一。它们几乎只吃桉树叶，这种树叶很难消化，营养价值也不高。因此，树袋熊为了节约能量，一生中大部分时间都在睡觉。

爬树高手

强壮的尖爪能稳稳抓住树干。

塔斯马尼亚袋熊

Vombatus ursinus

分布区域：澳大利亚东部和塔斯马尼亚岛

体长：最长1.15米

它们生活在地面上，是树袋熊的亲戚，和生活在树上的树袋熊一样，外表像熊，身体健壮。塔斯马尼亚袋熊吃草，有时会随着羊群一起在田野里吃草。它们长有长长的爪子，用来挖掘巨大的隧道系统。它们一般白天待在地下，夜里出来觅食。

刷尾负鼠

Trichosurus vulpecula

分布区域：澳大利亚和新西兰

体长：最长55厘米

这是澳大利亚分布最广泛的一种有袋类。刷尾负鼠擅长攀爬，在夜间行动，已经非常适应城市生活。虽然它们主要以树叶为食，但也吃小动物和厨房里的剩饭。

蜜袋鼯

Petaurus breviceps

分布区域：澳大利亚和新几内亚岛

体长：最长21厘米

这种小型夜行有袋类，能凭借肢体间覆盖着皮毛的翼膜，在树与树之间滑翔。其名字里的“蜜”字，是指它们以甜蜜的树汁和花蜜为食，但夏季它们主要以昆虫为食。

有袋类

所有有袋类的幼崽在出生时都处于早期发育阶段。幼崽需要继续在一个具有保护作用的袋囊或皮瓣下成长，它们以母亲的乳汁为食。

多数有袋类生活在澳大利亚，它们与其他陆地哺乳动物隔离了至少5000万年。从嗜睡的食叶动物到凶猛的食肉动物，有袋类物种丰富多样，生活方式不一而足。还有一部分有袋类生活在北美洲和南美洲，比如负鼠。大多数负鼠是杂食动物，几乎什么都吃。这些美洲有袋类繁衍兴旺，但多数澳大利亚的有袋类物种现在已经很稀有。

长吻袋貂

Tarsipes rostratus

分布区域：澳大利亚西南部

体长：最长9厘米

这种小小的长吻袋貂几乎只食用花蜜和花粉。它们具有超长的舌头，舌尖像刷子一样，能够采集花蜜和花粉。这也意味着它们只能生活在一年四季都有鲜花开放的地方。

古氏树袋鼠

Dendrolagus goodfellowi

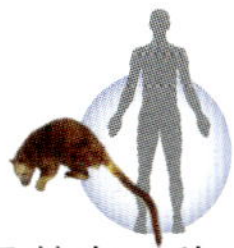

分布区域：新几内亚岛

体长：最长84厘米

共有10种袋鼠生活在树上，这是其中一种。相比于一般的袋鼠，它们的后肢较短，强壮的前肢具有钩状爪子，能够抓住树枝。这种动物在夜间活动，以树叶和水果为食。

犰狳的骨质甲下面有一层空气， 起到绝热层的作用，可以让它们在炎热的沙漠里保持凉爽。

三带犰狳

犰狳家族共有21个种类，但只有两种可以缩成球，生活在巴西的三带犰狳是其中一种。强壮的骨质甲保护犰狳免受大多数天敌的侵扰。

犰狳是哺乳动物中唯一拥有骨质甲的动物。其他哺乳动物大多具有体刺或鳞片，而犰狳具有防卫性的骨质甲。骨质甲之间以可活动的细骨带相连。这种动物用又黏又长的舌头粘取蚂蚁和白蚁为食。

哺乳动物

三带犰狳

Tolypeutes tricinctus

分布区域： 巴西

体长： 最长28厘米

食物： 昆虫

犰狳幼崽刚出生时就具有**柔软**的**革质皮肤**，4周后革质皮肤变硬，**成为铠甲**。

装甲球

和大部分犰狳不同，三带犰狳的骨质甲很灵活，所以它们可以团成一个球。它们能将身体缩进甲壳，头部和尾巴具有单独的骨质甲。犰狳的盔甲能够起到非常好的保护作用，只有咬合力强大的美洲豹和美洲狮能威胁到它们。

挖掘爪

犰狳将鼻子贴近地面觅食，它们依靠嗅觉寻找蚂蚁和白蚁。一旦找到蚁穴，它们就以前肢上粗大的爪子进行挖掘。犰狳很快挖好洞，然后将头伸进去，开始用舌头取食蚂蚁或白蚁，几分钟内就能吃掉数百只。

大食蚁兽的**舌头长达60厘米**。

哺乳动物

大食蚁兽

Myrmecophaga tridactyla

分布区域： 美洲中部和南部

体长： 最长1.2米

食物： 蚂蚁和白蚁

大食蚁兽

大食蚁兽是种独特的哺乳动物，其食性高度特化，专门以蚂蚁和白蚁为食。它们前爪硕大，吻部细长，舌头也超长，因此，它们可以把吻部伸进蚂蚁和白蚁的巢穴，吞食成千上万的猎物。

食蚁兽广泛分布于美洲热带地区，是树懒的近亲。树懒几乎只吃树叶，但食蚁兽是食虫动物，擅长进食大量小动物。食蚁兽偶尔袭击蜜蜂的蜂巢，但仍以蚂蚁和白蚁的蚁穴为主要目标。和其他种类的食蚁兽不同，大食蚁兽在地面捕食和休息，依靠伪装和强大的爪子来抵御天敌。

一口一群

食蚁兽以爪子刨开蚁穴，将自己长长的吻部伸进去，开始进食。它们以惊人的速度伸缩舌头，每秒钟可伸缩3次，每次舌头上都粘着无数的蚂蚁，并把它们一起送进嘴里。

毛茸茸的尾巴

天气炎热时，大食蚁兽白天多在睡眠中度过，它们蜷缩起来，躲在毛茸茸的大尾巴下面。大尾巴是很好的伪装，特别是它们睡在灌木丛中时。天气寒冷或夜晚，大尾巴还有保暖的作用。

致命反击

如果受到威胁，大食蚁兽会尽力逃跑，甚至游泳抵达安全的地方。但如果被逼入绝境，它们会用后腿直立起来，用尖锐的大前爪向敌人示威。威胁不是虚张声势，大食蚁兽爪子的一记重击会造成严重伤害。据记录，大食蚁兽杀死过人，甚至杀死过它们最强大的天敌美洲豹。

一只鼹鼠**每天**搬动**540倍于自身体重**的泥土。

欧鼹

鼹鼠很少在地面上活动，它们因其在草原上制造的鼹鼠丘而闻名，这是它们不停在地下挖掘通道觅食的结果。

鼹鼠是挖掘地道的高手，它们的身体特别适于这样的工作。欧鼹的身体呈圆柱形，体表具有柔软的短毛。它们的眼睛和耳郭都很小，却长着铲状的大前爪，用来挖掘泥土。它们主要以在地道中捕到的蚯蚓为食。

哺乳动物

欧鼹

Talpa europaea

分布区域：欧洲

体长：最长16厘米

食物：蚯蚓和昆虫幼虫

藏于皮毛之下的小眼睛

超级感官
鼹鼠依赖自己超级灵敏的鼻子和胡须在黑暗里寻找猎物。

制造鼠丘

鼹鼠一边挖掘，一边将挖出的土推上地面。大多数情况下，鼹鼠只会留下一小堆土，但有时它们也会制造一个大土丘当作巢穴，特别是在大雨很可能淹没它们的地下通道时。

冒险之旅

鼹鼠幼崽在春天出生，和母亲一起生活四五周，以母亲的乳汁为生。小鼹鼠离开母亲的地下通道系统，钻出地面另建家园时，是它们最容易被敌人捕获的时候。

挖掘爪
具有爪子的有力的前掌向外翻，利于鼹鼠高效地扒土。

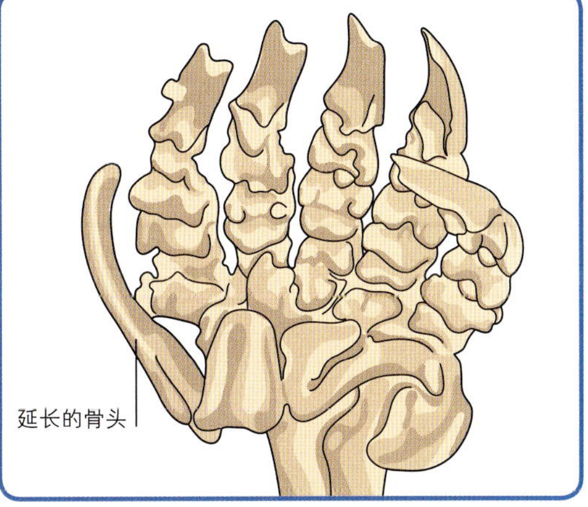

第六根“手指”
鼹鼠的前肢工作起来像挖掘机。它们的大拇指旁边的腕骨延长，就像一根附加的大拇指，给挖掘提供助力。这根指头不能弯曲，但有助于挖掘。其他具有类似构造的哺乳动物是大熊猫。

鼹鼠的唾液对于蚯蚓来说有毒。
鼹鼠以毒液麻痹蚯蚓，并把它们储存起来以后食用。

100 千克——**刚出生的非洲象小象的重量，**相当于一位**重量级拳击手**的体重。

灵活的鼻尖
非洲草原象的鼻尖有两个灵活的指状突起，用来抓取食物。

充盈着空气的头颅
硕大的头骨内具有一个蜂窝状结构，里面是许多气孔，以此减轻头骨的重量。

弯曲的象牙
象牙是延伸至嘴外的巨大牙齿，终生生长。

多用途的工具
象鼻由鼻子和上嘴唇构成。象鼻高度灵活且强壮，极其敏感，是探测和采集食物、饮水以及向其他大象发出信号的绝佳工具，还能发出巨大的鸣声。

象

象科动物俗称大象，是最大最重的陆栖动物。只要看到它们长而灵活的鼻子和硕大的身躯，我们便能一眼认出它们。大象因其超群的智力和惊人的记忆力而闻名，但也因它们的肉和乳白色的象牙而被捕杀，直至危及种群数量。

大象进食大量粗草、树叶和树皮。它们有巨大的牙齿，可以将粗糙的食物磨成浆，并且有强大的消化系统来处理食物。它们一生中 3/4 的时间都在觅食和进食。大象集群而居，象群由成年雌象带领，群体中都是紧密相关的亲属。

哺乳动物

非洲草原象

Loxodonta africana

分布区域： 撒哈拉以南非洲地区

体长： 最长7.5米

食物： 草、树叶和树皮

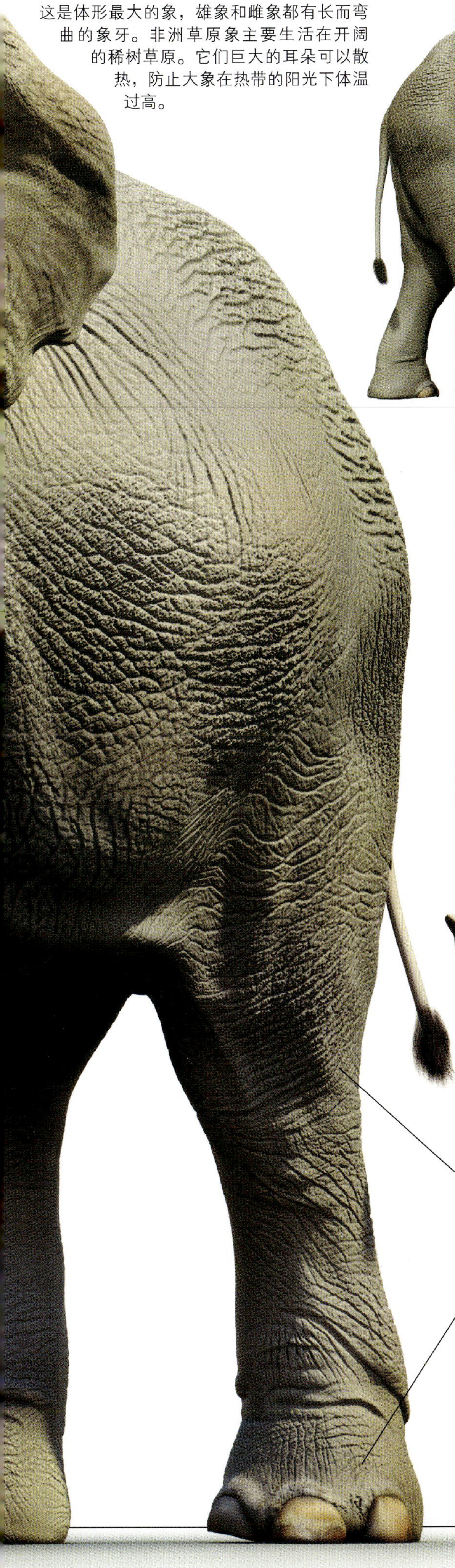

非洲草原象

这是体形最大的象，雄象和雌象都有长而弯曲的象牙。非洲草原象主要生活在开阔的稀树草原。它们巨大的耳朵可以散热，防止大象在热带的阳光下体温过高。

松弛的皮肤

皱巴巴的皮肤松弛下垂，有助于保持身体凉爽。

宽大的脚

柱子一样的腿上长着宽大的脚掌，脚趾甲呈半圆形。

非洲森林象

Loxodonta cyclotis

分布区域：非洲中部

体长：最长4米

顾名思义，这种大象生活在非洲茂密的热带雨林里。相比非洲草原象，它们体形较小，象牙较直，更喜欢吃树叶，吃草较少。和所有大象一样，它们在密林中以一种人类听不到的次声波进行交流。

亚洲象

Elephas maximus

分布区域：南亚和东南亚

体长：最长6.4米

亚洲象的耳朵比非洲象小得多，它们头顶高高隆起呈圆顶形，一般只有雄象有长象牙。亚洲象生活在多种不同的环境里，茂密的森林和广阔的草原都有它们的身影。亚洲象根据生活地区分为多个亚种，包括印度象、斯里兰卡象和苏门答腊象等。

大个子幼崽

雌象一般每胎产一头幼崽。幼崽在刚出生的几天里，一直追随在雌象身边。

北美河狸

河狸堪称自然界最忙碌的建筑师之一。它们利用精湛的伐木技巧，改变了自己生活的森林景观——建造出大坝、湖泊和坚不可摧的堡垒，它们就躲在里面，避开敌人。

河狸是巨型夜行啮齿动物，是松鼠和老鼠生活在水里的近亲。它们和松鼠、老鼠一样，具有凿子似的大门牙，用来啃咬食物，不过河狸还用门牙“砍树”。它们需要用树木建造巢穴，需要更多的树木和泥土在森林溪流上建筑大坝，大坝拦住的池塘围绕并保护着巢穴。冬天水面结冰时，河狸在冰面下仍能活动，以储存在水下的树叶和树枝上的嫩芽为食。

蹼足
河狸用后肢上的大蹼足快速推动身体在水中前行，以船桨状的尾巴为舵。它们只用尾巴也可以缓慢游动。

扁尾
河狸的尾巴没有毛，而是具有鳞片，像船桨一样扁平，非常适合游泳。河狸在水面上以尾巴拍打水面，向其他河狸传递危险信号。

已知最长的河狸大坝长达850米。

哺乳动物

北美河狸

Castor canadensis

分布区域： 加拿大、美国和墨西哥

体长： 最长88厘米

食物： 树皮、树叶和小树枝

凿子一样的牙齿

门齿外表覆盖着一层坚硬的珐琅质，里面含有铁，因此呈铁锈色。上、下门齿咬合时，门齿内侧没那么坚硬的部位会被磨损掉。门齿用这样的方法保持边缘锋利。和多数啮齿动物一样，河狸的门齿终生生长。

坚固的城堡

河狸修筑的大坝高约 1.8 米，围成的池塘水深约 0.9 米。城堡由一堆树棍堆成，中间留出活动空间，入口位于水下。冬季，树棍上沾的泥浆会结冰，因此没有敌人能进来。偶尔能见到麝鼠与河狸一起生活。

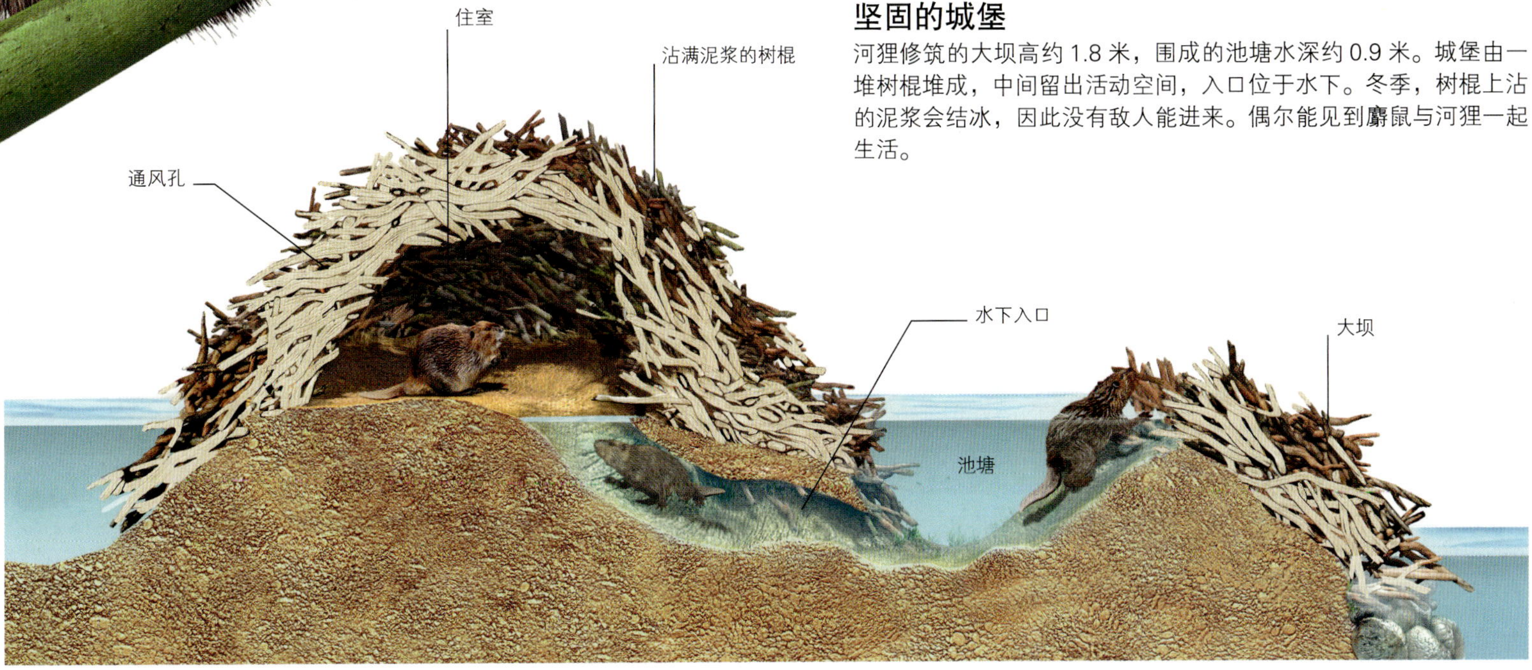

已知最大的**草原土拨鼠洞穴**容纳了**4亿只土拨鼠**。

欧亚红松鼠

Sciurus vulgaris

分布区域：欧洲和亚洲

体长：最长22厘米

机敏的欧亚红松鼠主要生活在树上，特别是有充足坚果的针叶林。它们以尖利的牙齿咬开坚果的外壳，取出里面的果仁。由于受到从美洲引进的灰松鼠的竞争，现在欧洲的有些地方很难见到它们了。

黑尾土拨鼠

Cynomys ludovicianus

分布区域：北美洲

体长：最长38厘米

这种土拨鼠生活在几乎没有树木的美洲大草原上，穴居在地下“土拨鼠城镇”里。以前，像这样占地面积很大的一些巨型洞穴里，生活着数百万只土拨鼠。

榛睡鼠

Muscardinus avellanarius

分布区域：欧洲

体长：最长9厘米

这种小型林地动物看起来像微型松鼠。它们一生中大半的时间都用来睡觉，冬眠时间从 11 月一直到次年 5 月。从冬眠中苏醒后，它们主要在树上进食，采集浆果、坚果和花朵，有时也吃昆虫。

毛茸茸的尾巴
榛睡鼠冬眠时，毛茸茸的尾巴会围在它的身体周围。

啮齿动物

哺乳动物中几乎一半的种类是啮齿动物。大多数是像老鼠和松鼠这样体形较小的食草动物。它们都有较大的门齿，并通过磨牙使其保持锋利，以便啃咬坚硬的食物。

从热带雨林、北极冻原到炎热干燥的沙漠，啮齿动物几乎可以在任何环境中生存。它们大多数以种子、坚果、水果和多汁的根为食，少数捕食小动物，也有什么都吃的杂食者。

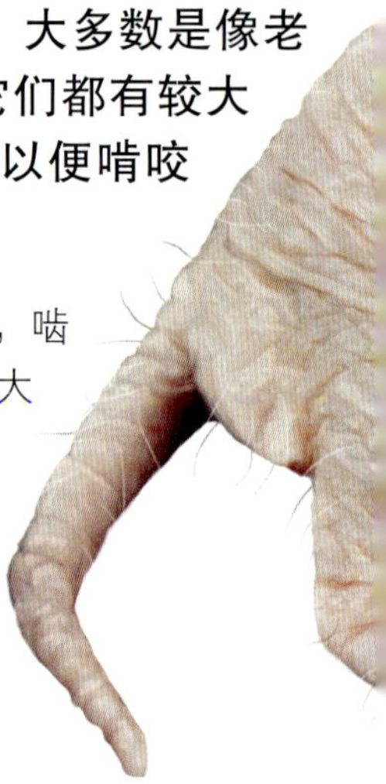

长耳跳鼠

Euchoreutes naso

分布区域：中亚东部

体长：最长9厘米

这是栖息于沙漠中的一种跳鼠，擅长以长脚支撑身体跳跃，用长尾保持平衡。跳跃让它们可以在更广的范围中寻找稀缺的食物和躲避敌人。

旅鼠

Lemmus lemmus

分布区域：斯堪的纳维亚半岛北部

体长：最长13.5厘米

这个生活在北极地区的物种多产多育，有的年份会由于产崽太多而导致食物短缺。这样它们就不得不成群迁徙，寻找新的栖息地。它们是北极狐和雪鸮的主要猎物。

白腹食蝗鼠

Onychomys leucogaster

分布区域：北美洲

体长：最长13厘米

大多数啮齿动物以植物为食，但白腹食蝗鼠却以其他动物为食。它们主要以昆虫为食，也捕食体形较小的老鼠，甚至小蛇和蜥蜴。它们以响亮的尖叫声而闻名。

黑家鼠

Rattus rattus

分布区域：欧洲、亚洲、非洲、北美洲和大洋洲

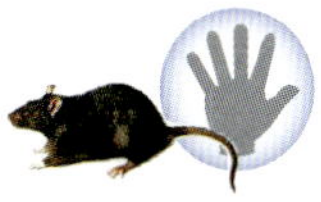

体长：最长22.5厘米

黑家鼠和一些广布种一样，因为意外搭上渡轮而扩散到全世界。它们因携带鼠疫杆菌而闻名于世。由鼠疫杆菌引起的鼠疫曾在14世纪夺去了一半欧洲人的生命。

跳兔

Pedetes capensis

分布区域：南非

体长：最长43厘米

虽然名字叫作跳兔，但它们却不是兔子，而是啮齿动物。凭借长后腿支撑身体和毛茸茸的长尾巴保持平衡，它们能像袋鼠一样跳跃。跳兔生活在沙漠里，白天穴居，夜晚觅食。

裸鼢鼠

Heterocephalus glaber

分布区域：东非

体长：最长9.2厘米

这种特别的啮齿动物喜欢群居，每个种群受一只雌鼠领导，和蜜蜂种群有些相似。裸鼢形鼠成群生活在洞穴中。工鼠负责挖掘洞穴，它们用门齿进行挖掘，再将那些松散的泥土踢出洞口。

绒毛丝鼠

Chinchilla lanigera

分布区域：南美洲

体长：最长23厘米

绒毛丝鼠生活在安第斯山脉。凭借身上厚密的皮毛，它们能在极端的气候条件下存活下来。它们夜晚外出进食种子、草和其他小动物，夜晚的气温是一天中最低的。

非洲冕豪猪

Hystrix cristata

分布区域：非洲和欧洲的意大利

体长：最长1米

受到攻击时，非洲冕豪猪就会竖起那惊人的长刺，并摇动尾巴。尾巴上具有空心阔刺，能发出类似响尾蛇响环的“沙沙”声。如果敌人不理会，豪猪就会掉转身体，倒退着冲向敌人，将锋利的长刺刺入敌人的皮肤。

水豚

Hydrochoerus hydrochaeris

分布区域：南美洲热带地区

体长：最长1.3米

水豚是啮齿动物中最大的一种，几乎有猪那么大。它们属于半水生动物，生活在沼泽和被洪水淹没的草原上，主要以草和水生植物为食。它们的吻上端具有气味腺，成年雄水豚的气味腺更大一些。

兔

长长的耳朵和蹦蹦跳跳的步态，是兔科动物辨识度极高的特征。从热带到高纬度北极地区，它们遍布全世界，有些种类数量庞大。

兔形目包括兔科和形似啮齿类的鼠兔科。兔形目的动物与啮齿目的松鼠和老鼠具有比较近的亲缘关系，但牙齿稍有不同，而且是严格的素食者。兔形目中的穴兔是典型的穴居者，受到威胁时会一头钻进地下洞穴逃生。但大多数野兔是长着长腿的运动健将，它们生活在旷野，凭借快速奔跑躲避敌人。

宽阔的视野
两侧鼓起的大眼睛在头部较高的位置，几乎拥有全方位的视野。

大耳朵
超长的耳朵能捕捉到最轻微的声音，这些声音会暴露捕食者的踪迹。

强壮的腿
野兔极长的后腿便于它们高速奔跑。

欧洲野兔的奔跑速度能达到70千米/时，
堪比灵缇犬。

欧洲野兔
欧洲野兔以敏捷闻名，它们能轻易甩掉大部分敌人，常靠快速变换方向来躲避追逐者。春季是它们的繁殖季节。这时候可以看到，不情愿的雌兔像拳击运动员一样，挥起前爪击退过于急切的雄兔。

棕色的皮毛有时会变成红色

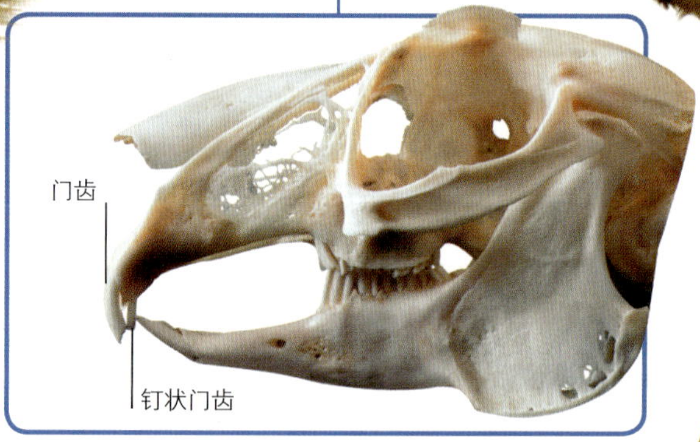

钉齿
野兔的门齿很大，与啮齿动物的相似，也是终生生长。门齿之间空隙较大，因此可以在嘴里盛下很多食物。但是，和啮齿动物不同的是，野兔还有一对几乎没什么作用的较小的钉状门齿。

哺乳动物
欧洲野兔
Lepus europaeus
分布区域： 欧洲和亚洲，由此遍及全世界
体长： 最长70厘米
食物： 野草和树皮

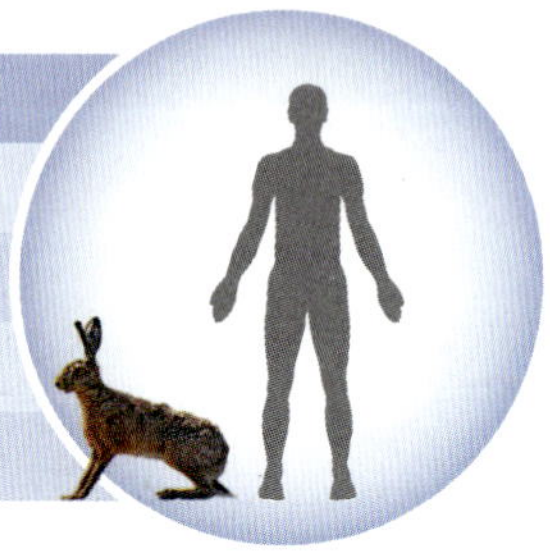

黑尾长耳大野兔

Lepus californicus

分布区域： 墨西哥和美国西部

体长： 最长60.5厘米

对于生活在炎热干燥的沙漠和草原中的黑尾长耳大野兔来说，硕大的耳朵至关重要。因为耳朵可以像散热片一样，将体内多余的热量释放到空气中，帮它们保持凉爽。这种野兔长着大长腿，使它们能快速逃脱郊狼的追捕。

北极兔

Lepus arcticus

分布区域： 加拿大北极地区和格陵兰岛

体长： 最长67厘米

这种极度耐寒的野兔喜群居生活，体表覆有一层非常厚实的白色皮毛，帮助它们适应极地的严寒气候。它们的耳朵较短，有助于减少热量损失。

琉球兔

Pentalagus furnessi

分布区域： 日本的奄美大岛

体长： 最长51厘米

日本的琉球兔栖息在茂密的森林里，属于夜行动物，行踪难以捉摸。它们生活在自己用长爪挖的洞穴里。这种兔子曾经广泛存在于亚洲大陆，但现在几近灭绝。

穴兔

Oryctolagus cuniculus

分布区域： 欧洲西部，由此遍及全世界

体长： 最长55厘米

这种兔子曾经只分布于西班牙、法国和北非地区，但现在已经扩散到世界其他许多地方。在澳大利亚，穴兔已经成为外来入侵物种。它们挖掘大量的地下洞穴系统，夜间出来啃食野草和叶片。

火山兔

Romerolagus diazi

分布区域： 墨西哥

体长： 最长36厘米

这种兔子身材矮胖、耳朵短小，是最小最稀少的兔子种类之一。它们只生活在墨西哥城南边4座火山的森林坡地上，但那里的栖息地正受到农业和道路建设的破坏。

东部棉尾兔

Sylvilagus floridanus

分布区域： 美洲北部和中部

体长： 最长48.5厘米

这是众多种类棉尾兔中最常见的一种，堪称生活在美洲的欧洲野兔。东部棉尾兔自己不挖洞，而是占据地松鼠等其他动物的洞穴。

狐猴

狐猴是一类特别的灵长动物，只生活在马达加斯加，它们与猴子和猿的祖先有亲缘关系。狐猴极为适应森林中的生活，许多种类是具有攀爬超能力的“杂技演员”。

狐猴至少于 4000 万年前到达马达加斯加，现在已经进化出 120 种，既有像老鼠一样小的种类，也有像大猩猩那样大的巨型种类。每种狐猴都具有自己特殊的生活方式，适应岛上各种不同的栖息环境。有些是杂食者，有些只吃某些食物。但其中 17 种（包括巨型狐猴）已经灭绝，还有很多种因为自然栖息地受到破坏而濒临灭绝。

狐猴**依靠灵敏的嗅觉**去寻找其他狐猴留下的**气味**。

环尾狐猴

Lemur catta

分布区域：马达加斯加

体长：最长46厘米

特征明显的尾巴让它们成为最容易辨认的狐猴。它们集大群生活，且聒噪不休，在森林里的树木上寻找水果、树叶和小动物为食，它们偶尔会在地面长时间活动。

蓝眼黑美狐猴

Eulemur flavifrons

分布区域：马达加斯加

体长：最长45厘米

大部分狐猴的雄性和雌性看起来差不多，但这种濒临灭绝的狐猴，雄性呈黑色，而雌性呈红棕色，腹部颜色较浅。除了人类之外，这是唯一具有蓝眼睛的灵长动物。它们主要以水果和花朵为食。

白足鼬狐猴

Lepilemur leucopus

分布区域：马达加斯加

体长：最长26厘米

鼬狐猴自卫时会像拳击手一样击打对方，因此它们又有“拳击手”之称。白足鼬狐猴是鼬狐猴家族中体形最小的种类，只吃树叶。因为树叶中营养物质的含量极低，所以它们大部分时间都在进食或休息。

贝氏倭狐猴

Microcebus berthae

分布区域：马达加斯加

体长：最长9.5厘米

这种大眼睛的夜行动物，体形和小老鼠差不多，是最小的狐猴，也是最小的灵长动物。它们极其灵敏，在树间和灌木丛中攀爬，取食水果、花朵、蜂蜜、昆虫，以及壁虎和变色龙等小型脊椎动物。

在干旱季节，**贝氏倭狐猴以蜜露为食。**这种蜜露由吸食树汁的花蟢产出。

维氏冕狐猴

这种大型狐猴非常适应攀爬生活。它们不能以平常的方式行走和奔跑，而是以后腿为支撑，伸出手臂保持平衡，在地面上横着跳跃，像个舞者。

柔软厚实的皮毛

长手

维氏冕狐猴一生中大部分时间都在树冠上度过，进食树叶和水果。其手、脚的拇指（趾）都可以与其他指（趾）对握，使得手和脚都适于抓紧树枝。

有力的后腿

维氏冕狐猴后腿强壮有力，能在树枝间跳跃。

哺乳动物

维氏冕狐猴

Propithecus verreauxi

分布区域： 马达加斯加

体长： 最长48厘米

食物： 树叶、水果和树皮

大狐猴

Indri indri

分布区域： 马达加斯加

体长： 最长72厘米

这是最大的狐猴，身上的花纹极为引人注目。它们是维氏冕狐猴的近亲。这种狐猴的独特之处在于它们的尾巴极其短小。和其他狐猴一样，它们在树上跳跃时，能够保持身体竖直，还能以一双大手在树枝间攀爬。

指猴

Daubentonia madagascariensis

分布区域： 马达加斯加

体长： 最长37厘米

这种特别的动物具有纤细修长的中指，可以用来取出藏身于树洞内的昆虫幼虫。它们也用这根手指挖取成熟水果的果肉。

毛茸茸的尾巴

吼猴能**闻到**2千米外**成熟水果的味道**。

吼猴一天中77%的时间都在**休息**。

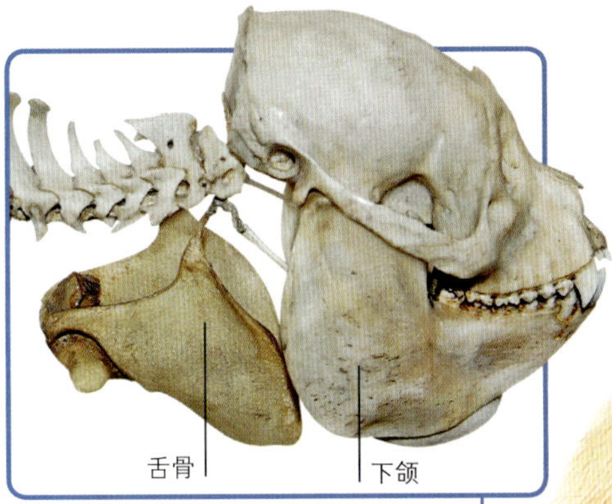

喉头

黑吼猴的喉头较大，可以发出低沉洪亮的叫声。它们硕大的下颌后面是巨大而中空的舌骨，能够支撑喉头。雄黑吼猴的下颌和舌骨（如上图所示）比雌黑吼猴的大。

紧抓

黑吼猴幼崽出生时，皮毛呈金黄色。它们紧紧趴在母猴的背上，随母猴四处游荡。

保持联系

黑吼猴群每天早晚互相喊叫，通过这种方式确认它们的竞争对手的方位。

共同哺育

母猴们互相照顾和背负彼此的幼崽，这种行为叫作“拟母亲行为”。

长尾

尾长约65厘米，几乎和身体等长。

灵活的脚趾

长脚趾利于它们抓住高悬在半空的树枝。

敏感的尾巴

尾巴末端底部没有毛。此处极为敏感，可以通过触觉辨识物体。

黑吼猴

黑吼猴分布于美洲的热带地区，它们的叫声是地球上所有陆栖动物中最响亮的。黑吼猴通过叫声捍卫自己的领地并保护雌猴。猴群齐声呼喊是在提醒相邻猴群不要侵犯自己猴群的领地。

雄猴叫声最响亮。白天猴群以叫声应和相邻猴群时，雌猴也一起叫，它们的声音响彻雨林。雌猴的毛色和雄猴不一样，一般呈黄棕色，而雄猴呈黑色。黑吼猴通常在南美洲中部的热带森林结成小群生活。它们大部分时间在树冠层进食水果和叶子。

捍卫领地时，黑吼猴发出的声音能传到5千米以外。

以叶子为食

黑吼猴不仅吃水果，还吃大量树叶。对于其他种类的猴子来说，这种情况并不常见。叶子虽然容易找到，但没什么营养。黑吼猴选取最嫩的叶子，但必须大量进食。因此，它们为节省体力，一天中大部分时间都在睡觉，而且很少远行。

哺乳动物

黑吼猴

Alouatta caraya

分布区域：南美洲中部

体长：最长65厘米

食物：树叶和水果

日本猕猴生活的地方，冬季最低气温达到-15℃。

猴

灵长目猴科的动物统称为猴，是灵长类中物种数量最多的类群，包括长着狗脸、强劲有力的大个子狒狒，还有皮毛顺滑、个头矮小的狨猴。它们以身手敏捷、善于社交和聪明机智为人们熟知。

大多数猴生活在热带森林的树上，主要吃水果。在热带森林里，果树全年结果，但它们分散在各个地方，不容易寻找。因此，典型的猴擅长在树间移动，并且有很好的色觉来识别树叶间的成熟水果。它们的记忆力极好，也有助于它们找到好的食物来源。猴分成两大类：一类是来自非洲和亚洲的狭鼻猴，另一类是来自热带美洲的阔鼻猴。

日本猕猴

Macaca fuscata

分布区域：日本

体长：最长65厘米

日本猕猴也叫作雪猴，与身处热带的同类相比，它们生活在较为寒冷的地方。日本猕猴以水果为食，在水果稀少的时候，也进食植物的叶子、种子和多汁的根。日本猕猴因为冬天喜欢泡在火山温泉里保持温暖而为人熟知。

白臀长尾猴

Cercopithecus neglectus

分布区域：非洲中部

体长：最长54厘米

这是一种体色鲜艳、分布广泛的长尾猴，属于非洲长尾猴的一种，主要生活在热带森林中。它们更喜欢沼泽森林，在那里结成小群觅食。

安哥拉疣猴

Colobus angolensis

分布区域：非洲中部和东部

体长：最长66厘米

这种身体细长的生活在雨林中的猴也叫作黑白疣猴，是一种引人注目的狭鼻猴。它们脸部周围长着白色的毛，肩上的长毛像飘逸的白色“斗篷”。它们身手敏捷，集大群生活在高树上，主要以树叶为食。

山魈

Mandrillus sphinx

分布区域：非洲中部

体长：最长1.1米

山魈是最大的猴，和狒狒是近亲。雄性山魈脸上呈鲜亮的红色和蓝色，居统治地位的雄性脸上色彩最为鲜艳。山魈大部分时间在地面活动，吃各种各样食物，包括水果、叶子、鸟蛋和小型哺乳动物。

杰氏狨

Callithrix geoffroyi

分布区域：巴西东部热带地区

体长：最长23厘米

松鼠大小的狨猴，是最小的一类猴。和其他种类一样，杰氏狨用牙齿在树皮上凿洞，从而吃到流出的甜蜜树胶。

金狮猬

Leontopithecus rosalia

分布区域：巴西东部热带地区

体长：最长33厘米

金狮猬体形较小，皮毛光滑，曾经分布广泛，但现在已经非常罕见。它们是攀爬高手，以具有爪的长指头在浓密的树叶间探寻水果和昆虫。

黑帽悬猴

Sapajus apella

分布区域：南美洲

体长：最长46厘米

这种猴在南美洲分布广泛，包括多个亚种，它们善于社交，以树栖为主。分布于圭亚那的黑帽悬猴较为常见，它们属于杂食动物，能在各种类型的森林繁衍生息。

长鼻猴

Nasalis larvatus

分布区域：加里曼丹岛

体长：最长76厘米

这种长鼻猴因其硕大的肉质鼻子而得名。它们生活在森林中高高的树木上，吃水果和树叶。长鼻猴总是近水而居，是出色的游泳健将。

黑夜猴

Aotus nigriceps

分布区域：亚马孙河流域西部

体长：最长42厘米

这种生活在美洲热带地区的猴子长着一双大眼睛，晚上也能在树顶之间跳跃，去寻找水果和昆虫。黑夜猴夜间活动的习性可避免受到角雕类的袭击。

黑掌蜘蛛猴

Ateles geoffroyi

分布区域：美洲中部

体长：最长63厘米

这种蜘蛛猴因其像蜘蛛似的修长的四肢和长长的善于缠握的尾巴而得名。正是这些特点，让它们能以杂技般的方式，在高高的雨林树冠中寻找水果。它们以几乎没有拇指的手握住树枝，在树枝间荡来荡去。

白秃猴

Cacajao calvus

分布区域：亚马孙河流域西部

体长：最长57厘米

这种猴鲜红的脸是其身体状况良好的标志。身体较弱的猴子脸色较浅，也较难找到配偶。它们主要生活在亚马孙河上游会季节性暴发洪水的森林里，在树顶上进食种子和水果。

白面僧面猴

Pithecia pithecia

分布区域：南美洲北部

体长：最长41.5厘米

只有雄性白面僧面猴才具有显眼的白脸，和身上黑色的皮毛形成对比，雌性的脸呈棕色。它们与配偶通常终生相随。

猩猩的出生率非常低，平均一头雌猩猩**每9.3年**才繁育一只幼崽。

具有面颊垫的雄性

没有面颊垫的雄性

后期发育

居统治地位的猩猩脸上具有宽大的面颊垫，还长着用来扩大叫声的大喉囊和披肩长毛。它们利用这些特征给雌性和竞争对手（包括没有面颊垫的雄性）留下深刻印象。没有面颊垫的雄性显示出发育停顿的迹象，可能永远也不会长出面颊垫，不过它们仍能繁殖后代。

树上的巢

猩猩每天在高树上筑两种巢，一种供白天用，一种供晚上用。这些巢以树枝和叶子编织而成。猩猩之间会互相学习如何筑巢。因此，幼崽筑的第一个巢是在模仿它和母猩猩共同住过的那个巢。

苏门答腊猩猩

这种猩猩非常适应在森林的树冠上荡来荡去的生活，它们移动缓慢，总是要先试试树枝能否承受自己的重量。它们生活在高高的树枝上，很少下到地面活动。

猩猩生活在位于东南亚的加里曼丹岛和苏门答腊岛。尽管这两个地方的猩猩外形看起来很相似，但它们是不同的物种，即婆罗洲猩猩和苏门答腊猩猩。它们主要从雨林高树上采集水果为食，也吃树栖白蚁和鸟蛋。与其他猿类相比，它们极其聪明，但不像其他猿类那样善于社交，更倾向于单独觅食和休息。苏门答腊猩猩比婆罗洲猩猩身材更为修长，因为其生存的雨林环境受到破坏而更加濒危。

哺乳动物

苏门答腊猩猩

Pongo abelii

分布区域： 苏门答腊

身高： 最高99厘米

食物： 水果、树叶和昆虫

使用工具
猩猩用树枝作为工具来挖掘白蚁或从蜂巢里取蜂蜜。

能够抓握的手指
大拇指和其他指相对，和人类的手指很像，能够稳稳抓住东西。

长臂
从一边指尖到另一边指尖，猩猩的臂展可达2.25米。

快速学习的能力
每个猩猩群都有自己觅食、筑巢甚至和邻里沟通的独特方式。猩猩幼崽会向母猩猩学习这些技能，比如怎么使用工具从树洞里挖出昆虫。幼崽至少和母猩猩一起生活到7岁。

209 千克——**雄性大猩猩的体重，**是雌性大猩猩的2倍。

山地大猩猩

力量强大的大猩猩是体形最大的猿类。现生种中，这些森林巨人与我们人类亲缘关系非常近。它们非常聪明，组成族群共同生活。一个族群由一头背部为银色的雄性大猩猩守护，这头大猩猩首领天生神力，其他雄性竞争者不敢靠近。

大猩猩有两种，即西非大猩猩和东非大猩猩。山地大猩猩是东非大猩猩的一个亚种。它们生活在中非东部的高地森林，在地面附近采集叶子和茎秆等作为食物。这些食物营养价值不高，所以大猩猩必须花大量时间进食。它们用硕大的臼齿彻底咀嚼每一口食物，尽可能多地摄取营养。

银背
成年雄性后背银灰色的短毛从 14 岁以后开始长出。

蓬松的被毛
山地大猩猩的体毛比其他大猩猩的长。

战斗姿势
大猩猩四肢着地，以指背着地行走。它们只在战斗或捶胸时以双脚站立。

雄性之间可能战斗至死，但它们会先试图以咆哮和捶胸吓退对方。

家庭结构

一个典型的山地大猩猩族群包括三四头成年雌性大猩猩和四五头不同年龄的幼崽，还有一头成年雄性大猩猩，它是这些幼崽们的父亲。雄性大猩猩负责保卫族群的安全，常有捕猎者来犯，也有其他雄性大猩猩试图赶走它或杀死它的幼崽。只要不发生这些，家族成员们就一直在一起生活。

野生大猩猩**能存活40年**甚至更久。

山地大猩猩是最稀有的大猩猩，目前野生山地大猩猩剩下**不到1000头**。

冠状头骨
头顶有矢状嵴，支撑强壮的咬合肌。

独特的指纹
每头大猩猩都有自己独特的指纹。

锋利的武器
雄性有尖锐的长犬齿用于战斗。

庞然大物
和黑猩猩相比，它们的手臂更长，胸更宽。

毛茸茸的手
大猩猩的手和人手非常像，不过更强壮，有更多的毛。

脚趾抓握
所有猿类都有灵活的脚趾。它们的大趾头与其他趾头相对，所以它们的脚趾也能抓握。山地大猩猩大部分时间在地面活动，因为它们吃木髓、茎秆、树叶和树皮，偶尔也吃蚂蚁，它们不需要攀爬到高处去寻找食物。但成年西非大猩猩经常会爬到树上采集水果，尽管它们的身体很重。

色觉
大猩猩和其他猿类都具有敏锐的色觉。和其他许多哺乳动物不一样，它们对红色和橘黄色特别敏感。这有助于它们挑出成熟的水果，这些水果是它们的食物中很有营养的一部分。

防御行动
防守的银背大猩猩先是瞪着来犯者，朝敌人低叫示威，之后再咆哮并直立起来朝敌人扔东西。如果攻击者仍不肯后退，它们就会冲向前。

哺乳动物

山地大猩猩

Gorilla beringei beringei

分布区域： 中非东部

身高： 最高1.96米

食物： 树叶、木髓、树皮、茎秆和水果

西白眉长臂猿

Hoolock hoolock

分布区域：南亚

体长：最长81厘米

和所有长臂猿一样，西白眉长臂猿手臂很长，肩膀有力，适于在树枝间荡来荡去。雄猿具有白色的眉毛，和身体上的黑色皮毛形成强烈反差。雌猿的身体呈灰棕色。

白掌长臂猿

Hylobates lar

分布区域：东南亚

体长：最长42厘米

白掌长臂猿的体色从黑色到沙棕色都有，但它们的黑脸上都有一圈白毛。它们在热带雨林的树木高处组建族群生活，基本不下到地面。白掌长臂猿主要以水果为食。

猿

猿可分两大类：一类是小型类人猿，如长臂猿，它们适于在高树上生活；另一类是大型类人猿，包括黑猩猩及它们的两个近亲倭黑猩猩和人类。猩猩和大猩猩（参见182—185页）也属于大型类人猿。

小型类人猿是最敏捷的灵长动物，其中的19种长臂猿能够用长臂在树顶上优雅地荡来荡去。黑猩猩、猩猩和大猩猩是体形较大的猿类，也是聪明的灵长动物。

白颊长臂猿

Nomascus leucogenys

分布区域：东南亚

体长：最长53厘米

雄性白颊长臂猿身体呈黑色，有白颊。雌性身体呈浅棕色，脸部呈黑色。和其他长臂猿一样，它们有长期稳定的配偶关系。它们主要吃水果，也吃嫩叶和小动物。

合趾猿的叫声可以在森林里传到2千米外。

黑猩猩生活的**族群，成员可达到150个，**但是为了觅食它们会**分成小群。**

合趾猿

Symphalangus syndactylus

分布区域： 东南亚

体长： 最长90厘米

长臂猿通过大声吼叫捍卫领地，合趾猿是其中声音最大的，它们喉部具有可膨大的声囊，可以通过共鸣扩大声音。合趾猿配偶之间常常进行二重唱，特别是在早晨，时间长达 15 分钟或更久，附近的合趾猿也会给予回应。

倭黑猩猩

Pan paniscus

分布区域： 非洲中部

体长： 最长83厘米

这是黑猩猩属中较罕见的一种。相比起来，倭黑猩猩比黑猩猩腿更长，体重更轻。倭黑猩猩生活在热带雨林的树上和地面上。它们四肢着地，以指背着地行走，在雨林地面上游荡。倭黑猩猩主要以水果为食，也进食叶子、鸟蛋、昆虫和小型脊椎动物。

黑猩猩

Pan troglodytes

分布区域： 非洲中部和西部

体长： 最长96厘米

黑猩猩比倭黑猩猩更壮实，是黑猩猩属中较常见的一种。它们适应多种栖息环境，集群生活。族群中雄性居统治地位。黑猩猩吃各种水果，使用工具捕捉昆虫，也捕杀较大型的动物，包括猴。

黑猩猩会磨尖棍棒，来刺穿藏身在树洞里的婴猴。

利用回声定位，蝙蝠可以**探测**到6米之外的**飞蛾**。

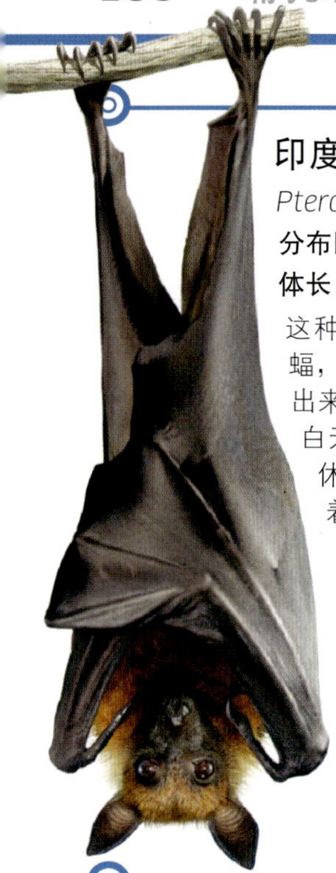

印度狐蝠

Pteropus giganteus

分布区域：亚洲南部

体长：最长25厘米

这种生活在热带地区的印度狐蝠，以水果为食，是众多夜间出来寻找水果的森林蝙蝠之一。白天，它们以脚倒挂在树枝上休息。同一棵树上可能生活着数百只印度狐蝠。

马铁菊头蝠

Rhinolophus ferrumequinum

分布区域：欧洲和亚洲

体长：最长7厘米

和多数小型蝙蝠一样，这种蝙蝠在飞行中捕食昆虫。它们能够发出一种高频声波，用双耳接收回声，通过回声定位来捕捉飞行中的飞蛾和甲虫。它们鼻子上的一个马蹄形结构可以发出声波。

澳洲假吸血蝠

Macroderma gigas

分布区域：澳大利亚北部

体长：最长14厘米

这种生活在热带的蝙蝠，皮膜非常薄，几近透明，身体呈浅灰色，看起来灰蒙蒙一片，像个幽灵。它们力气很大，牙齿也大，能捕杀并吃掉蜥蜴、老鼠、小鸟，甚至其他蝙蝠。

小长鼻蝠

Leptonycteris yerbabuenae

分布区域：美洲中部和北部

体长：最长9厘米

这种蝙蝠与常见的蝙蝠不一样，它们以花蜜为食。它们在沙漠里吸食仙人掌和龙舌兰花朵中的花蜜。这些植物为了吸引蝙蝠，夜里开花。小长鼻蝠具有极长的像刷子一样的舌头，可以舔食花蜜。它们还能在花朵上方盘旋停留，以便进食。

墨西哥兔唇蝠

Noctilio leporinus

分布区域：美洲中部和南部

体长：最长13.2厘米

大蝙蝠可以捕食大猎物，而墨西哥兔唇蝠以捕鱼为主。它们能探测到鱼浮出水面时产生的波纹，然后以尾膜和爪子捞起它们。许多雄性的身体呈鲜亮的橙色。

蝙蝠

哺乳动物中有 1/4 的物种是蝙蝠，它们是现生脊椎动物中除了鸟类之外唯一能够飞行的动物。其他哺乳动物、爬行动物，甚至有的蛙类，可以滑行，但只有蝙蝠能够飞行，飞得敏捷且精准，大多数能够在飞行中捕获昆虫。

蝙蝠的翼是一层膜，由延长的指骨支撑。翼膜延展到蝙蝠的腿上，多数一直延展到尾巴。有些蝙蝠翼膜窄长，可以快速飞行；有些蝙蝠翼膜短宽，飞行时极为灵活。和多数夜间活动的鸟类不同的是，蝙蝠在夜间飞行时会使用回声定位在黑暗中导航。

哺乳动物

大耳蝠

Plecotus auritus

分布区域：欧洲和亚洲

体长：最长5.5厘米

食物：昆虫和蜘蛛

1240 种——全世界的蝙蝠物种数。

棕色的大耳蝠能活22年。

吸血蝠

Desmodus rotundus

分布区域：美洲中部和南部

体长：最长9.5厘米

这种生活在美洲热带地区的吸血蝠，以血液为食。它们以剃刀一样锋利的牙齿，在大型动物身上咬出小口，再以长舌舔食流出的血液。吸血蝠还可以把折起的翼当作双腿，在地面上奔跑和跳跃。

折起耳朵
大耳蝠白天休息时，会把硕大的耳朵藏在翼下。

翼手
延长的指骨撑开翼膜，并在飞行时给予支撑。

回声定位

所有以昆虫为食的蝙蝠都具有复杂的回声定位系统。蝙蝠飞行时，能发出一种高频声波。这些声波遇到障碍物和猎物会反射产生回声，回声传到蝙蝠的耳朵，让它们“看”到周围的环境。这样，即使在完全黑暗的环境里，它们也能飞行和捕猎。

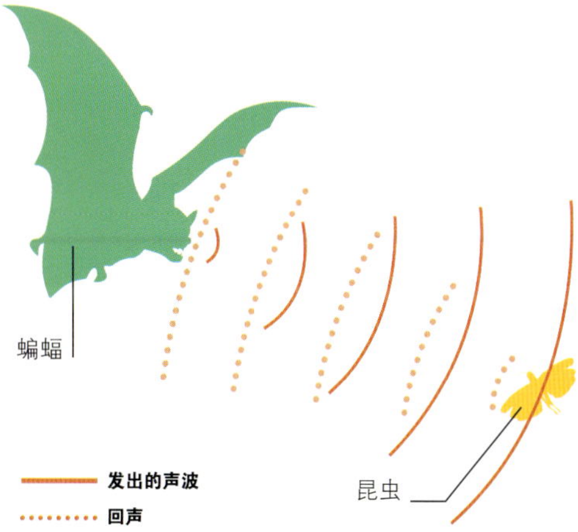

大耳蝠

这种蝙蝠主要生活在欧洲。由于大耳蝠具有一双硕大的耳朵，因此能够在黑暗里听见昆虫或蜘蛛发出的极微弱的动静。它们也能靠回声定位系统在树林间辨别方向，锁定飞行中的昆虫。

大耳蝠视力极佳，能在月夜里凭视觉寻找猎物。

70 千米/时——狼的**最快奔跑速度。**

切肉的牙齿

和几乎所有食肉类（哺乳纲食肉目动物）一样，狼具有专门的臼齿，叫作裂齿。这种特化的牙齿专门用来咀嚼。上下裂齿咬合后像剪刀一样，能够将肉从骨头上咬下来。狼还有尖长的犬齿，用来捕捉猎物。

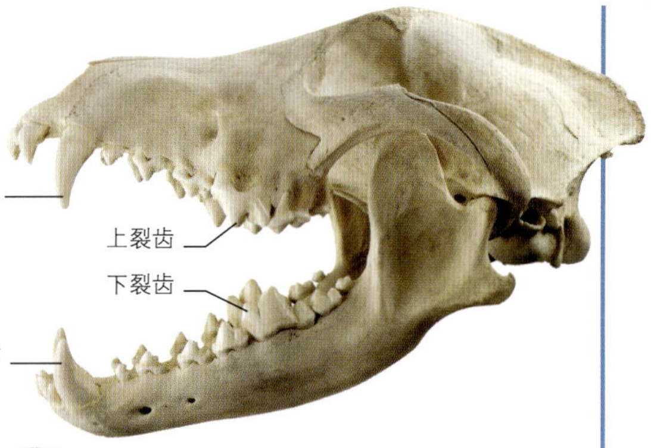

狼

狼是所有家犬的祖先，曾经遍布北方大陆。但现在，除了遥远北方的偏僻地区和一些山区的保护区，很少能听到它们可怕的嚎叫声。

哺乳纲食肉目动物统称为食肉动物，具有适于食肉的裂齿。狼隶属于食肉目犬科犬属，主要以其他哺乳动物为食，从老鼠到成年野牛都在其食谱之列，但没有强壮到可以独自捕获大型猎物。因此，它们常出动整个族群，分工合作，进行捕猎。狼群凭借它们的智慧和沟通能力，对猎物进行联合攻击，之后再分食猎物。

哺乳动物

狼

Canis lupus

分布区域：欧洲和亚洲

体长：最长1.6米

食物：主要是大型哺乳动物

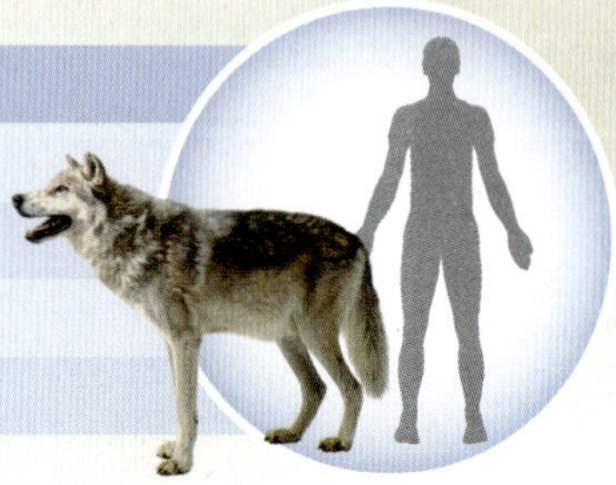

除了人类猎手外，狼的主要天敌是东北虎。

长吻部

狼的长吻部内有延长的鼻道，使其嗅觉更加灵敏。狼主要通过探测气味来追踪猎物和互相交流。它们还能根据闻到的气味，评估某个成员的健康状况。

夜视

狼的色觉极差，但夜视能力极佳，因此它们一般晚上活动。

多样的毛色

狼的毛色从黑色到灰白色都有，取决于所在地种群的不同。

长腿

狼的腿部细长，可以长时间追逐猎物。

“钉鞋”

当狼追逐猎物时，其结实的爪子像钉子一样抓牢地面。

肢体语言

狼是一种高度社会化的动物，它们能够凭借身体语言进行交流。每个狼群由一对处于繁殖期的狼领导。上图中，雄狼竖起尾巴，显示统治权，一只雌狼蹲下身子，垂下耳朵，向“雄狼领袖”表示臣服。

早期教育

狼群中虽然只有雌狼领袖孕育后代，但整个狼群都帮忙照顾和喂养幼崽。幼崽逐渐学会照顾自己，在游戏中学会战斗，在狼窝附近学习抢夺食物，最后加入到成年狼的狩猎中。

非洲野犬能以超过**50千米/时**的**速度奔跑**。

生活在野外的非洲野犬仅剩下**3000—5500**只。

家族价值观

每个犬群由一对处于繁殖期的非洲野犬领导。犬群中一般雄性多于雌性，雄性野犬会帮着群体领袖一起养育幼崽。幼崽长大成熟后，其中多数雄性留下来帮忙，年轻的雌性则离开，组建新的犬群。

神秘的毛色

非洲野犬是所有犬类中毛色最花哨的，它们身上的毛有黑色、茶色、黄色，还有白色的斑块。这些不规则的色块是它们在森林、灌木丛和茅草丛中完美的掩护，使它们在靠近猎物之前难以被发现。

非洲野犬

身体精瘦、轻盈，四肢修长，非洲野犬是世界上效率最高的猎手。它们不知疲倦，一直追逐，直到猎物筋疲力尽，之后再以群体的力量将猎物扑倒。

非洲野犬是一种高度社会化的食肉动物，不能独自存活，因此几乎离不开犬群。一个犬群可包括多达 30 只的成年犬和幼犬。犬群在非洲热带地区的林地和宽阔的草原上一起生活和捕食。犬群捕食范围很大，它们寻找瞪羚、羚羊，甚至成年斑马为食。

哺乳动物

非洲野犬

Lycaon pictus

分布区域：撒哈拉以南非洲地区

体长：最长1.4米

食物：主要是大型哺乳动物

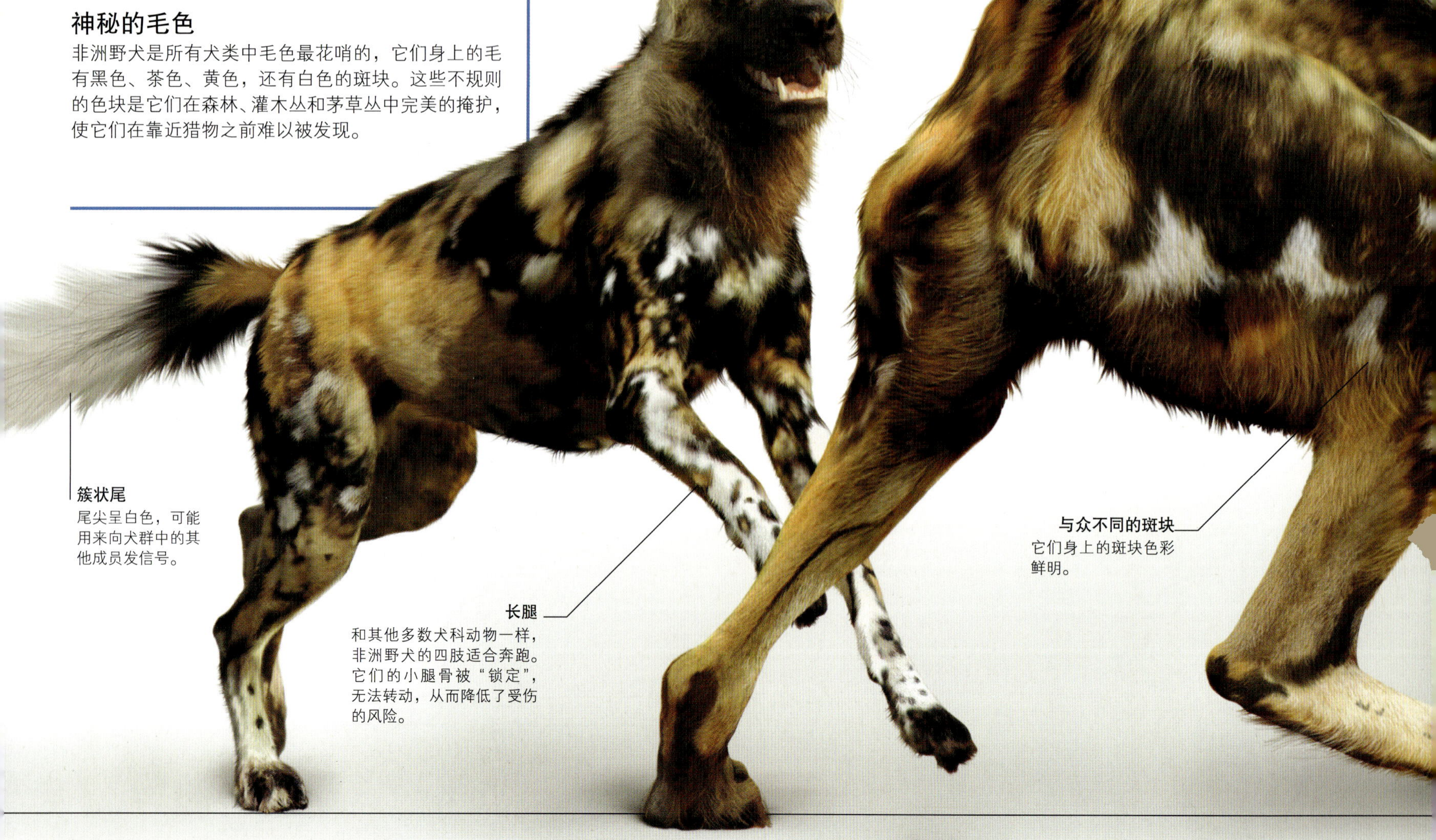

80% 的非洲野犬狩猎活动**都会成功捕到猎物**。

非洲野犬每窝产**6—16只幼崽**，比其他野生犬科动物的幼崽数量都多。

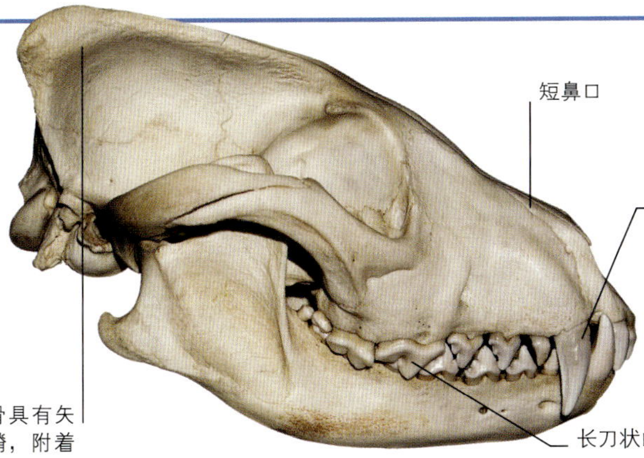

凶猛的武器

非洲野犬硕大的上下颌比多数犬科动物的短，这便于它们使出咬肌的力量，紧紧咬住挣扎的猎物。其裂齿比其他动物的裂齿要长，能够咬断大型动物坚硬的皮和肉。

貉是**唯一冬眠**的**犬科动物**。

聊狐浓密的足毛提供了**保护**，可以阻挡**炎热沙地**的侵袭。

犬科动物

狼、豺和狐狸都属于犬科。犬科动物是进化得最成功的食肉动物之一，尽管它们中的多数也吃其他食物。

四肢修长，体态轻盈，许多犬科动物的身体构造极为适合在开阔的野外追逐猎物。但是，它们之所以成功繁衍至今，是因为它们适应性强，吃各种食物。多数种类的狐狸常常在树林中捕猎，因为树林能为其提供足够的掩护，便于围剿猎物。不过蝠耳狐只吃昆虫。多数犬科动物独自捕猎，但几乎所有犬科动物都生活在基于亲密的家族关系和社会互动的族群中。

埃塞俄比亚狼

Canis simensis

分布区域：非洲东部

体长：最长1米

这种体态优雅的红棕色动物，是狼的近亲。它们生活在埃塞俄比亚中部寒冷的高地，以鼠类和其他小型哺乳动物为食。因为栖息地受到破坏和人类活动的影响，它们已经成为最罕见的濒危犬科动物。

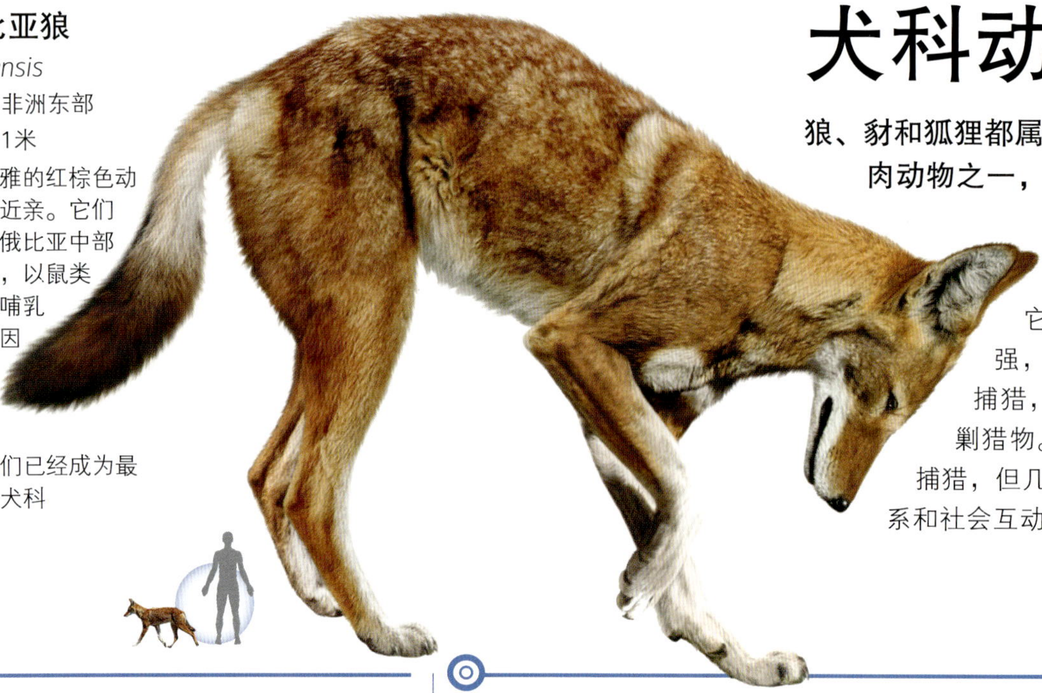

食蟹狐

Cerdocyon thous

分布区域：南美洲

体长：最长77.5厘米

和多数犬科动物一样，这种分布于南美洲的狐狸是机会主义者，吃各种食物，从水果到小型哺乳动物都有。它们因在泥泞的河岸上捕食蟹类而得名。

豺

Cuon alpinus

分布区域：亚洲

体长：最长1.35米

豺可以说是生活在南亚的非洲野犬。它们几乎只吃肉，集群捕食鹿和小水牛等大型猎物。豺生活在大族群里，社交活动复杂，族群里可能有好几只处于繁殖期的雌性。

鬃狼

Chrysocyon brachyurus

分布区域：南美洲

体长：最长1.15米

分布于南美洲的鬃狼虽然看起来像一只长腿大赤狐，但它们既不是狼也不是狐狸，而是单独的一个类群。它们在草原单独捕食，利用大耳朵定位草丛里的小型猎物。这种犬科动物也吃各种水果，特别是一种叫作狼果的野生番茄。

山狐

Lycalopex culpaeus

分布区域：南美洲

体长：最长92厘米

山狐是一种分布于南美洲的狐狸，这种狐狸被当地人称作“狡狐”。这种适应性强的猎手在安第斯山脉的高处寻找猎物。

貉

Nyctereutes procyonoides

分布区域：欧洲和亚洲

体长：最长70厘米

这种分布于东亚的犬科动物长着黑脸，神似浣熊，冬天身上的毛长而浓密。它们独特的地方在于可以爬树采摘水果。它们食谱广泛，还吃昆虫、老鼠、蟾蜍，甚至鱼。

蝠耳狐

Otocyon megalotis

分布区域：非洲东部和南部

体长：最长60厘米

作为一种独特的犬科动物，这种狐狸食性单一。它们凭借巨大的耳朵，在非洲草原上寻找白蚁和甲虫，再以数量众多的小牙齿嚼碎它们。

薮犬

Speothos venaticus

分布区域：美洲中部和南部

体长：最长75厘米

典型的犬和狐狸都长着长腿，身体精瘦，但这种分布于南美洲的薮犬却是例外。它们四肢短，头小，看上去像㹴犬。不过它们却是专注的猎手，集群捕食大型啮齿动物和长得像猪一样的西貒。

灰狐

Urocyon cinereoargenteus

分布区域：从加拿大南部到哥伦比亚一带

体长：最长66厘米

灰狐分布在美国的大部分地区，以及中美洲，是一种比较原始的犬科动物，具有许多原始的特征，包括爬树和在树枝间跳跃寻找食物。

聊狐

Vulpes zerda

分布区域：非洲北部

体长：最长41厘米

这种生活在北非沙漠地区的狐狸是最小的犬科动物。它们有一对大耳朵，用来在黑暗里定位老鼠、蜥蜴和其他猎物。它们的耳朵还能散热，帮它们保持身体凉爽。

沙黄色的皮毛
这种生活在沙漠的狐狸的皮毛颜色和沙子近似。这给它们提供了完美伪装。

赤狐

Vulpes vulpes

分布区域：广泛分布于北半球，后被引入澳大利亚

体长：最长90厘米

赤狐广泛分布于整个北方大陆，也被引入澳大利亚。从北极冻原到大城市，它们几乎能在任何地方生存。它们捕食小型哺乳动物，也吃昆虫、蠕虫、水果和腐肉。

浓密的皮毛
身上浓密的皮毛呈红色，胸部和尾尖呈白色，爪子为黑色。

北极狐

Vulpes lagopus

分布区域：北极地区

体长：最长39.5厘米

北极狐是生活在北极严寒中的一种动物。它们身上的毛极其浓密厚实，因此不畏寒冷。北极狐的毛色在冬天呈纯白色，夏天则会变深。

从蘑菇到成年美洲野牛，北美灰熊**捕到什么就吃什么。**

北美灰熊

北美灰熊及其近亲都体格壮硕，力大无穷，它们生活在北极圈以南，是北美洲最大的食肉动物。

北美灰熊是生活在北美洲的一个棕熊的亚种，此外，棕熊还分布在欧洲和亚洲。北美灰熊得名于它们灰白色或银色的皮毛，而不是它们可怕的生活习性，但它们确实具有捕杀并吃掉大型动物的能力。它们一般以小型动物、植物为食，也吃浆果和夏末的坚果。生活在阿拉斯加的棕熊每年在鲑鱼产卵的季节捕食鲑鱼。

哺乳动物

北美灰熊

Ursus arctos horribilis

分布区域：北美洲

体长：最长2.8米

食物：植物、小型兽类和鱼类等，也吃腐肉

冬眠

冬天食物短缺，因此，北美灰熊在夏末时养肥自己，之后在舒适的熊窝里冬眠。它们冬眠时体温只下降几度，因此复苏速度相对较快。

灰白色的皮毛

北美灰熊的皮毛尖端呈银色或金色，因此，它们看起来像具有浅色的斑点，或看起来呈灰白色。其他亚种，比如阿拉斯加的科迪亚克棕熊，毛色呈红棕色。

北美灰熊可以不吃不喝地睡6个多月。

扁平足

北美灰熊以脚掌走路，不像其他大多数食肉动物踮起脚掌，只用脚趾着地走路。

巨大的爪子
北美灰熊的长爪强健但不锋利，可以用来挖掘和抓鱼。只有年幼的北美灰熊可以用爪子爬树，因为成年北美灰熊太重了，超过了爪子的承受能力。

捕捞鲑鱼

每年夏天，阿拉斯加沿海的鲑鱼会从大海游往河流的上游产卵。这时候，北美灰熊会大量聚集在沿河的一些地方，而最大的雄性北美灰熊会占据最佳捕鱼点。捕到的鲑鱼能满足它们全年一半以上的食物需求。

观察和等待
一头北美灰熊站在水里等待。鲑鱼要去上游，就必须跃过瀑布。

跃起的猎物
鲑鱼只顾着游往上游进行繁殖，没注意到等着它们自投罗网的北美灰熊。

捕猎成功！
跃起的鲑鱼被北美灰熊一口咬住。之后，北美灰熊会到岸边享用猎物。

大熊猫每天要吃14千克的竹子，才能满足身体需要的营养。

1864 头——截至2013年底，中国野生大熊猫的种群数量。

抚育后代

雌性大熊猫一般每两年生育一次。虽然双胞胎也很常见，但母亲一般一次只能养活一只幼崽。刚出生的大熊猫很小，视力很差，什么都做不了。出生后的前几个月，母亲将幼崽放在一个特别的窝里照顾。大熊猫幼崽约 3 个月大时才开始走路，两岁前都依靠母亲生活。

哺乳动物

大熊猫

Ailuropoda melanoleuca

分布区域： 东亚

体长： 最长1.8米

食物： 竹子

大熊猫

作为我们熟知的世界濒危野生动物的象征，大熊猫正处于濒临灭绝的状态。这是一种几乎只吃竹子的熊。竹子是高大的禾木植物，在中国中部的山地森林里大量生长，那里也是大熊猫的故乡。

除了北极熊，其他熊类都吃大量的植物。大熊猫尤喜素食，很少吃肉。它们具有很大的臼齿，前爪也经过特化，能够抓住食物，这些特征使熊猫适于取食竹子。然而，竹子的营养价值极低，大熊猫不得不每天花费大量时间收集和进食它们所能找到的最鲜嫩多汁的竹子。

大熊猫每天吃东西的时间长达**16小时**。

指垫
大熊猫的一节腕骨特化形成“大拇指”，可以与其他手指相对来握住竹茎。

笨重的身体
它们大而强健的胃可以消化大量的竹子。

黑白两色
大熊猫藏在雪后森林的阴影处时，身上的黑白斑块可以起到掩护作用。

脚垫
和其他熊类一样，大熊猫以脚掌着地走路。

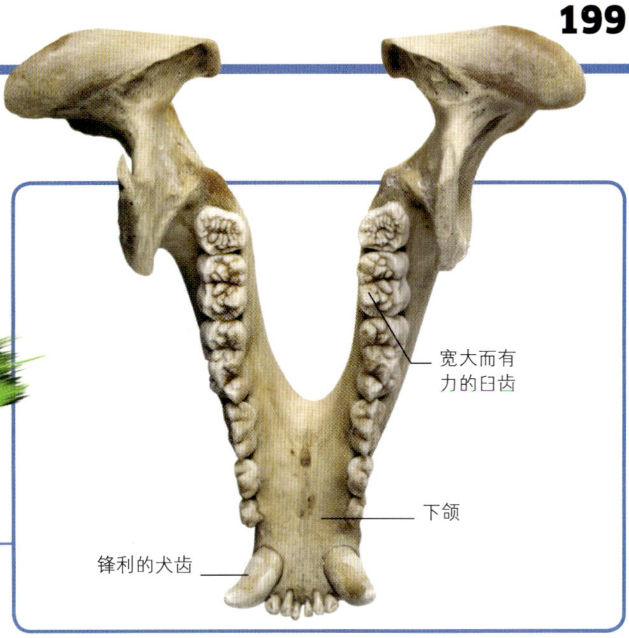

臼齿

和其他熊类相比，大熊猫的臼齿相当宽大，可以压碎和研磨食物，释放出纤维植物细胞里的汁液。它们大而强健的胃能将竹子消化成一团黏浆。但是，它们的消化系统更像食肉动物，而不是食草动物，所以它们并不能完全消化吃进去的植物纤维。

被食物包围

大熊猫是吃竹子的专家，因为在它们生活的森林里，竹子非常多。但它们吃进去的大部分竹子没有消化就被排了出来，所以它们必须吃大量的竹子。它们不进食的时候就睡觉，以节约体能。

保护

大熊猫曾繁荣发展了数十万年。然而它们的森林栖息地大多被开垦成了农田，造成它们濒临灭绝。现在，专门的大熊猫自然保护区使野外的大熊猫得以存活下来，同时大熊猫也能在人工饲养条件下繁育后代。

800 千克——成年雄性北极熊的体重。

马来熊

Helarctos malayanus

分布区域：东南亚

体长：最长1.5米

马来熊是体形最小的熊，它们身披短毛，非常适应热带栖息地的生活。马来熊擅长爬树，大部分时间生活在树上。它们主要以水果为食，也会捣烂蜂巢，以长舌舔食蜂蜜。

长舌

长舌能伸25厘米长，有助于舔食蜂蜜。

眼镜熊

Tremarctos ornatus

分布区域：南美洲

体长：最长1.9米

眼镜熊也叫作安第斯熊，是唯一生活在南美洲的熊。它们生活在安第斯山脉北部地区灌木丛生的荒漠和草原，但它们最喜欢的是山地森林，在那里它们可以爬树寻找坚果、水果和树皮。它们几乎不吃肉，偶尔吃昆虫、蜗牛和小型哺乳动物。

锋利的牙齿

北极熊的牙齿比其他熊类都锋利，可以捕杀和撕开猎物。但和其他捕食者不一样的是，它们的牙齿并没有很好地适应食肉生活，因为它们与杂食性的棕熊具有共同的祖先，但却在北极地区专门捕食海豹。

细长的口吻

熊

熊是哺乳纲熊科动物统称。作为哺乳纲中最大的食肉动物，尽管一头熊能对抗一头凶猛的老虎，但大多数熊是杂食者，主要以水果、坚果或是昆虫为食。

熊的祖先是像犬一样的猎食者，但随着时间推移，大多数熊变得适应进食多种有营养的食物。与典型的食肉动物相比，它们的牙齿不够尖利，臼齿更为宽大，更适于压碎和研磨植物类的食物。不过许多熊仍然捕食动物，北极熊更是一种纯粹的食肉动物。

哺乳动物

北极熊

Ursus maritimus

分布区域：北冰洋及其海岸

体长：最长2.8米

食物：海豹、幼鲸和海鸟

懒熊

Melursus ursinus

分布区域：印度

体长：最长1.9米

懒熊专吃昆虫，以蚂蚁和白蚁为主。它们的上下唇可以伸出，形成长管状，吸食成群的昆虫。它们的爪子大而有力，可以扒开白蚁的巢穴。

防水皮毛
它们厚密的白色被毛非常保暖，也是一种出色的伪装。

防滑的脚
在薄冰上，巨大的爪子可以分散北极熊的体重，凹凸不平的脚垫可以增加抓地力。

北极熊

北极熊是体形最大的熊，也是唯一一种只以肉为食的熊，还是最大的陆地捕食者。它们主要捕食海豹，特别是环斑海豹。这些海豹需要游到海面浮冰的小洞处呼吸，北极熊就在这时捕捉它们。北极熊身上具有厚密的白毛和厚厚的脂肪层，即使在北极的冬天，它们也可以在海面冰块上捕猎。事实上，它们真正的栖息地就是冰冻的海洋浮冰。

亚洲黑熊

Ursus thibetanus

分布区域：亚洲

体长：最长1.9米

这种生活在森林中的熊每天近一半时间待在树上，寻找各种各样的食物，包括昆虫、蜂蜜、水果、坚果和真菌。但它们也攻击和捕食大型动物，比如山羊，甚至水牛。

美洲黑熊

Ursus americanus

分布区域：北美洲

体长：最长1.9米

这是北美洲最常见的一种熊。它们的适应性很强，能在多种栖息地繁衍生息，而且从嫩叶、鱼到小鹿，它们几乎能吃任何东西。尽管这样，在遥远的北方地区，它们仍需冬眠，其冬眠的时间可长达 8 个月。

北极熊能够闻到远在
1000米之外
的冰面上的海豹的味道。

母海狮和新生幼崽一起待7天左右，然后离开3天去捕食。

加州海狮

加州海狮是社会性动物，它们在岩石海岸附近的栖息地上集群活动，整个族群嘈杂而拥挤。加州海狮很聪明，是高效率的猎手，擅长捕捉游速快的鱼和乌贼。它们能潜入水下 30 多米，屏住呼吸长达 10 分钟。

海狮和海狗被称作“有耳海豹”，因为和竖琴海豹等真正的海豹不一样，它们具有明显可见的耳郭。它们的前肢也更长，用来在陆地移动和在水中游泳。雌海狮光滑而优雅，雄海狮则是强壮有力且具有攻击性的重量级动物。

呼吸
海狮吸气时，需要收缩面颊肌肉，张开鼻孔。面颊肌肉放松时，鼻孔自动关闭，以免潜水时有水流进鼻孔。和人不一样，海狮潜水前呼出空气，以降低浮力。

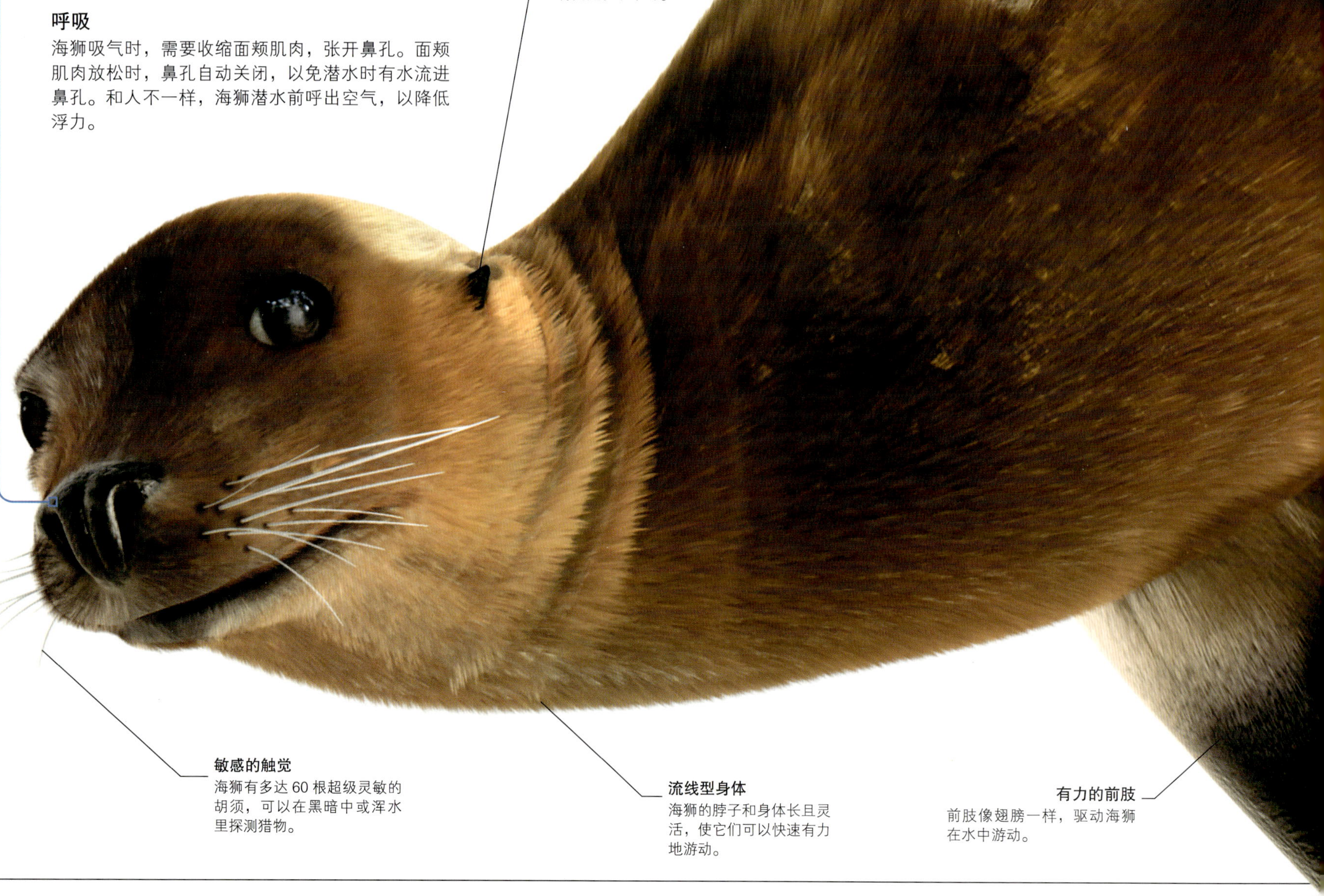

控制体温
如果要升高或降低体温，海狮会在游泳的同时将一只鳍肢伸出水面，暴露出血管，以此方式吸收太阳光的热量或将体内多余的热量散发出去。

耳郭
海狮的耳朵看起来很小，但其听力很敏锐，特别是在水下时。

敏感的触觉
海狮有多达 60 根超级灵敏的胡须，可以在黑暗中或浑水里探测猎物。

流线型身体
海狮的脖子和身体长且灵活，使它们可以快速有力地游动。

有力的前肢
前肢像翅膀一样，驱动海狮在水中游动。

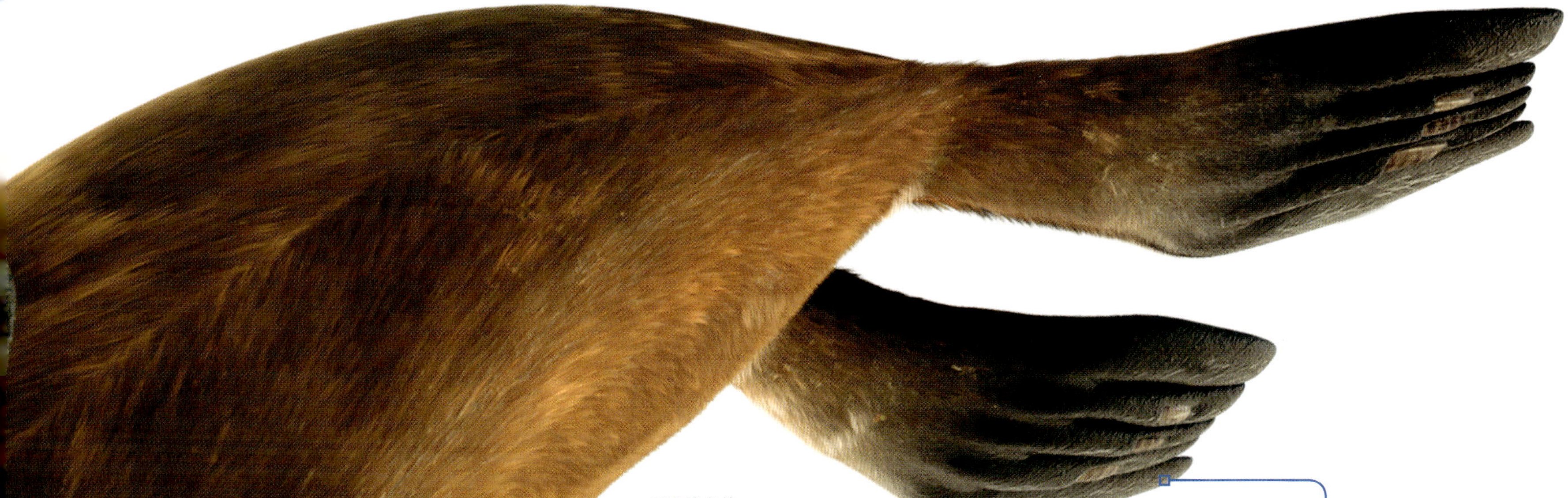

光滑的身体
雌海狮比雄海狮个头小，体表也更光滑，体色比雄海狮浅，呈棕褐色。

保温层
皮肤下厚厚的脂肪层（鲸脂）可以在冰冷的海水中起到保温作用。鲸脂还能储存能量——这对雄海狮来说很重要，因为它们在繁殖季节将停止进食。

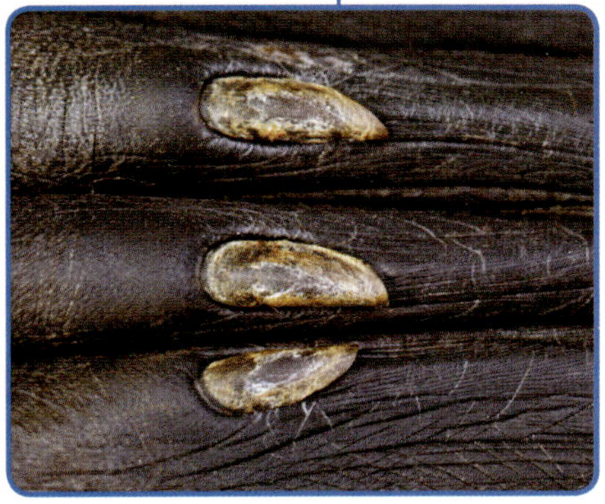

多用鳍肢
海狮的后肢延伸成长鳍，主要用来在水中掌舵，也能向前翻转以便在陆地上移动。鳍肢上的骨头并没有到达鳍肢的末端，而是到达鳍肢的外侧，并长出小小的脚趾甲。

哺乳动物

加州海狮

Zalophus californianus

分布区域：美国西部

体长：最长2.4米

食物：鱼和乌贼

虎鲸和大白鲨捕食加州海狮。它们经常伏击在海面游泳的海狮。

四肢着地

为了在陆地上行走，海狮用前肢撑起大部分体重，同时向前翻转后肢，这样它们便能以四肢站立起来。之后，通过弓背带动后肢前行，再抬头带动前肢前行。它们能用这种方式快速移动。

重量级的雄海狮

在繁殖季节，雄海狮为了争夺雌海狮而进行激烈地争斗。胜利者为保卫自己的“后宫”，发出攻击性的叫声，以阻止对手。在这种冲突里，体格最大的雄海狮往往最成功，它们可以与大多数雌海狮交配，将自己的基因传给下一代。一只成年雄海狮的体重可达雌海狮的 3 倍。

雌冠海豹给**幼崽喂奶的时间**不到**12天**，它们是所有哺乳动物中**哺乳时间最短的**。

除了人类，**食蟹海豹**可能是地球上**数量最多的大型哺乳动物**。

北海狗

Callorhinus ursinus

分布区域：北太平洋

体长：最长2.1米

海狗和海狮很像，它们都是“有耳海豹”，身上皮毛特别厚实，帮助它们抵抗海水的严寒。北海狗是最大的海狗。雄性身体壮硕，竞争的胜利者将与身体光滑轻巧的雌性交配。

海象

Odobenus rosmarus

分布区域：北极水域

体长：最长3.5米

一看到长长的獠牙，就能辨认出是海象。海象用敏感的胡须寻找埋在柔软浅滩的蛤蜊。雌雄海象都有獠牙，但雄性的更大。从水里出来后，海象的身体因为变暖，身上皱巴巴的厚皮会变成粉红色。

雌冠海豹

冠海豹

Cystophora cristata

分布区域：从北大西洋到北冰洋

体长：最长2.7米

这种海豹生活在格陵兰岛附近的海面浮冰上。雄冠海豹口吻部具有可膨大的黑色头骨冠和鼻球，鼻球从鼻孔冒出，看上去像吹起来的红色泡泡糖。它们利用这些特征向其他雄性对手炫耀并吸引雌性。

髯海豹

Erignathus barbatus

分布区域：北极水域

体长：最长2.5米

髯海豹身体庞大，擅长以浓密的胡须探寻海底的蛤蜊及类似猎物。它们在海面浮冰上繁育后代。

高效的鳍足

和所有真正的海豹一样，豹形海豹的后鳍尖端向后伸出，使它们可以在水中轻松推动身体行进。

豹形海豹

Hydrurga leptonyx

分布区域：南极水域

体长：最长3.4米

这种海豹因为它们凶猛的性格和身上的黑斑点而得名。豹形海豹是强健的猎手，捕食其他海豹和企鹅。它们常紧靠浮冰潜藏，以便伏击潜入水中的猎物。如果遇到磷虾和鱼，它们也会大量进食。

多达78%的食蟹海豹身上具有**豹形海豹攻击**失败后留下的伤口或伤疤。

南象海豹

Mirounga leonina

分布区域：南极水域

体长：最长5米

雄南象海豹体形巨大，体重是相对苗条的雌南象海豹的 5 倍。繁殖季节，在寒冷的南大洋岛屿上雄南象海豹为了争夺对雌南象海豹的控制权互相开战，通过从大鼻子里发出震耳的吼声来震慑对方。

食蟹海豹

Lobodon carcinophaga

分布区域：南极水域

体长：最长2.4米

成千上万的食蟹海豹生活在南大洋冰冷的海面浮冰上。虽然名为食蟹海豹，但它们并不吃螃蟹，几乎只吃磷虾。它们口中复杂的叶状齿像高效的筛子一样，可以过滤出水里的食物。

竖琴海豹

Pagophilus groenlandicus

分布区域：从北大西洋到北冰洋

体长：最长1.7米

竖琴海豹在海面浮冰上集群生活。它们为了保护白色的幼崽，喜欢选择那些薄且不稳的冰块，这样的冰块承受不住捕食者北极熊的重量。但这仍然不能保护它们免遭人类的毒手，每年有很多竖琴海豹死于人类之手。

带纹海豹

Histriophoca fasciata

分布区域：北太平洋和北冰洋南部

体长：最长1.5米

多数海豹呈浅褐色，但这种海豹身上具有白色的宽条纹和黑色的斑块，极为显眼。它们在海面浮冰上繁殖，雌海豹单独抚育幼崽。

海豹

海豹专门在海里捕食，属于海洋食肉动物。但是与一些海洋哺乳动物不同，它们不是终生生活在海里，而是必须回到陆地繁殖。

所有海豹都属于鳍足目。鳍足目包括海狮、海象和海豹三科。海狮科包括海狮亚科和海狗亚科，它们前肢较长，更擅长在陆地上行进。海象和它们相近，但有长长的獠牙。海豹的后肢特化，擅长游泳，但在陆地上移动有点儿困难。

人类远在**1000米外**就能**闻到**臭鼬释放的气味。

臭鼬

很多动物都具有赶走敌人的自卫武器，但能和臭鼬的武器效力相媲美的很少。任何想攻击臭鼬的动物，都要冒着被带着一股恶臭的化学物质包围的危险。

臭鼬是食肉动物，它们夜间独自捕猎，类似獾和鼬。虽然理论上来说臭鼬是食肉动物，但它们吃很多种食物，其中昆虫最多，也包括小型哺乳动物、腐肉，还有部分水果和其他植物。它们栖息的环境也复杂多样，包括林地、森林、农田，甚至城镇。冬天时，臭鼬大部分时间待在地下洞穴里，体重能下降近一半。

警示信号
臭鼬受到侵扰时会竖起身上的毛。

面对敌人
当臭鼬走投无路并依然面临威胁时，便会撅起尾部，直接朝敌人喷射臭味液体。

窄小的颌部
臭鼬的颌部和牙齿适应进食昆虫和其他小型动物。

扁平足
臭鼬和熊一样，以脚掌走路。

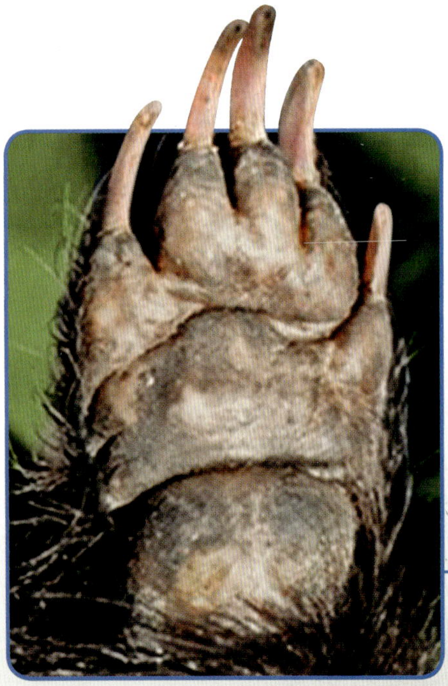

挖掘用爪
臭鼬的前肢上有5根长而结实的爪子，用来掘土觅食。它们的食物多样，其中就有从地下挖出来的多汁的昆虫幼虫。臭鼬经常占用别的动物挖好的洞穴，但有时也自己挖洞做窝。

哺乳动物

臭鼬

Mephitis mephitis

分布区域：北美洲

体长：最长40厘米

食物：小型动物和水果等

危险信号

毛茸茸的长尾巴像旗子一样竖起以示警告，提醒来犯者远离其化学喷雾。

恶臭的液体

臭鼬的秘密武器是尾部下方一对腺体分泌的混合物。很多哺乳动物都有这种能力，它们以气味标记自己的领地。但臭鼬的腺体分泌的混合物极具杀伤力，里面含有刺鼻的硫化物。

警示性的条纹

每只臭鼬身上鲜明的黑白条纹都不一样。这种独特的花纹起到警示潜在敌人的作用。任何被臭鼬喷过的动物，以后遇见它们都会绕行。

警告

如图，面对赤狐这样的敌人时，臭鼬先是竖起尾巴，一边跺脚一边发出威胁的“嘶嘶”声，试图吓退它。如果赤狐不走，臭鼬就转过身，对准敌人的脸喷射毒液。这种毒液不仅难闻，杀伤力也极大，如果进入眼睛，会造成短暂失明。

蜜獾进食时，会**将猎物吃得一口不剩，**
包括**骨头、皮肤，甚至皮毛或羽毛**。

蜜獾

蜜獾因其被逼入困境时的凶猛而闻名。它们是强大的鼬科动物，与鼬是近亲。蜜獾随时准备吃掉任何能抓住的动物，包括剧毒的蛇。

虽然它们以肉食为主，但顾名思义，蜜獾也吃野蜂巢里的蜂蜜。它们不怕蜂刺，直接撕开蜂巢取食。它们很可能感受不到野蜂的叮咬，因为它们皮肤极厚，使得它们在进攻和防守时都无所畏惧。蜜獾的适应性极强，从半沙漠地区到茂密的雨林，它们能在各种栖息地繁衍生息。

长长的前爪
蜜獾的前肢趾端有 5 根极强壮的长爪，用来挖掘洞穴和捕食猎物。这种长爪还利于蜜獾爬到树上寻找蜂巢。

蜜獾的颌部非常强健有力，足以咬碎龟壳。

蜜獾的皮肤坚韧，足以抵挡豪猪的利刺。

有毒的猎物

很少有捕食者敢于挑战剧毒的眼镜蛇，但蜜獾却是例外。可能是因为它们的皮太厚，眼镜蛇的毒牙咬不透，也有人认为蛇毒里的神经毒素对蜜獾没有用。因此，蜜獾可以攻击并吃掉眼镜蛇或类似的蛇，而不会被毒死。上图中，蜜獾正在捕食非洲岩蟒。

对峙

蜜獾即使面对强敌，也表现得非常勇敢。如果不能逃跑，它们就会转身战斗，甚至有人看到蜜獾攻击并赶走狮群。它们的皮肤厚而松弛，捕食者很难牢牢抓住，要想杀死它们更难，因此，大部分大型捕食者都不会招惹它们。

哺乳动物

蜜獾

Mellivora capensis

分布区域：非洲和亚洲南部

体长：最长96厘米

食物：动物、水果和蜂蜜

貂熊的**上下颌和牙齿非常强壮，足以咬碎**驼鹿的**大腿骨**。

海獭

Enhydra lutris

分布区域： 北太平洋海岸

体长： 最长1.2米

鼬

典型的鼬科动物体表光滑，性格狡猾，是凶猛的陆地捕食者，经常捕杀比自己大的动物。但有些鼬科动物在水下捕食，还有些是身材矮壮的杂食者。

鼬科动物中的捕食者是黄鼬和臭鼬等鼬属动物。它们是矮个短腿的猎手，体形适于在地下洞穴追击猎物。貂与其体形相似，但擅长在树间跳跃。水獭则具有游泳和潜水技能。相比之下，獾更专长于挖掘搜寻小猎物，吃各种各样的食物。

海獭是鼬科动物中体重最重的一种。它们几乎完全生活在海里，藏身于北太平洋海岸的水下海藻森林里。身上极厚的皮毛是极佳的保暖衣，因此海獭可以睡在水面上。为防止睡着后被洋流冲走，它们将海藻缠在身上。

欧亚水獭

Lutra lutra

分布区域： 欧洲、亚洲和非洲西北部

体长： 最长82厘米

这种优雅的水中猎手有一条逐渐变细的尾巴和一身厚实的短毛。因此，在水下时，它们的整个身体呈完美的流线型。它们主要捕食河流、湖泊和大海浅滩中的鱼类，在混浊的水里以敏感的长胡须定位猎物。

貂熊

Gulo gulo

分布区域： 欧洲、亚洲北部和北美洲

体长： 最长1.5米

貂熊是体形最大的鼬科动物之一。它们生活在北方的森林和北极冻原，它们能捕捉驯鹿那么大的猎物。貂熊的颌强健有力，能咬碎冰冻的肉和骨头。

松貂

Martes martes

分布区域：欧洲和亚洲西部

体长：最长58厘米

貂和其他鼬科动物不一样，它们具有适合爬树的半收缩式尖爪，经常在树上捕猎。松貂是最为人们熟知的一个物种。它们主要在夜间活动，在树枝之间毫不费劲地跳跃，优雅地追击松鼠。它们也在地面捕食其他小型动物。

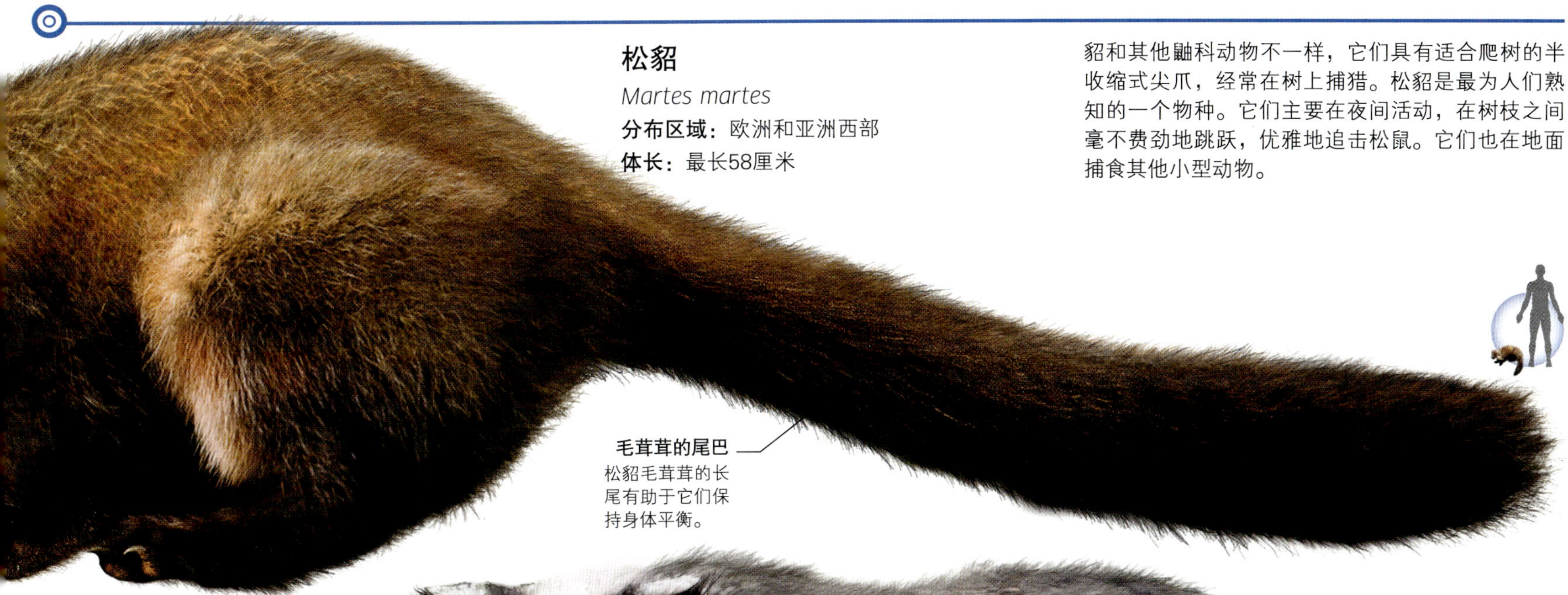

狗獾

Meles meles

分布区域：欧洲和亚洲

体长：最长90厘米

狗獾用结实的四肢和爪建造复杂的洞穴系统，挖掘多汁的根、昆虫幼虫和其他小动物作为食物。它们主要以蚯蚓为食，但也捕食地栖的鸟类、鼹鼠、刺猬及类似的猎物。它们还吃大量的水果和坚果。

伶鼬

Mustela nivalis

分布区域：欧洲、亚洲北部和北美洲

体长：最长26厘米

虽然这是体形最小的一种鼬科动物，但它们却是令人生畏的猎手。它们苗条灵活的身体适合追击在洞穴里飞奔的老鼠和田鼠。不过，它们也能捕杀更大的猎物。在遥远的北方，它们的皮毛在冬天会变成纯白色。

虎的**夜视能力**至少是人类的**6倍**。

4000 头——现存**野生虎的数量**。

虎

虎是最大的猫科动物，也是地球上最强大的食肉动物之一。它们凭借自身巨大的力量，专门捕食大型猎物。

很少有动物经常独自捕食比自己大的猎物，但虎例外，它们能独自放倒一头体重为自己6倍的水牛。虎悄悄靠近猎物，尽量离得近一些，然后从猎物背后发动进攻。虎一口咬住猎物脖子的咽喉处，小型的猎物可能会立即死亡，大型的猎物会被扼住喉咙窒息而死。

白色花斑

双耳的背部为黑色，中间有一块纯白色斑块。进攻前，老虎会扭动耳朵，朝向两侧，这样从前方也能看到白色斑点。这说明白斑主要起到警示作用。

伪装

大多数大型猫科动物毛色简单或具斑点，但虎独具黑色条纹。这样的毛色是一种极好的伪装，特别是在草丛里，它们的色彩极像垂直投射的光影。条纹打破了虎的轮廓，让它们得以悄悄靠近猎物而不被发现，因为它们发动攻击前需要先靠近猎物。

可伸缩的爪子

虎的爪子更适合抓住猎物，而不适合奔跑。虎的爪子平常缩在爪鞘里，这样能保持爪尖锋利。但虎跃起朝猎物发动攻击时，前腿伸直，爪子自动伸出紧紧抓住猎物。

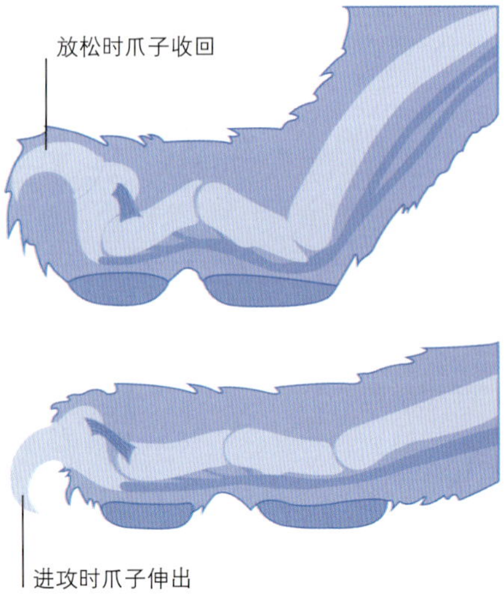

50 千克——虎一餐吃的肉的重量。

虎短跑的最高速度**可达65千米/时**。

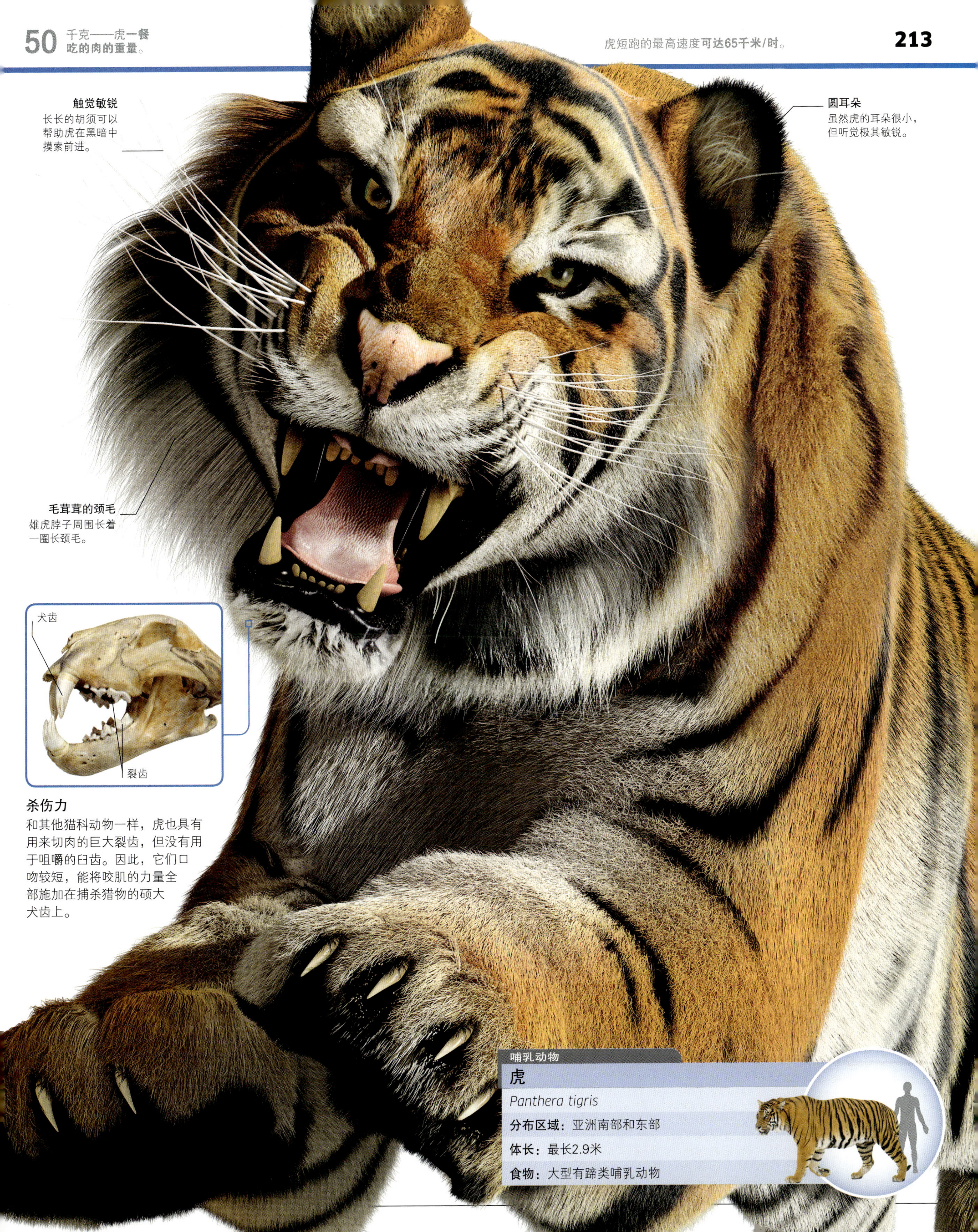

触觉敏锐
长长的胡须可以帮助虎在黑暗中摸索前进。

圆耳朵
虽然虎的耳朵很小，但听觉极其敏锐。

毛茸茸的颈毛
雄虎脖子周围长着一圈长颈毛。

杀伤力

和其他猫科动物一样，虎也具有用来切肉的巨大裂齿，但没有用于咀嚼的臼齿。因此，它们口吻较短，能将咬肌的力量全部施加在捕杀猎物的硕大犬齿上。

哺乳动物

虎

Panthera tigris

分布区域：亚洲南部和东部

体长：最长2.9米

食物：大型有蹄类哺乳动物

猎豹从**站立状态开始起跑**到加速至**最高速度**，只需**不到3秒**。

7 米——猎豹**一步**能**跨过的距离**。

猎豹

没有动物能跑得比猎豹更快。这种高度特化的大型猫科动物加速能力无与伦比，比大多数跑车的加速都快，能以极快的速度短距离追击猎物。只有跑得更快、身手更敏捷的猎物才可能侥幸逃脱。

其他猫科动物主要凭借潜猎技巧、力量和尖锐的爪子来捕获猎物。但猎豹不同，它们是灵缇犬一样的短跑选手，也有着同样苗条的身体、灵活的脊椎和修长的四肢。但它们发动攻击前，必须靠得足够近，因为它们不能长时间保持高速。

哺乳动物

猎豹

Acinonyx jubatus

分布区域：非洲和亚洲西部

体长：最长1.4米

食物：小型食草动物

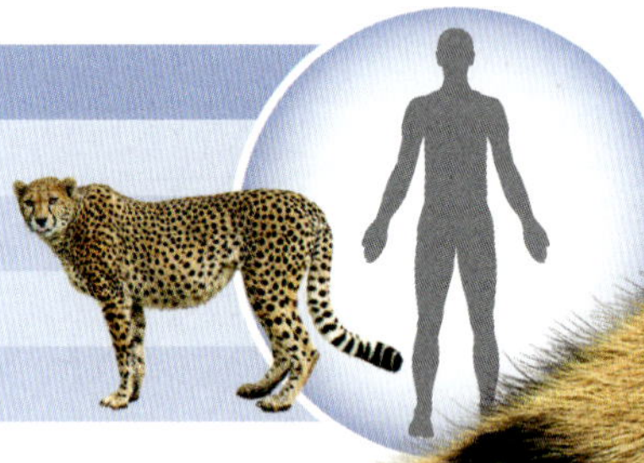

至关重要的尾巴

快速转弯时，长尾巴有助于保持身体平衡。

弯爪

每条前腿内侧，就在脚的上方，有一个弯曲的悬爪。当猎物处于捕猎范围内时，猎豹利用这个悬爪绊倒对方。猎物一旦倒地，猎豹就一口咬住猎物的咽喉，使猎物窒息死亡。

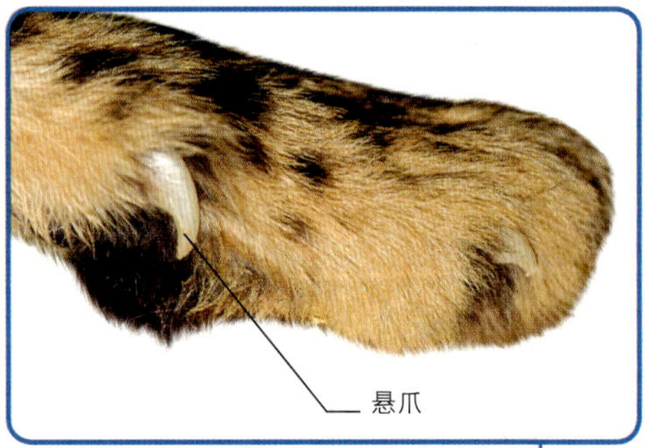

捕猎

猎豹经常捕捉小巧的瞪羚，但瞪羚非常敏捷，常能凭借快速变换方向来摆脱猎豹。猎豹猛然提速会使身体过热。因此，捕杀猎物后，它们不得不休息20分钟，才开始进食。

奔跑专用爪

脚上的爪子没有肉质爪鞘，因此总是暴露在外。它们像跑鞋底部的钉子一样提供抓地力。

猎豹奔跑的速度可达到
93千米/时。

灵活的脊椎

猎豹之所以速度惊人，是因为它们步幅很大，它们每一步都可以跨过很远的距离。猎豹四肢修长，而灵活的脊椎又增加了它们的实际长度。猎豹全速奔跑时，脊椎向上弯曲，使后腿前伸，然后，后腿伸直并反向伸展，这使后腿比平时往后蹬得更远。

较小的牙齿

和典型的大型猫科动物相比，猎豹的犬齿较小。这是因为它们的鼻孔超大，它们需要这样的鼻孔吸入高速追逐时所需要的空气。鼻孔占据了头骨上很大的空间，没有为犬齿上部宽大的牙根留出空间。

一直到约**1.2万年前**，狮是**除了人类以外**，地球上**分布最广**的哺乳动物。

狮

狮的大小和虎相近，身体结构也同样适合捕杀大型猎物。它们是唯一群居的大型猫科动物。雄狮和雌狮外形不同，在狮群中也具有不同的地位。

雌狮体表光滑，行动起来速度快且敏捷。它们是高效率的猎手，独自、成双成对或成群结队地捕食。雄狮比雌狮大很多，也更强健。它们为争夺狮群统治权战斗时，几乎都是体形最大的雄狮获胜。这样，胜利者就能和多只雌狮交配，后代就能继承它们的力量。雄狮身强体壮，足以捕杀大型猎物，但捕猎的工作通常由运动能力更强的雌狮承担。

家庭生活

狮群的大小取决于栖息地的情况和可获得猎物的多寡。一个狮群通常由多达8头的成年雌狮和它们的幼崽，以及1—3头雄狮组成。雄狮保卫领地，使狮群不受其他雄狮侵扰。

捕猎战术

雌狮是狮群的主要猎手。它们悄悄接近猎物至30米内才会发动攻击。雌狮经常一起合作，包围猎物，切断猎物的逃生路线。

威风的鬃毛

雄狮的鬃毛颜色会从金色变成深色，并随着年龄增加而变得更深。鬃毛越厚密、颜色越深的雄狮对雌狮越有吸引力。

雄狮的吼叫极具穿透力，可以传到8千米之外。

簇状的尾巴

在猫科动物中，只有狮子的尾巴呈簇状。

哺乳动物

狮

Panthera leo

分布区域： 非洲和亚洲的印度

体长： 最长2.5米

食物： 有蹄类哺乳动物

雪豹

雪豹是大型猫科动物中最难以捉摸的。它们栖息在地球上极高、极冷和极危险的裸岩山地，并且非常适应这种极端的生存环境。雪豹平时喜欢独居，数量稀少，因此极难遇见。

雪豹生活在亚洲的山区，包括喜马拉雅山脉和广阔的青藏高原。它们独自捕猎，从地松鼠到骆驼，食物多种多样。雪豹的主要猎物是北山羊和野生绵羊。它们在陡峭的岩石斜坡上极其灵敏地追逐猎物。雪豹的肺很大，确保它们能从山地稀薄的空气里呼吸到足够的氧气，而它们厚密的皮毛可以保暖。

哺乳动物

雪豹

Panthera uncia

分布区域：中亚

体长：最长1.25米

食物：哺乳动物和陆禽

毛茸茸的脚

雪豹的脚底长着很多毛，从而防止通过脚部散热，可能还利于提高对裸露岩石的抓力。雪豹的脚比大多数猫科动物的宽，当它们在深雪上行走时，可分散其体重，防止它们陷进雪中。

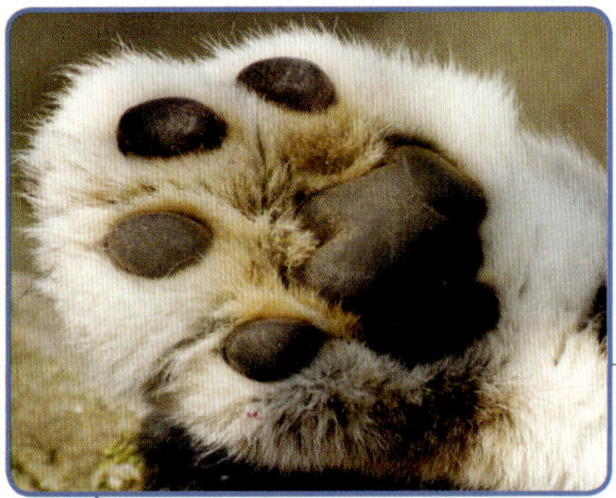

6500 头——**现存野生雪豹**的最大数量，也可能**只有4000头**。

雪豹睡觉时，用**厚实的毛茸茸的像羽绒被似的尾巴来保暖**。

雪豹能捕杀3倍于自身体重的猎物。

具有平衡作用的尾巴
在岩石间跳跃、追击猎物时，雪豹那皮毛浓密的超长尾巴，帮助它们平衡身体。雪豹经常沿陡峭的斜坡追击快速奔跑的北山羊。在它们速度越来越快的下坡比赛中，雪豹极少在光滑的岩石上摔倒。

藏身于岩石间
雪豹喜欢在光线昏暗的黎明和黄昏从上方伏击猎物。它们以岩石和灌木丛作掩护，凭借自身高超的伪装来躲避潜在的猎物。当它们安静地蜷缩在大石头上时，即使在大白天也难以被发现，它们身上斑驳的花纹与地衣及裸露的岩石混杂在一起，天衣无缝。

岩石上育儿
雪豹喜欢独自行动，但雄豹和雌豹会在晚冬进行交配。3 个多月后，雌豹在岩石巢穴里产下 1—5 头幼崽。刚出生的幼崽视力极差，完全没有自理能力，它们至少要和母兽一起待上 18 个月，之后才会离开去寻找自己的捕猎领地。

因为**和生活在野外的家猫杂交，**
纯种**欧洲野猫越来越稀有**。

猫科动物

猫科动物全都是不折不扣的食肉动物，只吃肉而不吃其他东西。它们的牙齿不适合咀嚼食物。它们的短颌和尖利的大犬齿是抓住和咬杀猎物的特别武器。

猫科动物可分成两类：豹类（豹亚科）和非豹类（猫亚科）。大部分豹类体形较大，可以吼叫。非豹类不能吼叫，通常体形较小，不过猎豹和美洲狮也属于非豹类。猫科动物几乎都是独自捕猎，它们先悄悄靠近猎物，确定猎物在捕捉范围内后，再发起攻击。

狞猫

Caracal caracal

分布区域：非洲和亚洲西南部

体长：最长1.1米

狞猫也被称作沙漠猞猁，它们最明显的特征是类似猞猁的黑色簇状长耳。狞猫是夜行猎手，主要捕食小型哺乳动物、鸟类和爬行动物，但也捕食体形较大、速度较快的动物，比如羚羊。

短尾

薮猫

Leptailurus serval

分布区域：撒哈拉以南非洲地区

体长：最长92厘米

这种高个子的猫科动物分布于非洲，擅长在高草丛中潜行追踪，用一对能动的大耳朵倾听小动物的动静。相对于整个身体，它们的腿所占比例比其他猫科动物都大。

欧洲野猫

Felis silvestris silvestris

分布区域：欧洲

体长：最长66厘米

欧洲野猫和家猫的祖先是近亲，它们看起来像虎斑猫，但尾巴上的毛更浓密。欧洲野猫数量稀少，极其害羞，但对小型哺乳动物来说，它们是凶猛的猎手。野猫的其他亚种生活在非洲和亚洲。

虎猫

Leopardus pardalis

分布区域：美洲中部和南部

体长：最长1米

感觉方向
敏感的长胡须，帮助虎猫在夜间寻路。

虎猫身上漂亮的条纹和斑点，使它们能在热带森林栖息地斑驳的光影中很好地伪装自己。它们是孤独的夜行猎手，擅长爬树和游泳，捕食多种哺乳动物、鸟类、爬行动物，甚至鱼类。

虎猫具有极强的领地意识，有时它们会为捍卫领地而战斗至死。

欧亚猞猁

Lynx lynx

分布区域：欧洲东部和亚洲

体长：最长1.1米

和所有猞猁一样，欧亚猞猁也具有黑色簇状耳和一条短尾。它们主要在寒冷的森林中捕猎。毛茸茸的大爪子可以防止它们陷入雪中。欧亚猞猁能捕杀身体大小为自己4倍的动物，比如驯鹿。

石纹猫

Pardofelis marmorata

分布区域：东南亚

体长：最长62厘米

和许多猫科动物一样，这种斑纹漂亮的小猫极其擅长爬树，但独特的地方在于它们大部分时间生活在树上。它们夜间在热带森林高高的树冠上捕食鸟类、松鼠、蜥蜴和其他小型猎物。

美洲狮

Puma concolor

分布区域：美洲

体长：最长1.6米

美洲狮也被称为美洲金猫和山狮，它们是最大的非豹类猫科动物之一，身强体壮到足以杀死驼鹿。它们适应不同的栖息环境，在美洲分布广泛，生活在沙漠、草原、森林和山区。

兔狲

Otocolobus manul

分布区域：亚洲中部

体长：最长65厘米

短小的四肢和极其厚密的皮毛，让它们看起来格外粗壮笨重。它们的皮毛能抵挡喜马拉雅山脉和青藏高原的严寒。

渔猫

Prionailurus viverrinus

分布区域：亚洲南部

体长：最长1.1米

这是唯一一种主要以鱼为食的猫。它们通常在河岸边蹲伏，捕捞浅水里的鱼。它们也会潜入水中，游泳追踪诱人的猎物。

美洲豹

Panthera onca

分布区域：美洲中部和南部

体长：最长1.7米

这是美洲最大的猫科动物，也是美洲唯一的豹类。美洲豹生活在多种森林栖息地和草原湿地，以捉到的任何东西为食，从老鼠一直到鳄鱼。

云豹

Neofelis nebulosa

分布区域：亚洲东部

体长：最长1.1米

云豹身上的花纹极其显眼。它们具有长而锋利的犬齿，能猎杀比自己大很多的动物，比如鹿和野猪。它们是攀爬高手，有人看见它们头朝下从树干上跑下来，还会将自己倒挂在树枝上。

豹

Panthera pardus

分布区域：非洲和亚洲南部

体长：最长1.9米

豹是隐秘的猎手，能在多种栖息环境下生存，从沙漠、丛林到沼泽地。豹全身都布满大小不一的黑斑，黑豹也一样。不过黑豹身上的黑斑混在了黑色皮毛里。

生活在坦桑尼亚**恩戈罗恩戈罗**的**斑鬣狗**，它们**90%**的食物来自**捕猎**。

15 分钟——**一群斑鬣狗吃掉一匹斑马**的时间。

觅食的狮群经常偷走较弱的斑鬣狗群的猎物。

极佳的听力
圆形的大耳朵对声音的来源极其敏感，这意味着斑鬣狗可以极好地听见声音，并用声音交流。

敏锐的眼睛
出色的视觉帮助斑鬣狗准确定位猎物。

笑声
斑鬣狗能够发出多种叫声，互相进行交流，其中有些声音听起来像人类的笑声。

锋利的犬齿

哺乳动物

斑鬣狗

Crocuta crocuta

分布区域：撒哈拉以南非洲地区

体长：最长1.6米

食物：哺乳动物和腐肉

碎骨的牙齿

斑鬣狗肌肉发达的颌配上圆锥形的巨大的前臼齿，足以咬碎长颈鹿的腿骨。这些臼齿位于刀刃一样锋利的裂齿前方，类似于猫科和犬科动物，也用来撕咬坚韧的兽皮、肉和肌腱。

斑鬣狗

这种食腐动物能发出类似笑声的诡异的“咯咯”声，因此也有人叫它们“怪笑斑鬣狗”。斑鬣狗是非洲草原上捕猎效率高得可怕的猎手之一。

斑鬣狗适应吃腐肉的生活，它们有力的颌和牙齿可以咬碎别的食肉动物留下的骨头，强健的消化系统能够消化腐尸的每一部分。虽然如此，它们仍经常成群地捕杀活的猎物。它们身上具备多种才能，是非洲最成功的大型食肉动物。

斑鬣狗族群

最大的斑鬣狗群约有80只，不过大多数斑鬣狗族群要小于这个数量。斑鬣狗群以雌性为领导。年轻的雌性留在族群中，而年轻的雄性则要离开，加入邻近的斑鬣狗群。

捕猎

其他种类的鬣狗主要食腐，但在斑鬣狗生活的大部分地方，它们仍以捕猎活物为主。它们独自捕食小型猎物，但集群捕食大型猎物，比如斑马，甚至非洲水牛。斑鬣狗发起联合攻击、放倒猎物前，会先长距离追逐猎物，有时候追逐距离长达5千米。

挖掘专用爪
细尾獴前肢上的长爪适合挖洞或者挖昆虫和小型哺乳动物。细尾獴挖掘速度很快，几秒钟就挖完眼前的沙地，需要再次挪动身体。

细尾獴

这种体形苗条的沙漠獴科动物能够以后腿直立，这让它们成为生活在非洲的哺乳动物中最容易一眼认出的种类。细尾獴直立起来，要么是为了站岗放哨，要么是为了在早晨晒太阳。

獴科动物种类多样，身材娇小，是陆生食肉动物。细尾獴是其中社会性最强的。大约 20 只细尾獴群居在巨大的地下洞穴系统里，这些洞穴位于非洲南部的沙漠之中。细尾獴群白天捕食昆虫和小动物，但会有一只细尾獴站岗放哨。它一旦发现危险，会发出警示性的尖叫或口哨声，其他细尾獴就开始跑向最近的洞穴入口。

有毒的猎物
细尾獴常吃蝎子，可能对蝎毒有一定的免疫力。它们抓蝎子时，通常先咬掉蝎子的尾巴，以免被蜇。蝎子失去了武器，只能束手就擒。族群里的成年细尾獴（如左图这只）会教幼崽怎么抓蝎子。

集体晒太阳
每一个细尾獴族群都由一对处于繁殖期的配偶领导，它们产下的幼崽最多。群里其他的成年雄性和雌性细尾獴帮忙一起照顾幼崽。每天早上，度过了寒冷的沙漠之夜后，整个族群的细尾獴都聚在洞穴外晒太阳取暖。它们要么四肢朝上躺着，要么直立起来，尽量多地吸收阳光。

哺乳动物

细尾獴

Suricata suricatta

分布区域：非洲南部

体长：最长29厘米

食物：昆虫和其他小动物

根据捕食者所处位置是在地面还是在空中，细尾獴可以发出不同的警示声。

灵敏的嗅觉
细尾獴依靠极其灵敏的鼻子来嗅出猎物，并辨认出其他细尾獴是群体成员还是敌人。

防眩光黑斑
眼睛周围黑色的斑点能降低太阳眩光的影响，以便看得更清楚。

温度吸收器
细尾獴直立起来晒太阳时，皮毛下的深色皮肤会很快热起来。

猎手的视角
双眼朝前，可以发挥双眼视觉的优势，这使得细尾獴能够看到立体图像，准确判断距离。

沙漠里的伪装
非洲南部的沙漠里灌木丛生，灰棕色的皮毛是极佳的伪装。

现今所有活着的**普氏野马，都是20世纪**初期**12匹笼养普式野马的后代**。

非洲野驴

Equus africanus

分布区域：非洲东北部

体长：最长2米

这种驴是家驴的祖先，是最小的马科动物。它们生活在索马里及附近干燥的草原和沙漠地区，以坚韧的沙漠植物为食，可以3天不喝水。

蒙古野驴

Equus hemionus

分布区域：亚洲西部和中部

体长：最长2.5米

蒙古野驴也叫作亚洲野驴，生活在从阿拉伯半岛到蒙古气候干燥的草原上。这种野驴根据所属地区不同，有7个不同的亚种，不过现在都已经非常罕见了。

藏野驴

Equus kiang

分布区域：中国西部

体长：最长2.1米

藏野驴是蒙古野驴的近亲，不过皮毛颜色更深。它们主要生活在青藏高原。它们是受威胁程度最小的野驴，有时会聚集成100头甚至更多的庞大驴群。

普氏野马

Equus przewalskii

分布区域：中国、蒙古

体长：最长2.8米

这是唯一幸存的真正的野马，它们和家马的祖先是近亲。它们于19世纪70年代在中国新疆被发现，随后遭到国外探险队的大规模捕猎。到了20世纪，它们几近灭绝。1986年，中国从国外重新引入普氏野马，并在它们的故乡设立了自然保护区和野马繁殖研究中心。现在普氏野马的数量慢慢多了起来。

飞起的拂尘
尾巴上有长长的簇状毛发，可以赶走叮在身上的苍蝇。

山斑马

Equus zebra

分布区域：非洲西南部

体长：最长2.6米

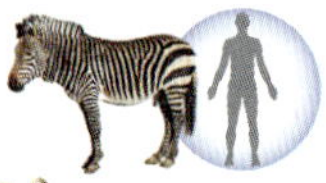

山斑马生活在纳米比亚和南非的山地草原上，它们以草、树叶甚至水果为食。它们身上条纹较细，但臀部的水平条纹较宽。

细纹斑马

Equus grevyi

分布区域：非洲东部

体长：最长2.7米

细纹斑马身上的条纹较细，头部细长，是最大也是最稀少的斑马种类。它们只生活在东非一些干燥的草原上，四处游荡，寻找食物和水。繁殖期，雄斑马聚集成群，占据并捍卫大片领地。

雄性间的竞争
保护领地的雄斑马可能会和竞争者战斗。

新生的细纹斑马6分钟后就能站起来，
45分钟后就能逃跑躲避捕食者。

蒙古野驴是有蹄类哺乳动物中跑得最快的一种，
奔跑速度可达到70千米/时。

马科动物

家马是世界上最为人所熟知的动物之一，但现在它们大多数野生近缘种都数量稀少。只有藏野驴和普通斑马还像马科动物的祖先一样，成群结队地在草原上游荡。

马科动物生活在开阔平原上，那里没有遮蔽物，面对强劲的捕食者，唯一方法就是比敌人跑得快。马科动物的长腿和特殊的蹄子，可以帮它们达到所需的速度。它们的牙齿齿质坚硬，齿面较宽，非常利于采食粗糙的野草。

粗硬的鬃毛
条纹鬃毛又粗又硬，根根直立。

普通斑马
除了身上的条纹，普通斑马的其他特征和马差不多。它们的口鼻部较长，因此可以一边吃草一边观察周围是否有危险。此外，它们都具有大大的臼齿、长长的腿，每只脚上都有一个大蹄子。斑马身上为什么长这么显眼的条纹，原因尚不清楚。但是有好几种说法，比如这样的条纹可以让斑马与环境融为一体，比如条纹可以保持身体凉爽，甚至有研究表明条纹可以避免昆虫叮咬。

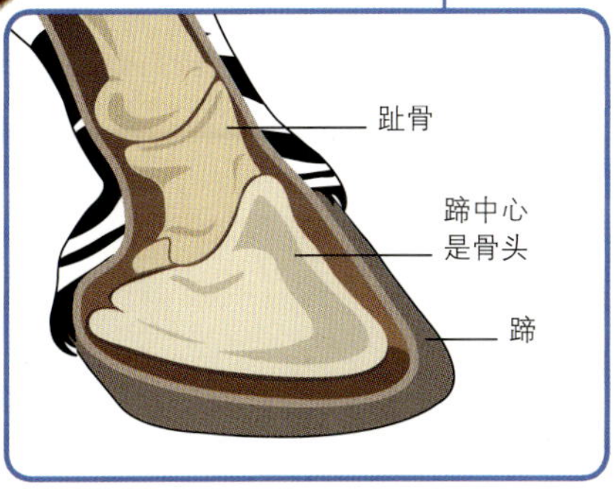

奇蹄
斑马、马和驴的祖先，有3个或更多脚趾。但经过数百万年的进化，现在每只脚上仅剩1个脚趾，趾头外面包着一层坚韧的蹄。这种蹄子强健、减震，非常适合快速奔跑。

哺乳动物

普通斑马

Equus quagga burchellii

分布区域：非洲东部和南部

体长：最长2.5米

食物：草、树叶和芽

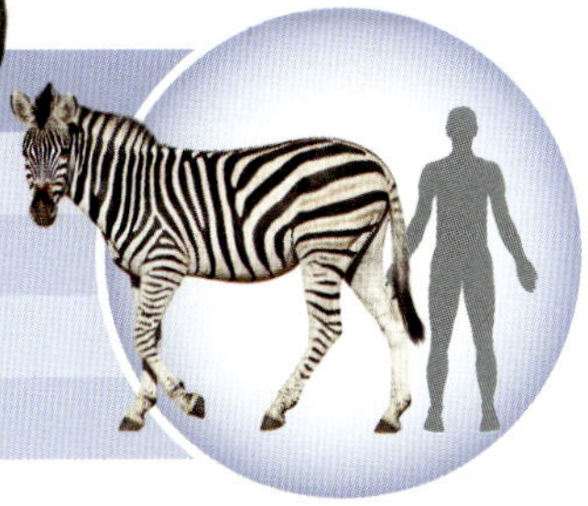

黑犀

黑犀头上长着巨大的角，身上长着厚实的皮肤，它们是史前巨型食草动物的后代。现在受到非法捕猎的严重威胁而陷入濒危，因此黑犀只生活在非洲东部和南部的一些野生动物自然保护区中。

黑犀是一种吃草的大型动物，它们进食灌木和树上的叶子、嫩枝。这些食物营养含量低，体形巨大的黑犀必须吃大量的食物才能获取足够的营养。它们的角可以杀死狮子这样的敌人，也用于对手之间的战斗，但会经常造成致命的伤口。

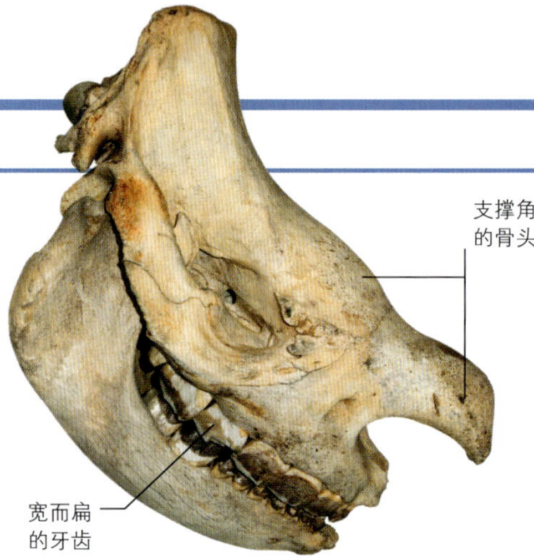

硕大的头骨

黑犀的头骨和颌较重，臼齿较大，但没有门齿。它们的角长在头骨上，其中较长的前角长在突出的鼻骨上。

武装保护

20 世纪末期，黑犀几乎被偷猎者赶尽杀绝。现在黑犀被严格保护在自然保护区内，受到武装护卫，但它们的数量仍然较少。图中这只失明的幼犀，是众多仍然受到生存威胁的黑犀中的一员。

黑犀

白犀

是尖还是方？

择食树叶的黑犀具有可卷食树叶的尖上唇，而牧食野草的白犀嘴唇呈方形，适于啃食地面上的草。

1.3 米——已知最大的黑犀角的长度。

现存的黑犀只有5000头左右。

55 千米/时——黑犀奔跑的最快速度。

哺乳动物

黑犀

Diceros bicornis

分布区域： 非洲

体长： 最长3.8米

食物： 树叶和树枝

是朋友还是敌人？

红嘴牛椋鸟经常出现在黑犀身上，它们帮黑犀清除皮肤表面的寄生虫，比如吸血的蜱。但红嘴牛椋鸟也会啄开黑犀的伤口，吸食伤口流出的血液。

角的结构

角是皮肤的衍生物，和头发一样，由角蛋白构成。这些角蛋白凝聚在一起，形成一个坚固的角。

褶皱的皮肤

为了避免被太阳晒伤，黑犀会在自己粗糙的厚皮外涂上一层泥。

能卷起来的嘴唇

黑犀的上唇尖尖的，可以卷起和伸缩，能够采集茎秆和叶子。

与竞争对手争斗造成的伤口感染是部分雄性黑犀牛死亡的原因。

野双峰驼非常罕见，在野外**几近灭绝**。

哺乳动物

单峰驼

Camelus dromedarius

分布区域：北非、西亚和被引入的澳大利亚

体长：最长3.4米

食物：树叶和草

骆驼科动物

骆驼科动物极为适应沙漠和高山上的生活，能够在地球上气候最极端的一些地方生存。它们强大的适应能力使其成为人类至关重要的伙伴。

除了两种典型的骆驼之外，骆驼科还包括南美洲的原驼和小羊驼，以及来源于这两种的家畜。原驼是大羊驼的祖先，经过数百年的选择和繁殖驯化，最终成为被饲养的驮畜。而小羊驼是羊驼的祖先，人们驯化它们,是为了得到珍贵的毛。至少在4000年前，人们就已驯服了阿拉伯地区的单峰驼。现在，野生单峰驼已经在原生栖息地灭绝了。

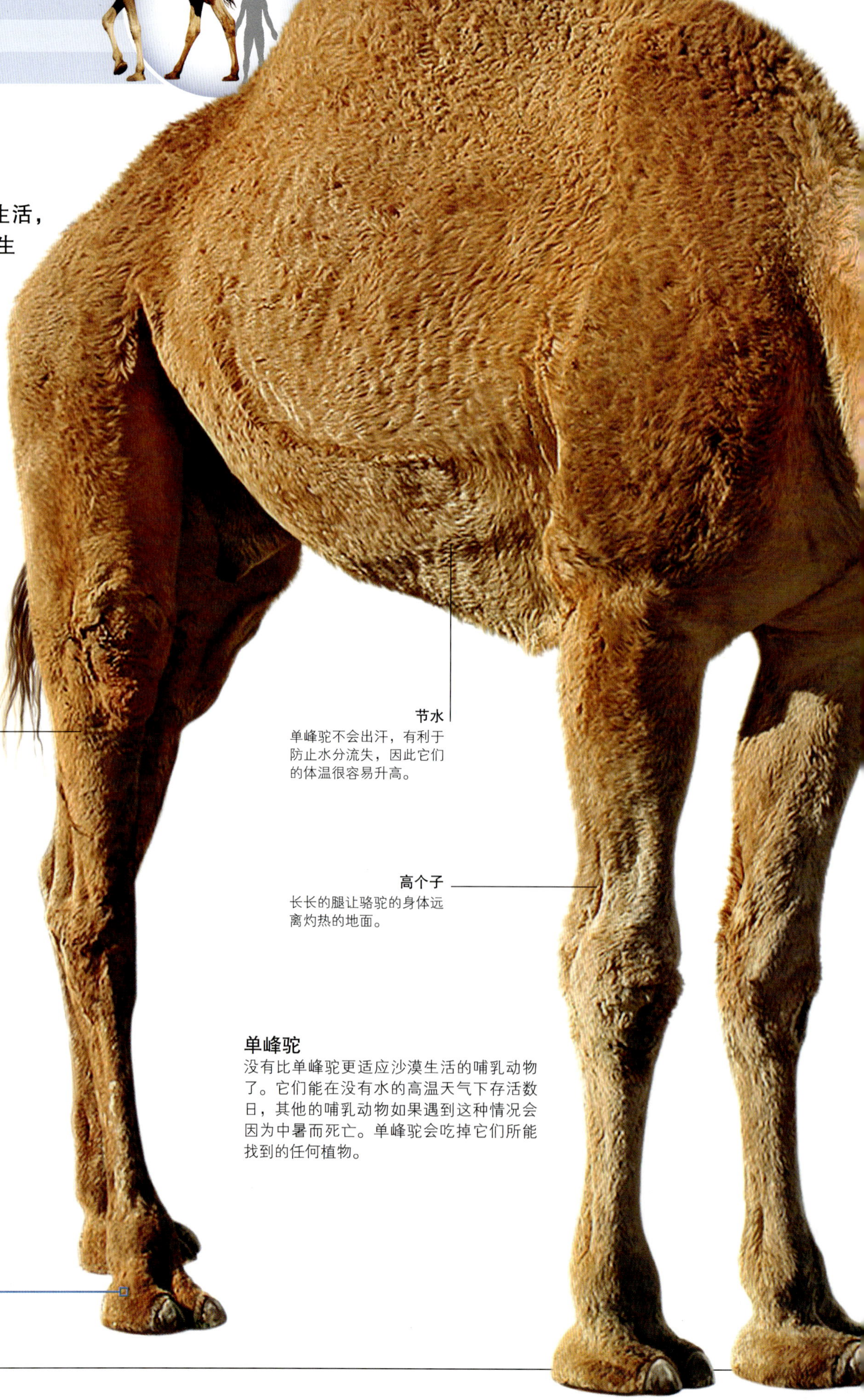

单峰驼

没有比单峰驼更适应沙漠生活的哺乳动物了。它们能在没有水的高温天气下存活数日，其他的哺乳动物如果遇到这种情况会因为中暑而死亡。单峰驼会吃掉它们所能找到的任何植物。

沙漠之脚

单峰驼宽阔的脚掌上长着两个脚趾，极为适应在经常刮风的沙丘上行走。脚部能分散骆驼的体重，使骆驼避免陷入干燥柔软的沙子里。但是，它们的脚底却会因踩到尖锐的石头而受伤。

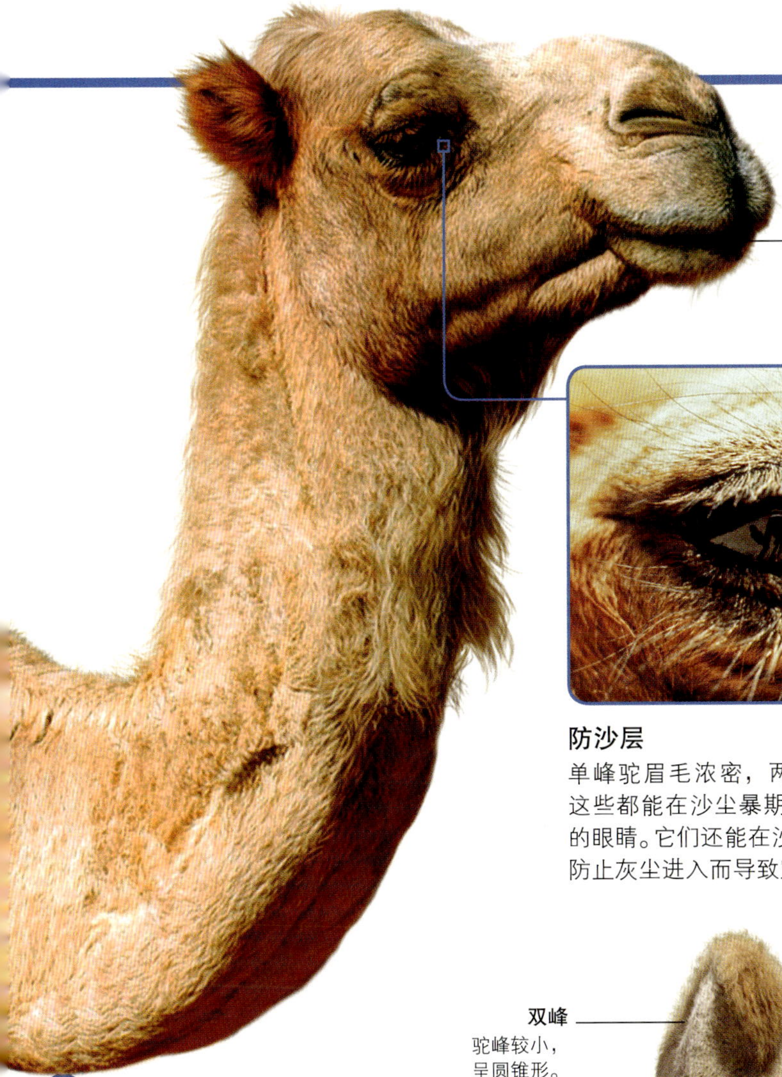

防刺的嘴唇
嘴唇上坚韧粗糙的皮肤不怕刺，因此单峰驼可以吃沙漠里多刺的灌木。

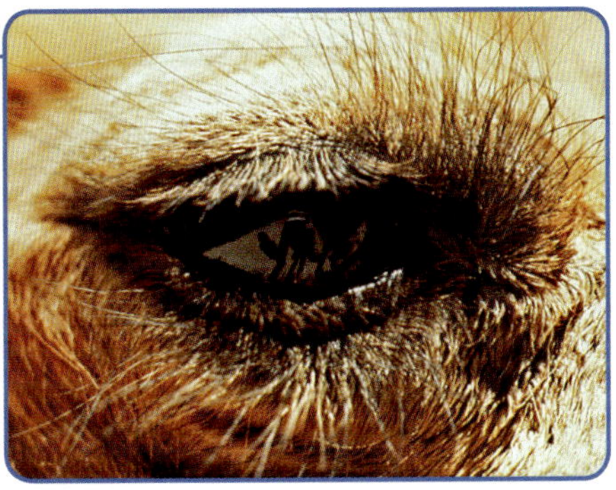

防沙层
单峰驼眉毛浓密，两层睫毛也非常厚密。这些都能在沙尘暴期间防止沙子迷住它们的眼睛。它们还能在沙尘袭来时，闭上鼻孔，防止灰尘进入而导致窒息。

小羊驼

Vicugna vicugna

分布区域：南美洲

体长：最长1.9米

体态轻盈、姿态优雅的小羊驼，生活在蜿蜒起伏的安第斯山脉中部的高原和阿塔卡马沙漠。夜里沙漠里的温度会降到零摄氏度以下，它们凭借身上厚密柔软的细毛保暖。人们也正是为得到这样的毛而驯化它们，这才有了今天厚毛的羊驼。

双峰
驼峰较小，呈圆锥形。

野双峰驼

Camelus ferus

分布区域：中国西北和蒙古

体长：最长3.5米

尽管野双峰驼和单峰驼一样具备适应沙漠生活的能力，但它们生活在亚洲中部更为寒冷的沙漠里。它们和单峰驼一样，也于数千年前被驯化。家养的双峰驼现在已经成为和野双峰驼不同的独立物种。

原驼

Lama guanicoe

分布区域：南美洲

体长：最长2.1米

原驼生活在南美洲，极为适应那里干燥寒冷的气候。由于血液里含有非常高浓度的携氧红细胞，因此，它们可以生活在空气稀薄的高纬度地区。它们甚至能在阿塔卡马沙漠里生存，那是世界上最干燥的热带沙漠。

疣猪和大多数猪类不一样，它们在地下洞穴过夜。

雄性疣猪的上獠牙长达30厘米。

在泥里打滚
和大多数猪类一样，疣猪喜欢在泥水里打滚。一方面，疣猪身上没有汗腺，这样做可以降低非洲热带气候带来的炎热。另一方面，泥巴层也有助于保护皮肤，使其免遭晒伤，还可以避开可能携带致病菌的蚊蝇的叮咬。

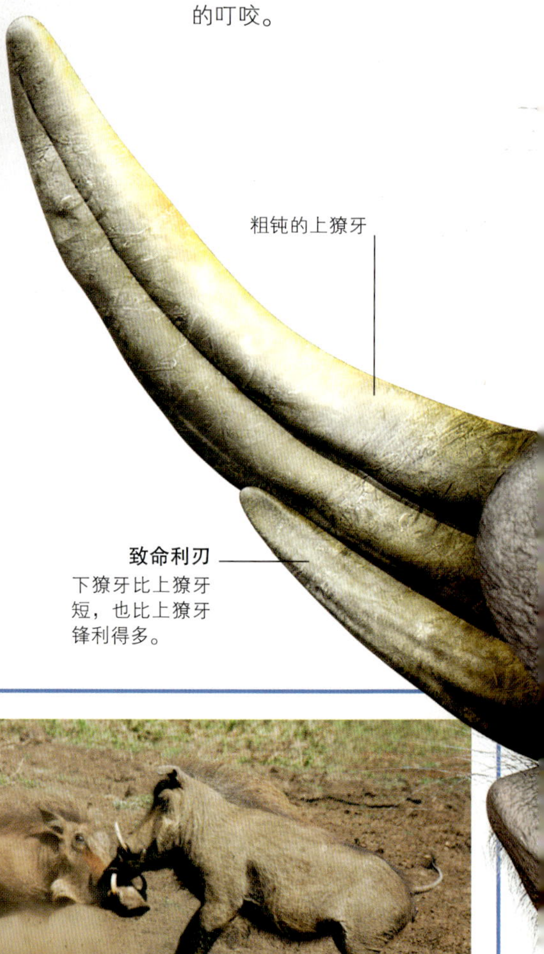

疣猪

疣猪虽然长着巨大的獠牙，奇特的脸上长着尖疣，但其实是一种野猪。大部分猪生活在林地中，仅有两种猪生活在草原，而疣猪即是其中一种。疣猪主要以草为食，而草是它们栖息地里最为丰富的食物。

疣猪上面的大獠牙，主要用来对付强健的捕食者，比如狮和猎豹。每次闭嘴时，下面的一对獠牙都会与上面的一对獠牙摩擦，因此边缘被磨得像刀片一样锋利。下獠牙能给捕食者或是同类造成严重的伤害，不过疣猪也会用獠牙来挖掘多汁的根来吃。

双膝跪地

疣猪的吃草能力，对生活在非洲热带草原上的它们来说极其重要。它们脖子短，腿相对较长，不方便吃草，只得“跪”在地上。这其实是一种调整膝关节的行为。膝关节处厚实的皮肤垫可以防止它们膝行啃草时受伤。

头对头

成年雄性疣猪为保卫自己的领地不受其他雄性侵犯，以粗钝的上獠牙互相撞击。脸上的尖疣可以避免它们受重伤。这种行为更像是一种仪式，而不是头破血流的斗争。

哺乳动物

疣猪

Phacochoerus africanus

分布区域：撒哈拉以南非洲地区

体长：最长1.5米

食物：草和肉质根

马鹿

雄性马鹿引人注目的鹿角是它们的武器，象征着地位，彰显着力量。只有鹿角最大的雄鹿才有机会赶走竞争对手，在繁殖期给雌鹿留下深刻印象。

马鹿是体形最大的鹿科动物之一，和大多数鹿类一样，只有雄鹿有角。老的鹿角每年脱落并重新长出新角，新的鹿角到秋天会完全长成。秋天是繁殖期，这时候，一群昂首阔步的雄鹿大声嘶叫着，争夺与雌鹿群的交配权。它们不到万不得已不会开战，战斗时，互相锁定对方的鹿角，使劲将对方往后推，直到有一方让步。

柔软的茸毛
春天，雄性马鹿的鹿角脱落，会重新长出一副新角。新角上长着柔软的茸毛，新角中的血液富含氧和营养物质。新角完全长成后，茸毛变干，雄鹿将茸毛磨掉，露出骨质鹿角。

战斗之角
繁殖期，互相竞争的雄鹿几乎没有时间吃东西。这段时间，它们的体重会下降 1/5。

专为速度而生
马鹿四肢修长，因此跑起来非常快，可以摆脱捕食者。

加厚的鬃毛
繁殖期，雄鹿会长出一圈鬃毛。

哺乳动物
马鹿
Cervus elaphus
分布区域：欧洲到东亚地区
体长：最长2.05米
食物：树叶和草

带斑点的幼鹿

马鹿幼崽出生时，身上便长着斑点花纹，这便于它们在草地上伪装自己。它们出生数小时后就能站起来，三四周后就可以跟随成年马鹿四处活动。幼鹿必须迅速学会靠快速奔跑来摆脱敌人。

雄性和雌性

雌性马鹿比雄性马鹿小，也没有角。这说明，角只是用于求偶和雄性间的竞争。如果它们的生存需要角，那雌性应该也会长角。在需要竞争食物的鹿类中，雌性可能会长角。

雄性间的战斗很危险，每年都有许多雄鹿被更加强壮的竞争对手弄成重伤或杀死。

雄鹿的头骨

直到青年期，约12岁之前，雄鹿的骨质角会变得一年比一年复杂。它们角的分叉可以多达16个。长这么多角，需要很多能量。因此，一对令人印象深刻的鹿角是健康的标志。

1 米——北山羊角可达到的长度。

白色的脊背
跳羚受到惊吓或兴奋时，背部靠后方的一道褶皱会展开，露出一条显眼的白色脊背。这种行为的原因尚不明确，但很明显，这条白脊可以吸引注意力，提醒其他跳羚可能存在危险。

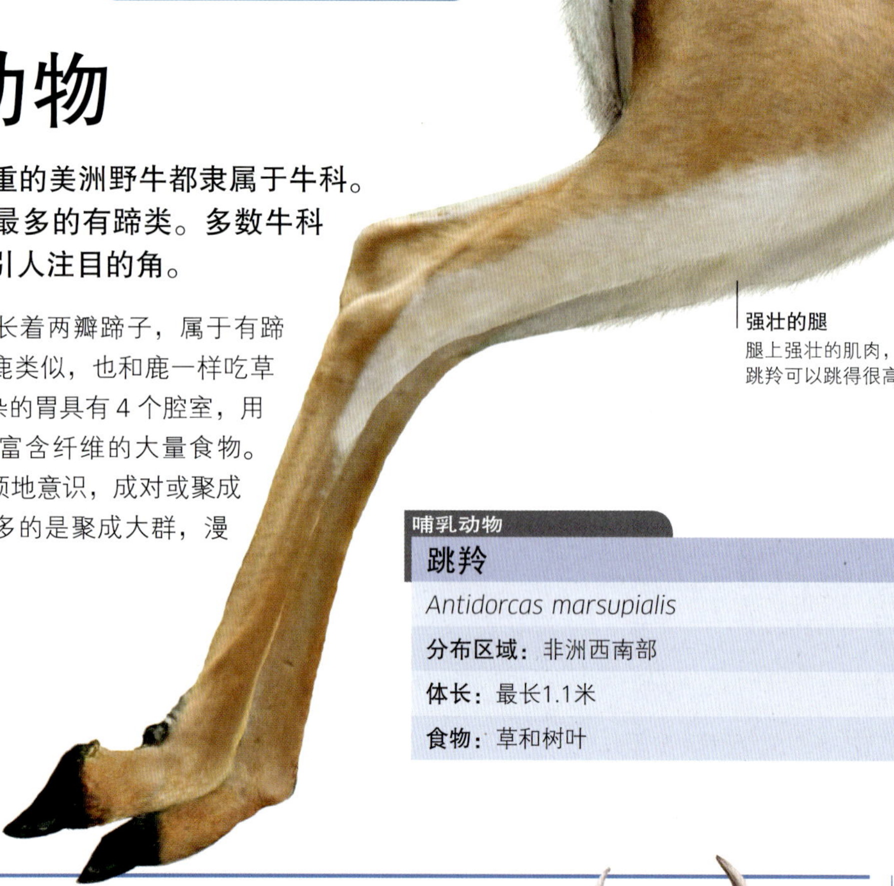

牛科动物

优雅的瞪羚和笨重的美洲野牛都隶属于牛科。牛科动物是种类最多的有蹄类。多数牛科动物具有独特且引人注目的角。

牛科动物每只脚上长着两瓣蹄子，属于有蹄类。它们的外形和鹿类似，也和鹿一样吃草和叶子。其结构复杂的胃具有 4 个腔室，用来消化它们取食的富含纤维的大量食物。部分牛科动物具有领地意识，成对或聚成小型家族群，但更多的是聚成大群，漫无目的地游荡。

跳羚
跳羚的名字源于它们“腾跃”的习性——敏捷的跳羚常常从地面上高高跳起。年轻跳羚遇到危险时常会高高跳起，它们的这种行为是为了应对危险，可以提醒其他跳羚，同时也向敌人展示自己的强壮体魄，让敌人退而求其次，选择其他相对较弱的目标。

强壮的腿
腿上强壮的肌肉，让跳羚可以跳得很高。

哺乳动物
跳羚
Antidorcas marsupialis
分布区域： 非洲西南部
体长： 最长1.1米
食物： 草和树叶

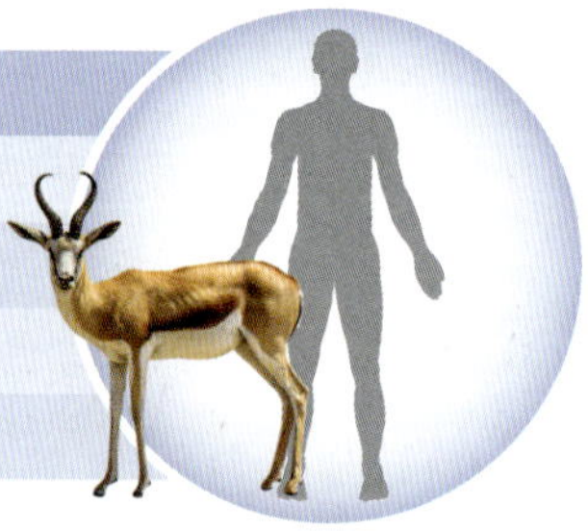

塞伦盖蒂白须角马
Connochaetes mearnsi
分布区域： 非洲东部
体长： 最长2.4米

在非洲热带稀树草原上，这种身形粗短、“头重脚轻”的动物喜欢集成大群生活。它们在水草丰美的塞伦盖蒂草原上进行大规模周期性迁徙。迁徙途中，它们有可能会成为狮、非洲野犬、斑鬣狗和尼罗鳄的猎物。

长颈羚
Litocranius walleri
分布区域： 非洲东部
体长： 最长1.4米

长颈羚与长颈鹿的名字类似，它们身材也极其苗条，腿特长，身手灵敏。长颈羚经常以后腿直立起来，进食矮树上的叶子。它们很少喝水，因为食物中包含了身体需要的水分。

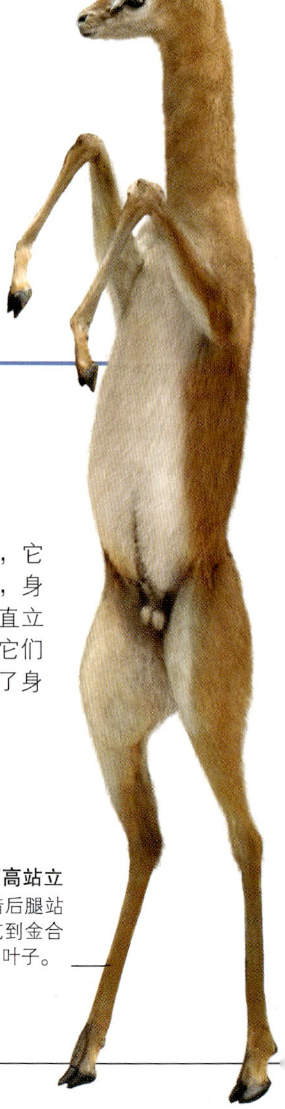

高高站立
长颈羚凭借后腿站立，可以吃到金合欢树多汁的叶子。

有棱的角
雌雄跳羚都有角，但雄性的角更粗壮。

美洲野牛

Bison bison

分布区域：北美洲

体长：最长3.8米

美洲野牛，也叫作美洲水牛，曾经成群结队地在美洲大草原上游荡，但在19世纪80年代，美洲野牛被大规模猎杀，濒临灭绝。美洲野牛体形巨大，以身体侧前方的大肩膀与竞争对手冲撞战斗。

北山羊

Capra ibex

分布区域：欧洲南部

体长：最长1.35米

北山羊是一种野生山羊，因在陡峭的岩石上步伐稳健敏捷而闻名。雄性和雌性北山羊都有角，不过雄性的角特别大，可以用来和其他雄性战斗。

抓地的蹄子
北山羊分开的蹄子下面长着肉垫，因此它们能紧紧贴住陡坡或岩石表面。

麝牛

Ovibos moschatus

分布区域：北美洲和格陵兰岛

体长：最长2.3米

麝牛是绵羊和山羊的近亲，它们适应极地冻原的生活。在冻原上，麝牛扒开地面的冰雪，啃食下面的草、叶子和地衣。它们经常被北极狼捕食。

阿拉伯大羚羊

Oryx leucoryx

分布区域：中东

体长：最长2.3米

20世纪70年代，外表惊艳的阿拉伯大羚羊在其自然栖息地几乎被猎杀至灭绝，后来通过圈养和再引入而得到拯救。它们适应沙漠生活，在广阔的沙漠里游荡，四处寻觅雨后刚刚长出的嫩草。

带棱的角
雌雄阿拉伯大羚羊都长着引人注目的长角。雄羚有时会互相顶角，以确定统治权。

长颈鹿**奔跑**的**最高速度**可达到**60千米/时**。

没有两只长着完全**一样花纹的长颈鹿**。

长颈鹿

高贵优雅的长颈鹿身高惊人，是世界上现存最高的陆生动物。它们以树叶为食，能够吃到树顶上新鲜的嫩叶，这是矮个子动物没机会吃到的。

个子太高，也有麻烦。比如长颈鹿就不得不长着一颗巨大的心脏才能把血液输送到脑部，还要有调节血压的系统，避免低头喝水再昂起头时由于脑部血压骤增而晕倒。此外，长颈鹿必须快速呼吸，才能给肺部提供充足的空气。但它们凭借长脖子和长腿可以发现远处的危险。雄性长颈鹿之间会用它们的脖子与对手扭打搏斗。

哺乳动物	
长颈鹿	
Giraffa camelopardalis	
分布区域：	非洲
身高：	最高6米
食物：	树叶

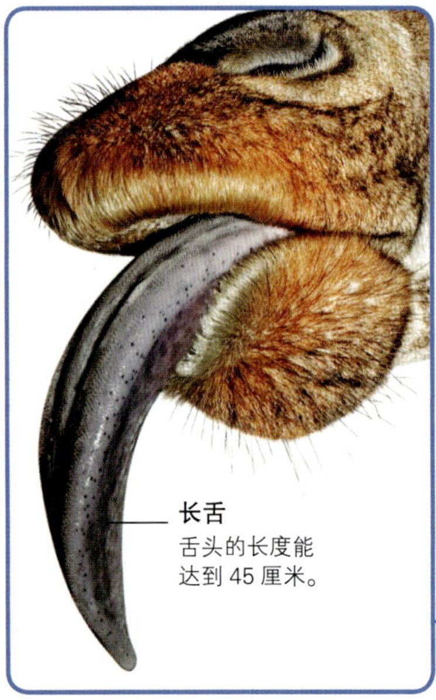

灵活的舌头

非洲热带稀树草原上零散地生长着高高的金合欢树，长颈鹿经常取食金合欢树的叶子。但金合欢树的枝条上有很多刺，因此，长颈鹿让长而灵活的舌头在刺之间穿梭，并把叶子卷进嘴里。之后，再用牙齿咬下叶子。长颈鹿舌头和嘴唇上的皮肤极厚，能防止被刺戳伤。

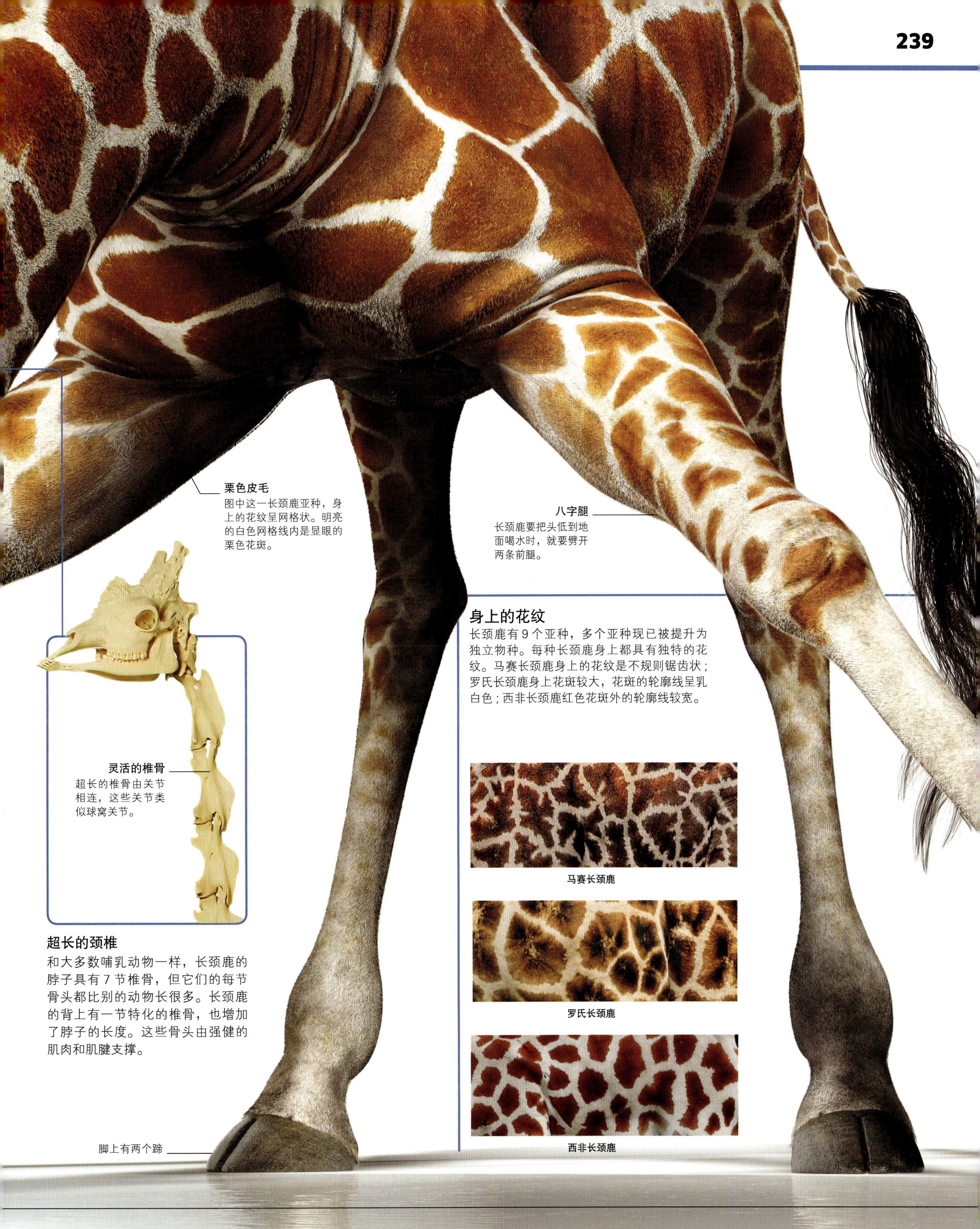

栗色皮毛
图中这一长颈鹿亚种，身上的花纹呈网格状。明亮的白色网格线内是显眼的栗色花斑。

八字腿
长颈鹿要把头低到地面喝水时，就要劈开两条前腿。

灵活的椎骨
超长的椎骨由关节相连，这些关节类似球窝关节。

超长的颈椎

和大多数哺乳动物一样，长颈鹿的脖子具有7节椎骨，但它们的每节骨头都比别的动物长很多。长颈鹿的背上有一节特化的椎骨，也增加了脖子的长度。这些骨头由强健的肌肉和肌腱支撑。

脚上有两个蹄

身上的花纹

长颈鹿有9个亚种，多个亚种现已被提升为独立物种。每种长颈鹿身上都具有独特的花纹。马赛长颈鹿身上的花纹是不规则锯齿状；罗氏长颈鹿身上花斑较大，花斑的轮廓线呈乳白色；西非长颈鹿红色花斑外的轮廓线较宽。

马赛长颈鹿

罗氏长颈鹿

西非长颈鹿

河马的体重超过2000千克，相当于
25位重量级拳击手的体重。

河马

虽然河马看似懒懒的，但它们天性难以捉摸且具有攻击性，是非洲最危险的哺乳动物之一。

河马只有两种，而且它们在陆地上没有近亲。事实上，DNA 研究结果表明，河马的近亲是鲸。考虑到河马一定要有水才能生存，这种亲缘关系的研究结果极有可能是正确的。为了躲避非洲炽烈的阳光，河马白天必须躲在水中。它们晚上爬上陆地，进食四五个小时，经常远离白天的栖息地去觅食。

每天栖身水中

河马的皮肤很厚，但通过皮肤蒸发的水分仍然比大多数哺乳动物多得多，所以，它们白天多数时间待在河流或湖泊里。如果河马离开水的时间过长，皮肤就会晒伤，甚至会开裂。

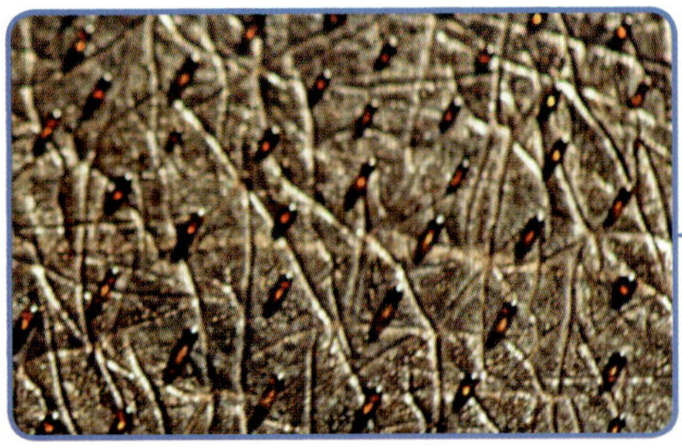

天然防晒

河马皮肤上有一种特殊的腺体，能够分泌红色的油性液体。这种液体可以使河马的皮肤保持湿润，并且具有防晒功能，能够抵御紫外线对河马皮肤的伤害，还能抵御细菌侵袭，促进伤口快速愈合。

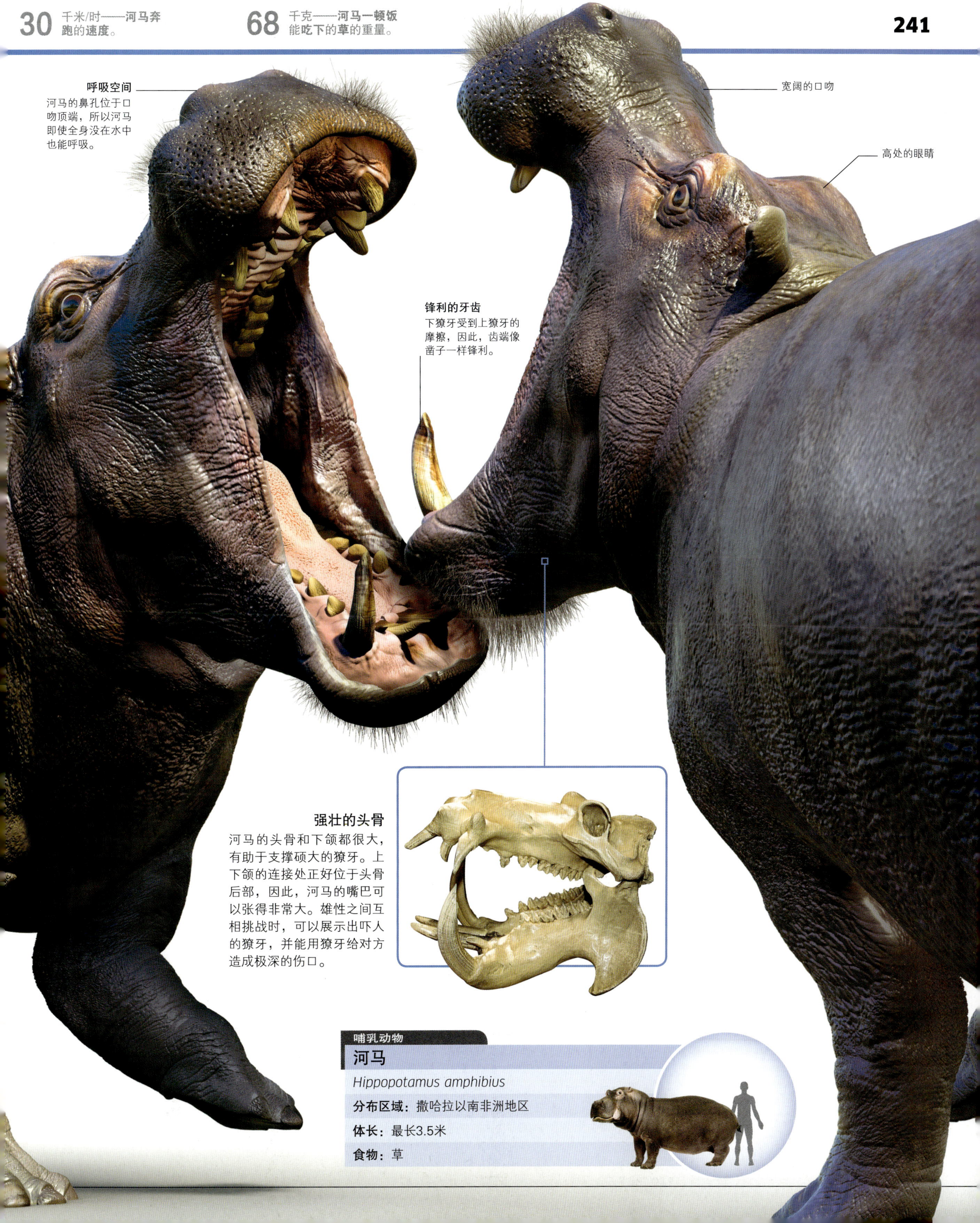

强壮的头骨

河马的头骨和下颌都很大，有助于支撑硕大的獠牙。上下颌的连接处正好位于头骨后部，因此，河马的嘴巴可以张得非常大。雄性之间互相挑战时，可以展示出吓人的獠牙，并能用獠牙给对方造成极深的伤口。

哺乳动物

河马

Hippopotamus amphibius

分布区域：撒哈拉以南非洲地区

体长：最长3.5米

食物：草

雌虎鲸的寿命可达90多年。

眼后的斑块
不同亚种的虎鲸眼睛后方斑块的形状和颜色也各不相同。

猎物探测器
虎鲸通过回声定位来寻找猎物。它们发出短促而尖厉的声音，再捕捉回声。声音由鼻囊发出，再由鼓起的前额或腹部定向。

敏感的舌头
虎鲸短舌头上的味蕾，提醒它们吐出不能吃的猎物。

强健的牙齿
结实的牙齿呈锥形，长达 10 厘米，极其适合控制住不停挣扎且身体滑溜的猎物。

鳍状前肢
鲸和海豚都是由陆生哺乳动物进化而来的，它们的鳍状前肢由特化的手臂和延伸的手指组成。整个肢体结构的活动主要依靠肩关节的运动。

背鳍
雌虎鲸三角形的背鳍很高，但这高度也只有雄虎鲸的一半。鳍的形状各不相同，可以用来识别不同的虎鲸个体。

有力的尾巴
尾巴上强健的肌肉推动虎鲸在水中快速游动。

分叉的尾鳍
类似鱼尾的鲸尾，具有一对水平的鳍状尾叶。

紧紧相随
虎鲸幼崽紧跟母鲸，甚至成年后也与母亲一起生活。

喷水孔
虎鲸和所有哺乳动物一样呼吸空气。它们的鼻孔是头顶上的一个洞。当虎鲸在水里时，喷水孔会保持关闭。

哺乳动物

虎鲸

Orcinus orca

分布区域： 全世界

体长： 最长9.8米

食物： 各种海洋动物

虎鲸

虎鲸，也叫作杀人鲸，实际上是一种身体庞大的海豚。它们利用自己的智慧和力量，追踪并捕捉各种猎物，包括小鱼、鲨鱼、海豹，甚至其他鲸类。

虎鲸是地球上最强大的捕食者之一，它们和家人聚成一群，在全世界的海洋里生活，捕捉某些特定类型的猎物。有些虎鲸群是围捕鱼群的专家，它们擅长使用一种复杂的声音进行交流，分工合作围攻鱼群；有些虎鲸群则联合起来以智取胜，伏击其他海洋哺乳动物。

集体捕猎
虎鲸是非常聪明的动物。它们学习速度很快，并且能将知识传授给其他同伴。因此，鲸群能一起想出独特的捕猎办法。

具有吸引力的猎物
一头虎鲸从水里伸出脑袋，探测猎物。如图所示，游荡在南极附近的虎鲸发现了一头伏在漂流的浮冰上的韦德尔氏海豹。

联合攻击
虎鲸群组成完美的攻击队形，快速游向浮冰，并潜行至浮冰下，推起波浪，掀翻浮冰。

捕猎成功
水墙似的大波浪冲击浮冰。无助的海豹被冲下浮冰，掉进等待猎物的虎鲸口中。

大多数座头鲸每年**洄游**至温暖的水域**繁殖**，**单程迁徙距离超过8300千米**。

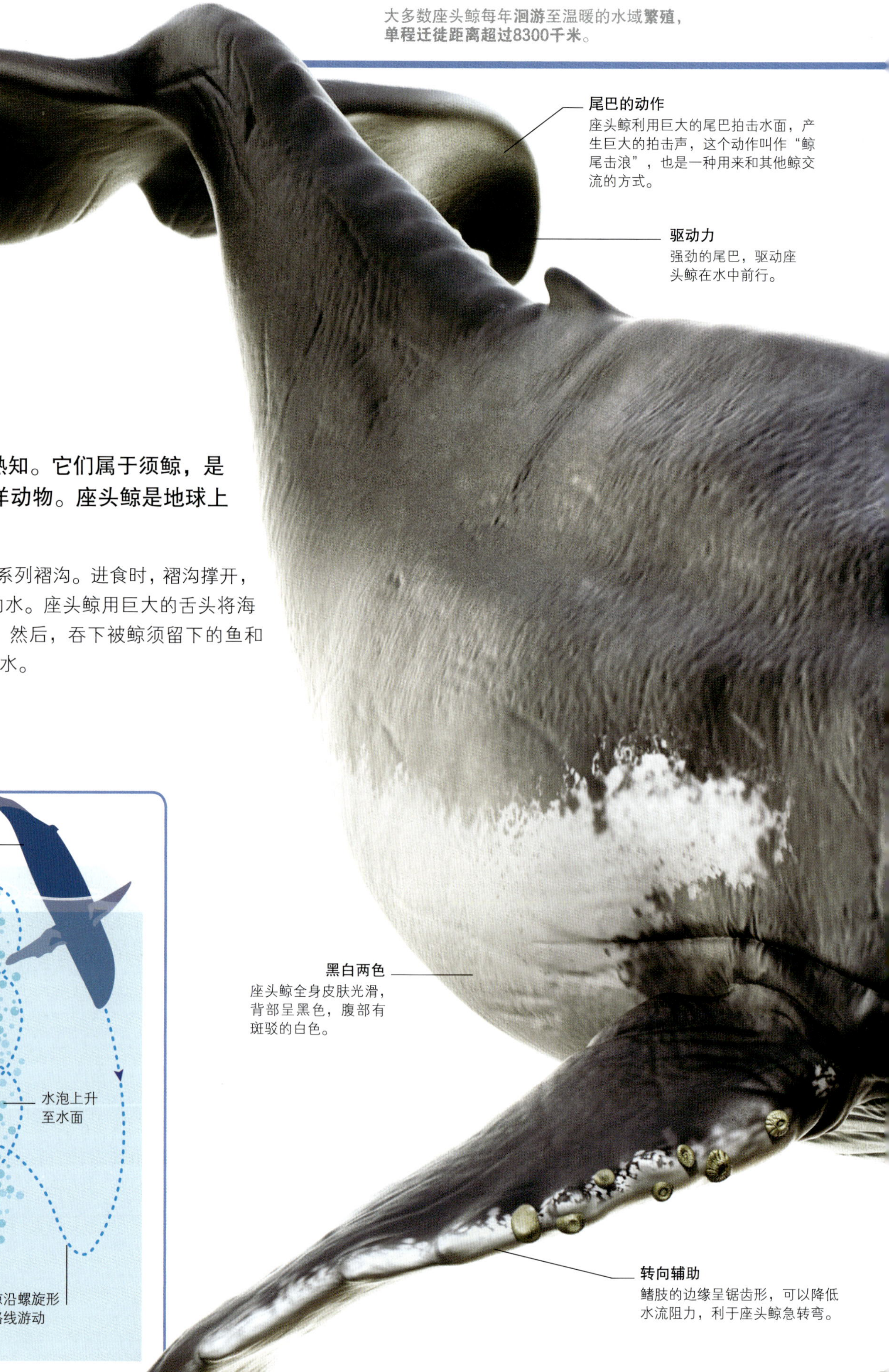

座头鲸

座头鲸因为壮观的跃水姿态而为我们熟知。它们属于须鲸，是一种从海水中滤食小型动物的大型海洋动物。座头鲸是地球上现存的最大最重的动物之一。

座头鲸是须鲸的一种，从下颌到腹部具有一系列褶沟。进食时，褶沟撑开，喉咙可以像气球一样膨胀起来，容纳大量的水。座头鲸用巨大的舌头将海水从口中挤出去，通过鲸须上的须毛过滤，然后，吞下被鲸须留下的鱼和其他小动物。咽下猎物后，再吞下另一大口水。

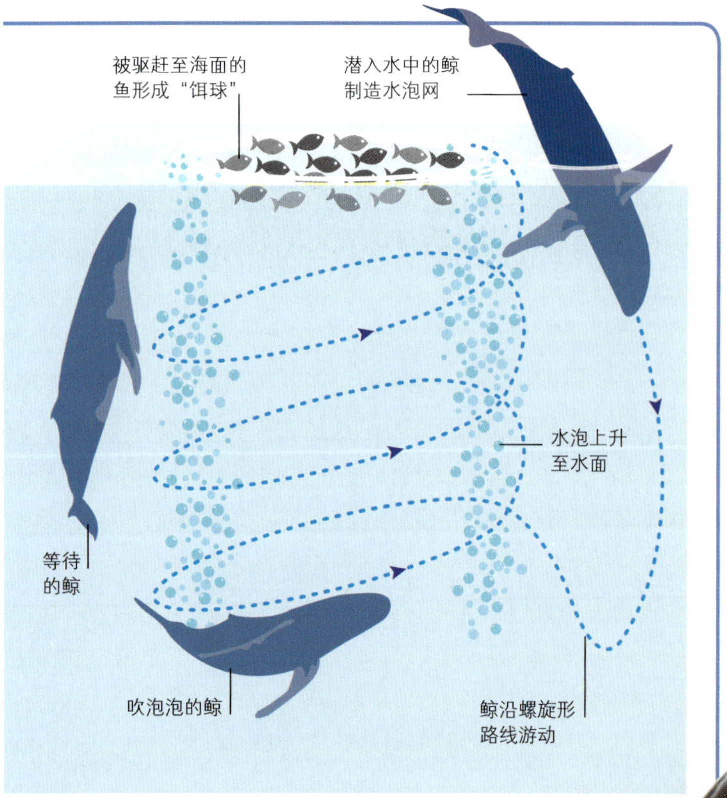

气幕捕鱼

座头鲸经常在北方的海洋里捕食小鱼。它们在鱼群周围围成圈，其中一头鲸呼出气体，形成圆柱形的气泡网。趁鱼群紧紧挤在一起时，座头鲸便张着大嘴从下面冲上来，每一口都能吞下数百条小鱼。

哺乳动物

座头鲸

Megaptera novaeangliae

分布区域：全世界

体长：最长17米

食物：浮游生物和小鱼

独特的斑纹
每头座头鲸尾巴下方都有独特的花纹，就像人类的指纹一样。

雄性座头鲸能够发出一种复杂的声音，32千米之外的其他座头鲸也能听到。

幼鲸
幼崽出生后至少一年时间，都紧紧跟在母鲸身边。

两个喷水孔
座头鲸头顶上有一对鼻孔，也叫作喷水孔。它们浮出水面呼吸时，会先高高喷出一个混合着海水和气体的水柱，再吸入空气。座头鲸潜入水中时，喷水孔关闭。

搭载的乘客
一类叫作藤壶的甲壳动物，为了便于觅食，附生在座头鲸遍布结节的头和下颌上。

可膨胀的喉部

长鳍
座头鲸的胸鳍是所有动物中最长的，几乎达到体长的 1/3。

鲸须板
鲸的上颌长着鲸须板，从上面垂下数百条鬃毛般的鲸须，形成筛网。鲸须也叫作鲸骨，和人类的头发、指甲一样，由柔性材料角蛋白形成。座头鲸没有牙齿，只有鲸须。

145 吨——最大蓝鲸的估计体重。

弓头鲸

Balaena mysticetus

分布区域：北极海域

体长：最长20米

弓头鲸的下颌高高拱起，这使得弓头鲸可以一边向前游动，一边滤食水中的猎物。海水从位于颌前方的凹槽吸进嘴巴，经过鲸须过滤后，由嘴巴侧边排出。

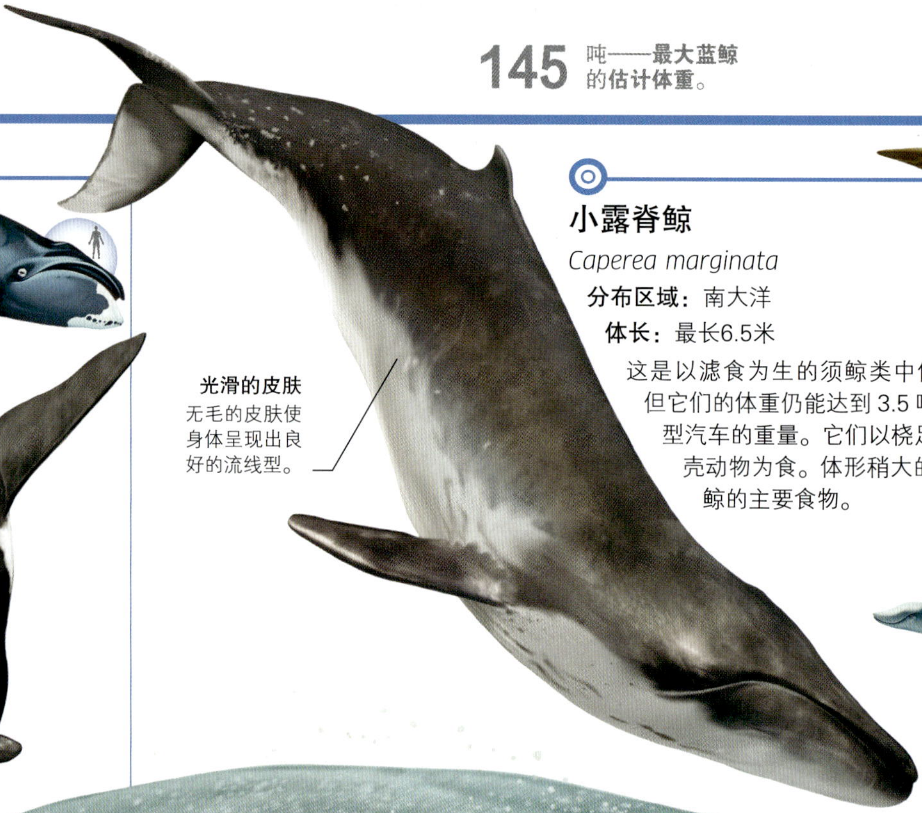

小露脊鲸

Caperea marginata

分布区域：南大洋

体长：最长6.5米

这是以滤食为生的须鲸类中体形最小的一种，但它们的体重仍能达到3.5吨，相当于两辆大型汽车的重量。它们以桡足类等小型海生甲壳动物为食。体形稍大的磷虾也是小露脊鲸的主要食物。

蓝鲸

Balaenoptera musculus

分布区域：所有海域

体长：最长32.6米

蓝鲸是地球上现存体形最大的动物。它们主要吞下大量含有磷虾的海水，再以舌头把海水从柔韧的鲸须挤压出去，最后留下磷虾为食。

灰鲸

Eschrichtius robustus

分布区域：北太平洋

体长：最长14.2米

灰鲸是一种独特的须鲸，它们主要以藏身海底的蛤蜊、蠕虫和像蟹一样的甲壳动物为食。它们沿着海底游动，犁起柔软的泥沙，从泥沙中过滤食物。

抹香鲸

Physeter macrocephalus

分布区域：所有海域

体长：最长19.2米

抹香鲸是目前为止人们发现的体形最大的齿鲸。它们的头巨大，从侧面看似方形，头的内部有一种可以调控浮力的鲸蜡油。这对它们的生活方式很重要，因为它们需要潜入深水中，捕食深海中的乌贼。

一角鲸的螺旋状长牙可以长到**3米长**。

2014年，**柯维氏喙鲸**潜入水下**2992米深**，这是哺乳动物**最深的潜水记录**。

柯维氏喙鲸

Ziphius cavirostris

分布区域： 除北极外的所有海域

体长： 最长7米

柯维氏喙鲸又被称为剑吻鲸，得名于它们楔形的吻。这种神秘的鲸生活在远洋中，很少被人们看到。柯维氏喙鲸分布比较广泛。它们下颌突出，雄性的下颌上具有钉状的大牙齿。

亚马孙河豚

Inia geoffrensis

分布区域： 亚马孙河流域

体长： 最长2.5米

这是少数生活在淡水里的一种鲸类。亚马孙河豚生活在混浊的水中，主要依靠水下回声定位捕食。长吻外周长着一圈牙齿，这些牙齿分两种，用来应对不同的猎物。它们的猎物包括鱼、蟹和龟等。

一角鲸

Monodon monoceros

分布区域： 北极海域

体长： 最长5米

一角鲸因雄性上颌伸出的螺旋状长牙而闻名。这种长牙被认为是一种感觉器官，能够感受周围环境的变化，可能也用于战斗和吸引配偶。

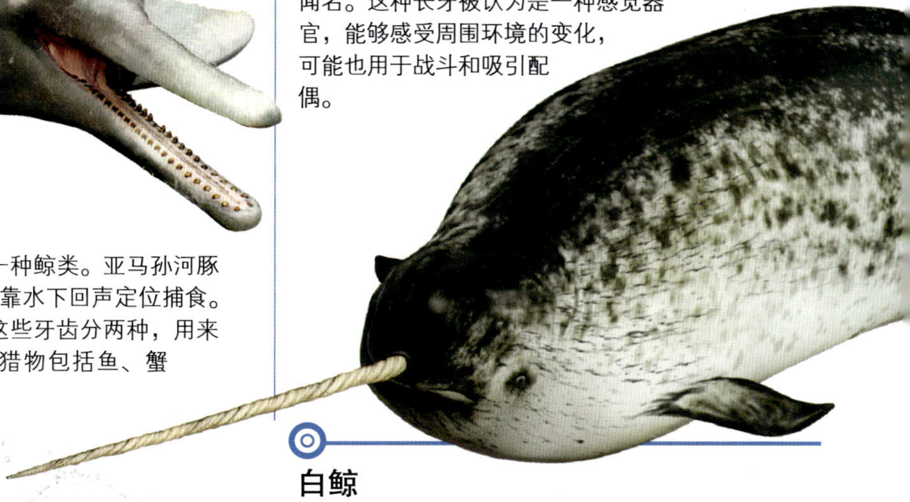

鲸类

鲸类是哺乳纲鲸目动物的总称。这个类群包括鲸、海豚和鼠海豚等，其中有地球上体形最大的动物蓝鲸。虎鲸（参见242—243页）是身体庞大、力量最强的海洋食肉动物，也属于鲸目。鲸目里还有一些非常聪明的动物。

鲸是特化程度最高的海洋哺乳动物，它们在海洋里进食和繁殖。鲸目动物分为两大类——须鲸和齿鲸。须鲸以滤食小动物为生。而齿鲸多为小型或中型鲸类，比如海豚和鼠海豚，它们主要以较大的鱼类和乌贼为食。

白鲸

Delphinapterus leucas

分布区域： 北极海域

体长： 最长4.5米

白鲸是一角鲸的近亲，它们因全身呈白色而与别的鲸类不同。白鲸高度社会化，集群生活。在夏天的繁殖季，成百上千头的白鲸会集结成群。

加湾鼠海豚

Phocoena sinus

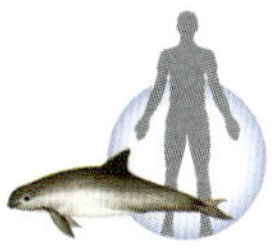

分布区域： 加利福尼亚湾

体长： 最长1.5米

作为最小、最罕见的鼠海豚，它们生活在非常浅的水域，以鱼和乌贼为食。由于分布范围狭小，它们已经成为最濒危的海洋哺乳动物。

宽吻海豚

Tursiops truncatus

分布区域： 所有温暖的海洋

体长： 最长3.8米

海豚属于小型齿鲸，它们擅长快速游动，追击猎物。宽吻海豚是我们最为熟知的海豚。它们高度社会化，非常聪明，具有一套复杂的语言系统，学习新技能的速度很快。

长肢领航鲸

Globicephala melas

分布区域： 北大西洋和南大洋

体长： 最长6.7米

这是一种大型海豚，它们有一个特别突出的前额，也叫作额隆。齿鲸都有额隆，这类结构有助于聚集回声定位信号，从而使齿鲸能在黑暗的水域里找到猎物。

动物科学

动物的一切——它们的形态、行为以及它们的身体机能——都是自然选择的结果。经过漫长的进化，动物以各种数不清的方式适应自己的生活环境。因此，我们今天看到的动物王国具有惊人的多样性。

体形

据估计，地球上的动物约有 780 万种。到目前为止，科学家已经分类和命名的约有 150 万种。每一种动物的形态都能完美适应自身的生活环境和生活方式。动物需要自由运动（至少一点点），需要捕食，需要呼吸氧气。不同种类的动物，比如郊狼、珊瑚和蟑螂，虽然它们的形态和内部系统完全不同，但它们都能做好这些事情。

身体的对称性

根据身体的对称性，可以将动物进行归类。大多数动物的身体呈两侧对称，即身体的一侧和另一侧互为镜像。少数动物的身体呈辐射对称，或称环形对称，即身体各部分围绕一个中心区域分布。特别简单的动物身体没有任何对称性。

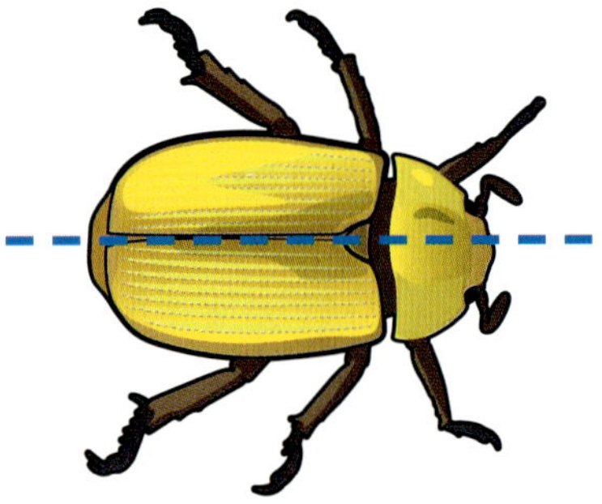

金龟子

两侧对称

两侧对称的动物，头在身体一端，头上长着一张嘴和其他主要的感觉器官。腿和其他的身体部位多成对发育，且在身体两侧的数量相等。两侧对称的动物包括脊椎动物、节肢动物、软体动物和蠕虫等。

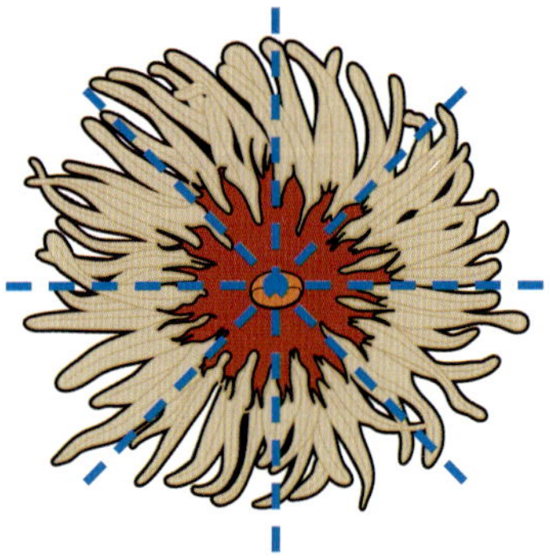

海葵

辐射对称

水母、珊瑚和它们的近亲，身体都呈辐射对称。它们没有头，口位于身体中央。这类动物通常没有专门代谢废物的排泄口，也就是肛门。任何东西都通过同一个开口进入或离开身体。成年海星、海胆及类似的动物身体呈辐射对称，但它们是从两侧对称的幼虫发育而来。

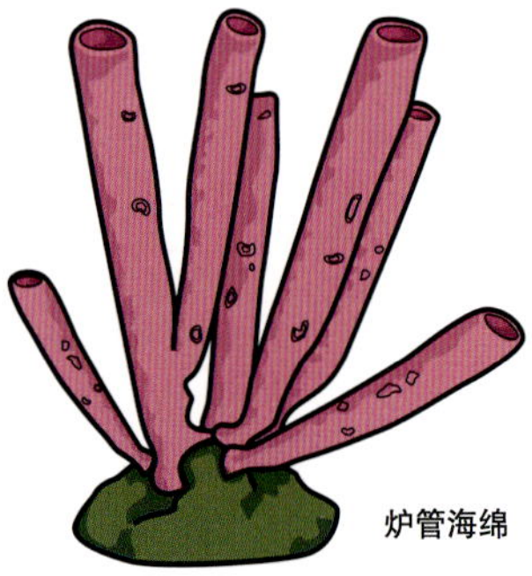

炉管海绵

不对称

海绵动物和扁盘动物的身体最简单，也最原始。这些水生动物的身体没有任何对称性。海绵的身体长得像管道，而扁盘动物身体微小扁平，仅有两层细胞。这些动物通过体表吸收氧气和细小的食物颗粒。

身体形态

99% 以上的动物身体呈两侧对称，至少生命中某个阶段是这样。进化促使身体两侧对称的动物能适应多种生活环境和生活方式。但是不同类群的动物之间仍有很大的差异。

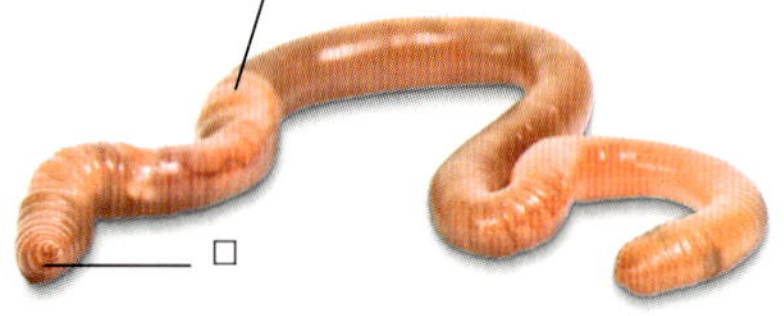

蚯蚓

蚯蚓是环节动物，身上没有脚或其他附肢，擅长挖掘。蚯蚓的身体由同样的体节连接构成。

蜗牛

蜗牛是软体动物，以肉质腹足支撑和移动身体。它们的身体受到防水外壳的保护。

蜥蜴

图中的蜥蜴是典型的爬行动物，和所有脊椎动物一样，身体围绕内部骨骼构成，以脊椎为支撑。身体的一端是头（包含大脑），另一端是尾。

蜘蛛

蜘蛛隶属于蛛形纲，身体分为头胸部和腹部。头胸部包括头和胸，长着 8 条足以及类似足的螯肢。

鸽子

鸟类和多数陆生脊椎动物一样，具有四肢，只是它们的一对前肢特化成了翅膀。鸟类身上的羽毛增加了翅膀和尾的表面积，却几乎没有增加体重。

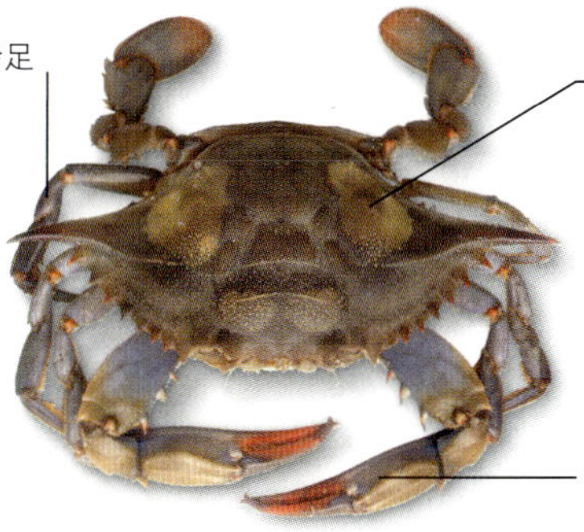

蟹

甲壳类和昆虫、蜘蛛一样，都隶属于节肢动物门。图中这只蟹的身体形状受到坚硬的外骨骼（外壳）的影响。

鱼

鱼体表光滑，身体呈流线型。尾巴，也叫作尾鳍，给身体提供游动的力量。身体上其他的鱼鳍起到稳定身体和掌握方向的作用。

蜻蜓

像蜻蜓这样的昆虫，是最先进化出飞行能力的动物。大多数昆虫具有两对可飞行的翅膀。有一种理论认为昆虫的翅膀由昆虫的后足发育而来。

猩猩

如猩猩这样的哺乳动物，一般为具有四肢的脊椎动物。猩猩作为一种类人猿，没有尾巴，人类也和它们一样没有尾巴。

长臂

类人猿前肢比后肢长。

身体系统

多数动物具有分工合作的身体器官，形成各个具有专门职能的系统。为了使身体正常运转，各系统之间需要协调合作。主要的身体系统包括骨骼系统、肌肉系统、神经系统、循环系统、消化系统、排泄系统、生殖系统和呼吸系统。在不同种类动物身上，这些系统的工作方式也不同。

简单的无脊椎动物

涡虫是一类简单的动物，但其身体内部仍具有器官和系统。不过，它们虽然有神经系统，却没有脑，也没有心脏或循环系统。消化系统也不完整。

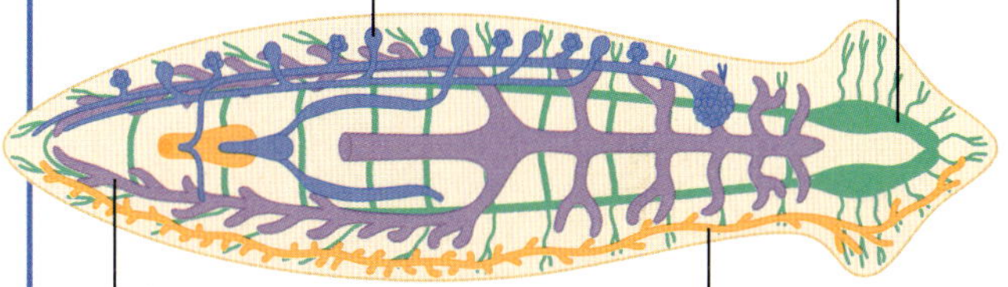

涡虫

脊椎动物

陆生脊椎动物，从青蛙、鸟类到哺乳动物，都具有同样的身体系统。它们的身体系统都已经特化，这样有助于适应各自的身体大小、生活方式和生活环境。例如，像犬和猎豹这些能够快速运动的捕猎型动物，相对于体形相似但速度较慢的其他动物来说，它们的肺部更大。

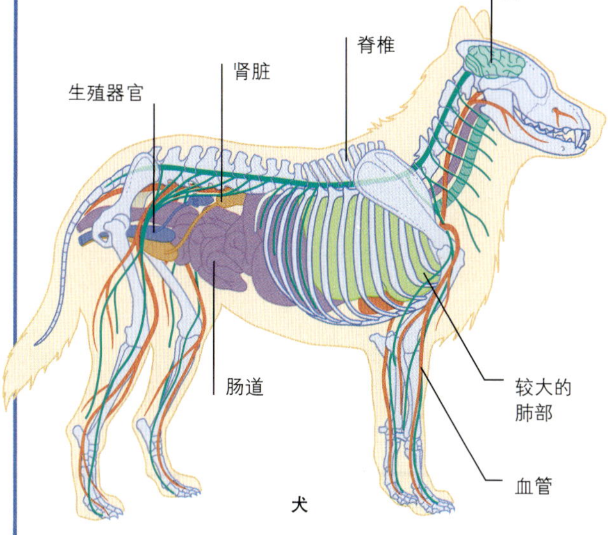

犬

注

- 循环系统
- 排泄系统
- 消化系统
- 神经系统
- 呼吸系统
- 生殖系统

生命周期

动物的生命周期，指从出生或孵化到发育成熟的过程，在这个过程中可以繁殖后代。一个生命周期可能只持续数周，也可能需要数年才能完成。许多动物小时候就长得像父母的缩小版。还有一些动物的幼体和成体在外表和生活方式上都完全不同。这些动物从幼体到成体，需要经过变态发育的过程。蝴蝶的幼虫变成成虫，蝌蚪变成青蛙，都是这样的过程。

直接发育

鸟类、爬行动物和包括狐狸在内的哺乳动物，都是直接发育成长的。从母体生出或从卵中孵化的幼体，具有和成体一样的身体系统和内部构造，不过尚不具备繁殖能力。幼体最初由父母喂养和照顾，直到它们有能力照顾自己。多数幼体能快速学会成体的进食习性和行为。

不完全变态

许多昆虫，比如蝗虫，它们的生命周期属于不完全变态。未成熟的昆虫（幼体），叫作若虫，其成长过程可划分为几个阶段，每个阶段蜕一次皮，但外形并无明显变化。幼体的外形看上去就像缩小的成体，吃的食物也一样。

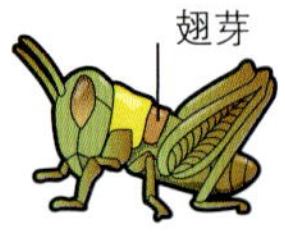

1 若虫
若虫从卵中孵出后，就开始进食。它们现在只有翅芽，翅膀以后就从这里长出来。若虫成长过程分为5个阶段，每个阶段都会蜕一次皮。

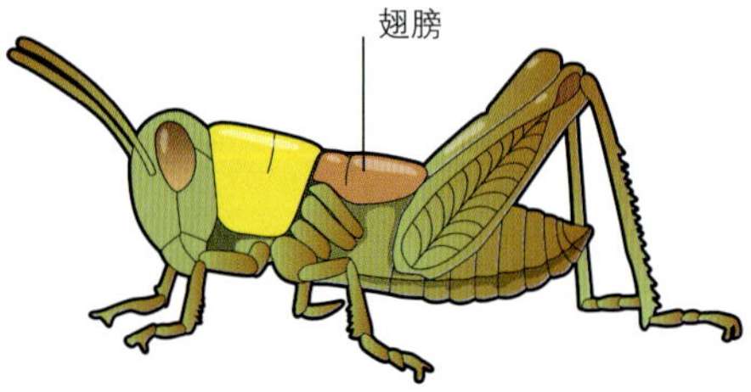

2 蝗蝻
若虫蜕皮后，尚未完全成熟之前，叫作蝗蝻。蝗蝻的翅膀开始成长，但它们还不会飞，只能凭借细长的后腿跳跃。

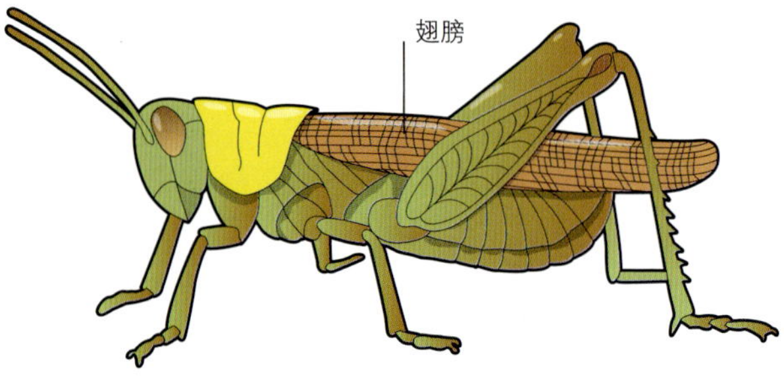

3 成虫
最后一次蜕皮后，成为成虫，成虫具有可飞行的长翅膀。成虫将会交配和产卵。整个生命周期大概需要6周完成。

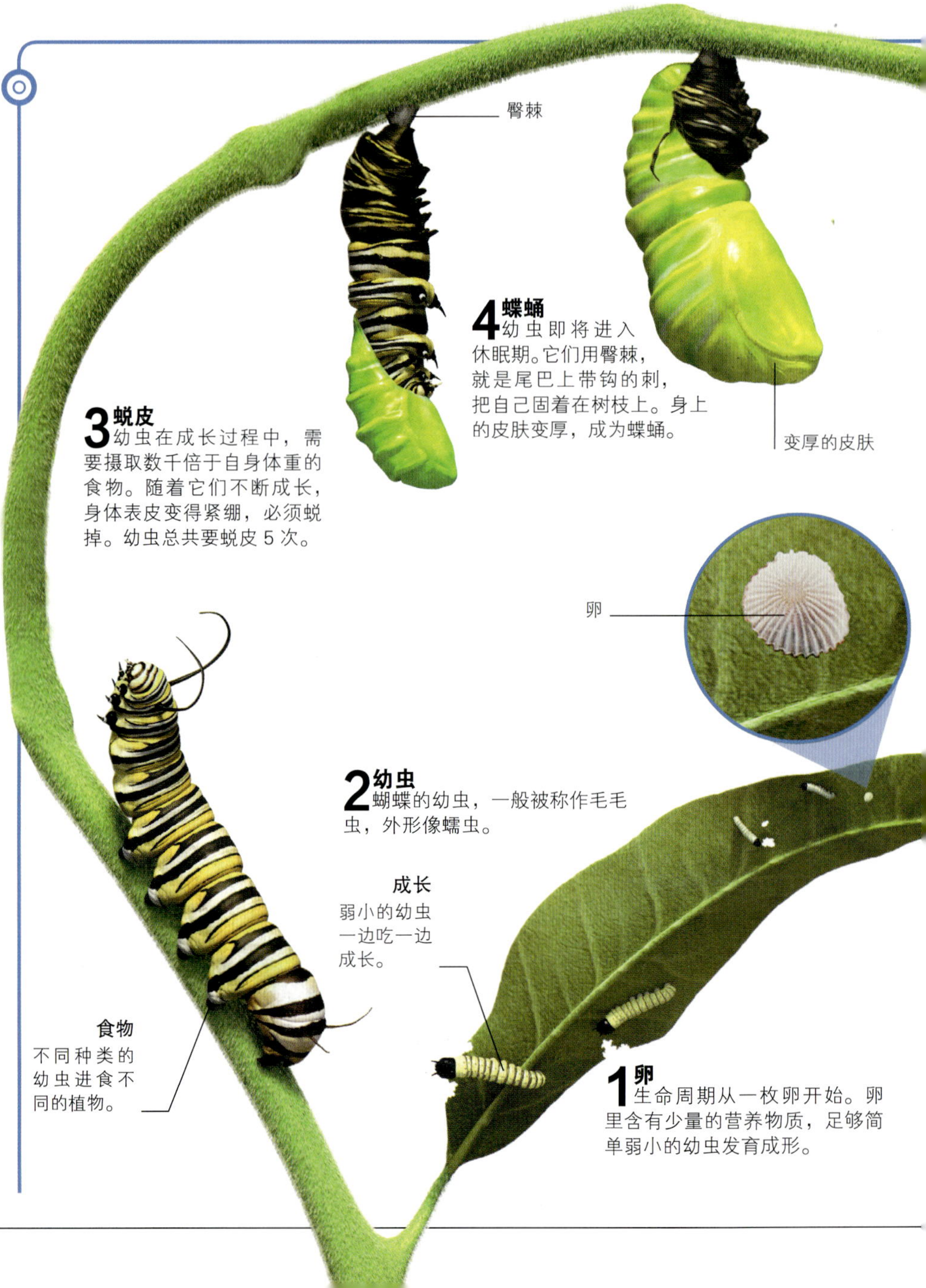

4 蝶蛹
幼虫即将进入休眠期。它们用臀棘，就是尾巴上带钩的刺，把自己固着在树枝上。身上的皮肤变厚，成为蝶蛹。

3 蜕皮
幼虫在成长过程中，需要摄取数千倍于自身体重的食物。随着它们不断成长，身体表皮变得紧绷，必须蜕掉。幼虫总共要蜕皮5次。

2 幼虫
蝴蝶的幼虫，一般被称作毛毛虫，外形像蠕虫。

1 卵
生命周期从一枚卵开始。卵里含有少量的营养物质，足够简单弱小的幼虫发育成形。

蜕皮

有些动物在成长过程中，身体表皮并不会随之生长，因此它们需要蜕皮，只有脱掉最外面那层紧裹在身上的皮，它们才能继续成长。这个过程和不完全变态的昆虫幼虫蜕皮过程类似。像龙虾和蟹这样的甲壳动物也要蜕皮，即脱掉身体最外层的壳，下面一层柔软的新生壳很快会变硬。蛇类也通过蜕皮脱掉表皮，它们的皮常常是整张蜕掉的。

世代分化

如果某种动物一次性产出大量后代，就会出现成体和幼体竞争食物和生存空间的情况。有些动物通过生命周期来绕过这个问题，如幼体阶段生存环境与食性都和成体截然不同，这样有助于避免这种情况的发生。

蝌蚪
蛙类的卵孵出的幼体，叫作蝌蚪。蝌蚪完全水生，吃植物和比自己小的动物。随着长出四肢，它们将逐渐发育为成体。

蛙
成蛙和蝌蚪不一样，它们无论在陆地还是水中，都可以生存和进食。大多数蛙吃昆虫和小型陆生动物。

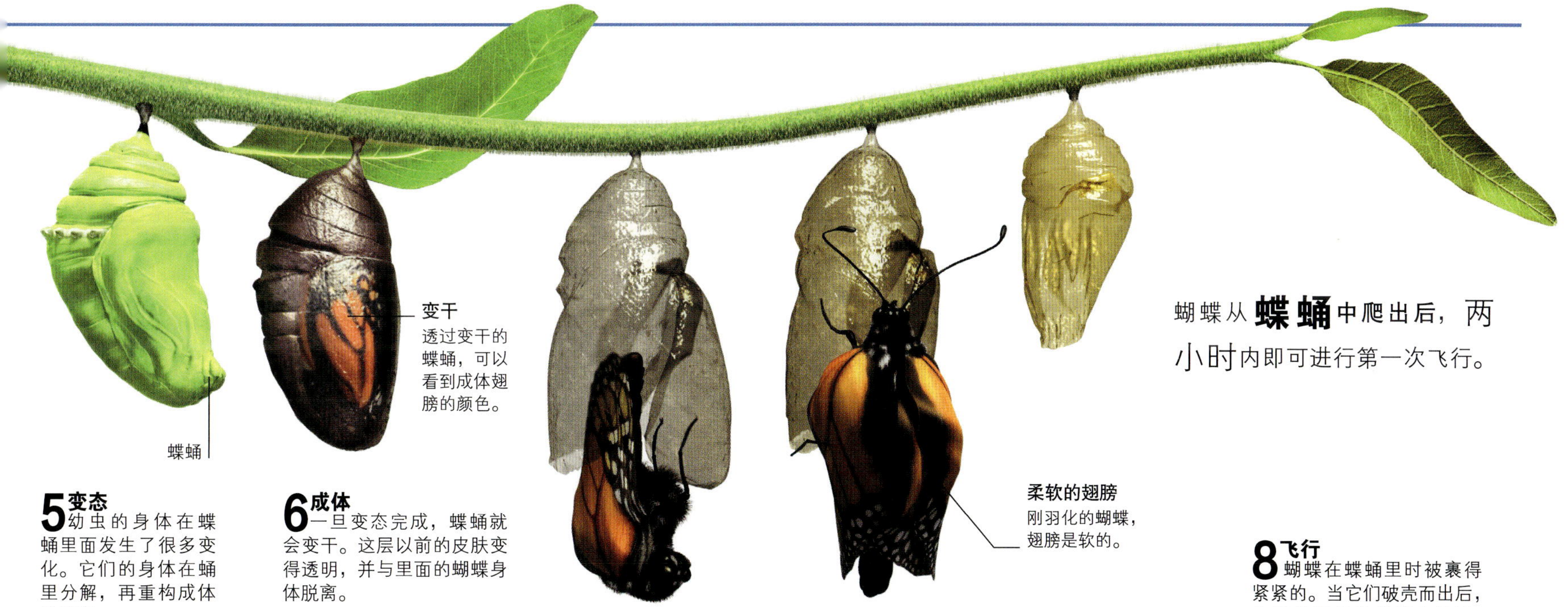

蝴蝶从**蝶蛹**中爬出后，两小时内即可进行第一次飞行。

5 变态
幼虫的身体在蝶蛹里面发生了很多变化。它们的身体在蛹里分解，再重构成体的形态。

6 成体
一旦变态完成，蝶蛹就会变干。这层以前的皮肤变得透明，并与里面的蝴蝶身体脱离。

7 羽化
整个变态过程需要大约两周，靠幼虫储存在体内的食物提供能量。最后，蝶蛹从头部裂开，蝴蝶从里面缓慢地爬出来。

8 飞行
蝴蝶在蝶蛹里时被裹得紧紧的。当它们破壳而出后，体液从折起的翅膀中流过，很快就能促使翅膀打开。一旦翅膀的外骨骼变干变硬，蝴蝶就能飞起来了。

完全变态

像蝴蝶、甲虫和苍蝇这些昆虫，生命周期最为复杂精妙。这些动物需要经过完全变态发育。它们在生命之初以幼虫的形式从卵中孵化出来。幼虫和成体差异非常大，但成长速度非常快，直至它们化为蛹（如蝶蛹或蛾茧），进入休眠状态。在休眠状态，幼虫的身体彻底重组，变成成虫的形态。

运动

所有动物，即使是最简单的动物，在整个生命过程中，都有需要运动的阶段。动物需要通过运动去寻找食物和藏身之所，避开危险，或者寻找配偶来繁衍后代。动物可在地上或地下、水中或空中运动，有些动物可在多种环境中快速运动。动物身体的大小和外形，可以反映出它们的骨骼类型和运动方式。

飞羽
宽而平的飞羽增加了翅膀的表面积，增大了上升力。

空中运动

一些松鼠、蛇和蛙能够在空中滑翔。但只有鸟类、蝙蝠和昆虫 3 类动物可以飞行。它们都有翅膀，通过扇动翅膀产生向上的力，把身体推向空中。有些鸟类，比如红隼，它们可以在空中悬停，扫视地面，寻找猎物。

骨骼的类型

动物运动需要肌肉提供动力。肌肉由肌纤维构成，它们通过收缩（变短）带动身体。肌肉不会自己动，它们需要借助各种骨骼，才能运动。骨骼主要有 3 种类型。

流体静力骨骼

蚯蚓体内有液体，可以改变身体的形状。它们的肌肉有两层，分别往不同的方向运动。一层将身体拉长，一层将身体压短变粗。这两层肌肉轮番工作，带动蚯蚓前行。

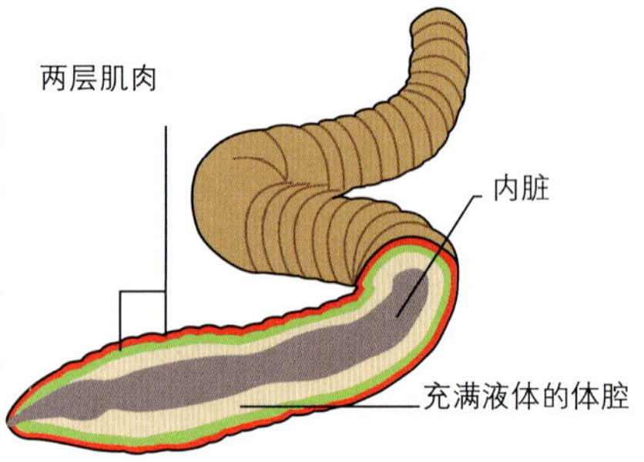

蚯蚓的身体

外骨骼

节肢动物，比如昆虫，具有坚硬而灵活的外骨骼。骨骼内部的肌肉收缩带动身体运动。肌肉只能拉动，不能推动，因此，肌肉都是成对工作的。

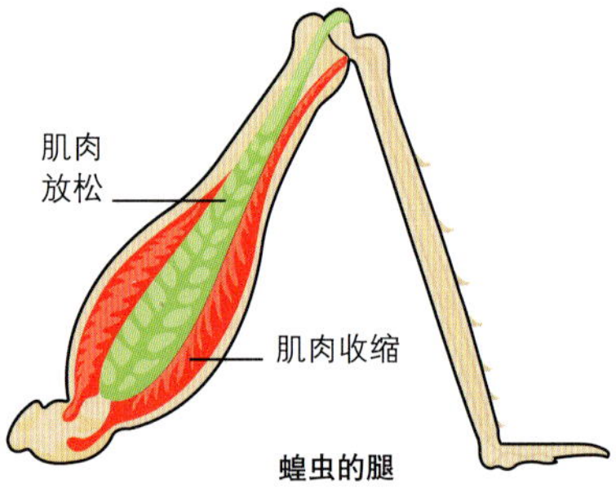

蝗虫的腿

内骨骼

脊椎动物，比如大猩猩，体内具有骨骼系统，骨骼系统由很多骨头相连构成。肌肉通过肌腱，附着在这些骨头上。一对肌肉中，一个收缩，另一个就放松。

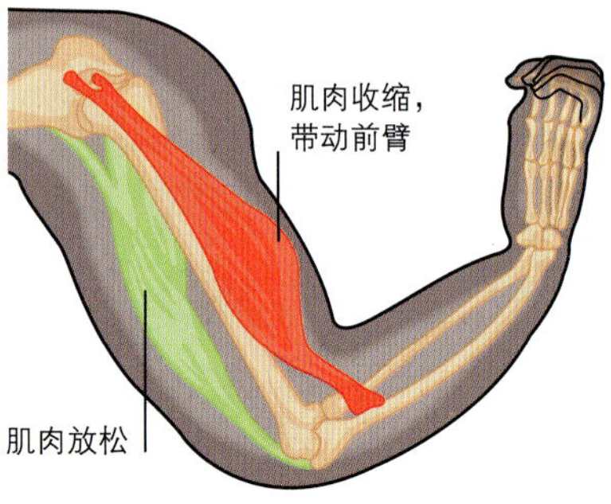

大猩猩的手臂

奔跑

能够快速奔跑的动物一般都有长腿。有蹄类中，比如斑马，快速奔跑时只用趾端接触地面。趾端受到硬蹄的保护。

水中运动

在水中生活的动物，可以沿着海底爬行，可以随着洋流漂移，也能自己游动。它们具有流线型的身体，能够在水中高效地运动。

鱼是怎么游泳的

大多数鱼以尾鳍（尾巴）推动身体。通过摆动整个身体，带动尾巴摆动。

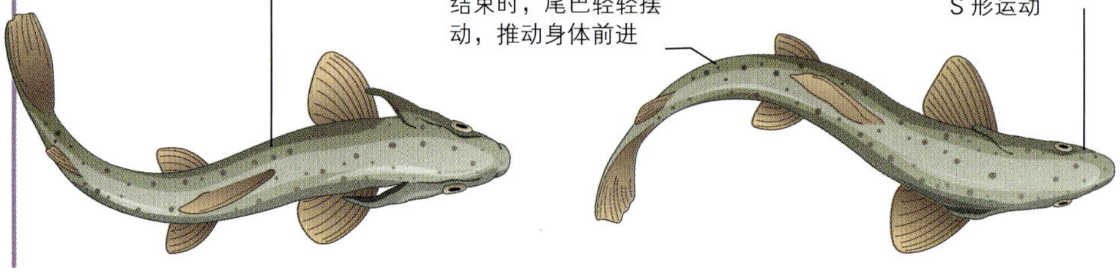

飞行

鸟类通过扇动翅膀飞行，下扇的动作推动空气向下和向后运动，带动身体向上和向前飞行。向下扇动之后，翅膀要往上扇，这是为下一次往下扇做准备。

较小的羽毛
这些较小的羽毛让翅膀的轮廓更顺滑，能更好地利用流经翅膀的空气飞行。

昆虫的翅膀

鸟类和蝙蝠的翅膀由前肢特化而来。而昆虫在胸部长着一对或两对坚硬的薄翅膀。

起飞的家蝇

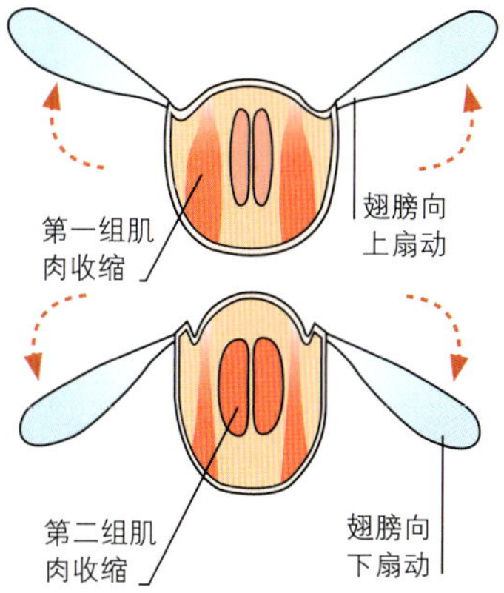

飞行的昆虫

有些昆虫可以通过改变胸腔的形状来扇动翅膀。它们身上的一组肌肉将胸腔下拉，带动翅膀向上扇动。然后另一组肌肉收缩，将胸腔两侧向里拉，使胸腔上顶，从而使翅膀向下扇动。

陆上运动

陆生动物运动的方式非常多。有些擅长快速奔跑，有些擅长挖掘或攀爬，还有些喜欢在地上跳跃。大多数陆生动物依靠腿部进行运动。这就要学会将身体的重量从一个（或一组）肢体，转移到另一个（或一组）上，才能运动。

从林里的摇摆者

所有类人猿，包括图中这些黑猩猩，都具有非常灵活的肩关节。因此，它们可以在树枝间摆来摆去，快速穿过树林。

蛇的运动

没有腿的动物，比如蛇，有自己独特的运动方式。蛇通过肌肉和肋骨运动。如图中所示类似手风琴一样的运动方式，在狭窄的空间里非常有用。

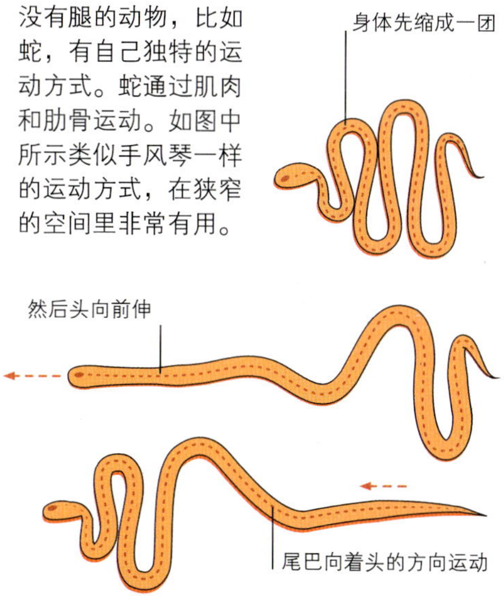

喷水推进

有些海洋动物，比如左图中的这只乌贼，还有枪乌贼和章鱼，遇到危险时，借助喷水快速逃跑。乌贼把体腔中的水通过喷口以高压喷出体外，随即可以以极快的速度将其身体向后推。

固着动物

不少水生动物是固着生活的，也就是说，它们终生都待在海底的某个地方。它们可以移动身体的某个部位取食，但它们一旦定居下来，就不能改变位置。海鳃看起来像水草，其实它们是固着生活的动物，和水母是近亲。

摄食

所有生物都需要食物，它们把食物转化为能量，用以运动、成长或修复身体损伤。植物可以利用阳光自己制造“食物”，但动物为了生存，只能吃其他的生物或尸体，比如草、海藻等植物，以及昆虫、鱼、哺乳动物等。有些动物能吃各种各样的食物，但有些动物只能找到并摄食某种特定食物。

生存所需的能量

动物通过呼吸作用获得能量。动物吃进去的食物经过消化，转变成葡萄糖。吸入体内的氧气随着血液进入细胞，和葡萄糖发生反应。这个过程产生供动物使用的能量，并代谢废物二氧化碳和水。

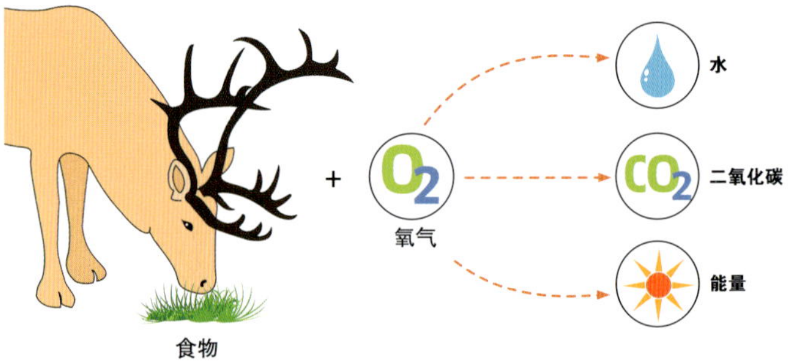

不同的食性

有些简单的动物，比如海绵，终生固定在一个地方，从周围的海水中过滤食物。食草动物只吃植物，而食肉动物吃其他动物。有些动物，包括人，属于杂食动物，既吃肉也吃植物。

浣熊几乎什么都吃，因此成为超级生存王。**它们能够适应各种生境，**包括城市、沙漠和山地。

杂食动物

浣熊找到什么吃什么，包括植物、昆虫或鱼，以及人类的剩饭。它们的小爪子非常灵活，可以抓握和处理各种食物。

液体食物

蜂鸟的食物只限于花朵里的液体花蜜。它们能快速扇动翅膀，悬停在空中，将自己的长喙深深插进花蕊，吸取香甜美味的花蜜。

食草动物

吃植物的动物叫作食草动物。这些鹿吃草、叶子、树皮和植物的其他部分。植物性食物难以消化，因此，食草动物通常需要长时间进食，以获取身体需要的营养。

滤食动物

鲸鲨进食时，张开巨大的嘴巴，吸进大口海水。嘴里的鳃耙拦下的小鱼和其他海洋生物会被鲸鲨一口吞下。

回收粪便的动物

由于食草动物的粪便里有未完全消化的植物，因此这些粪便成为蜣螂的食物来源。蜣螂把粪便团成球状，滚到自己的巢穴里。雌蜣螂会在粪便团中产卵，这样孵出的幼虫就能吃到现成的食物。

食性和牙齿

动物牙齿的结构，能够反映出进食的很多情况。毒蛇吞咽猎物前，先以锋利的毒牙刺穿并麻痹猎物。哺乳动物的牙齿具有不同的功能，比如撕、咬、切、咀嚼和研磨等。多数哺乳动物同时具有不同类型的牙齿，牙齿的形状根据食性不同而有所不同。

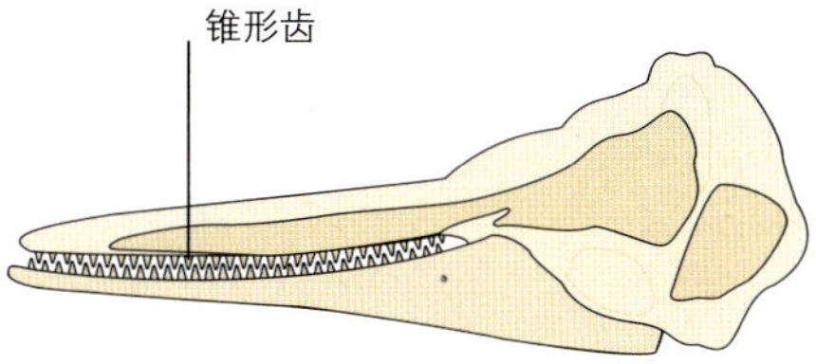

海豚

海豚的牙齿非常适合抓住滑溜的鱼类。它们所有的牙齿都具有同样的形状和大小，这一点对于哺乳动物来说，较为罕见。

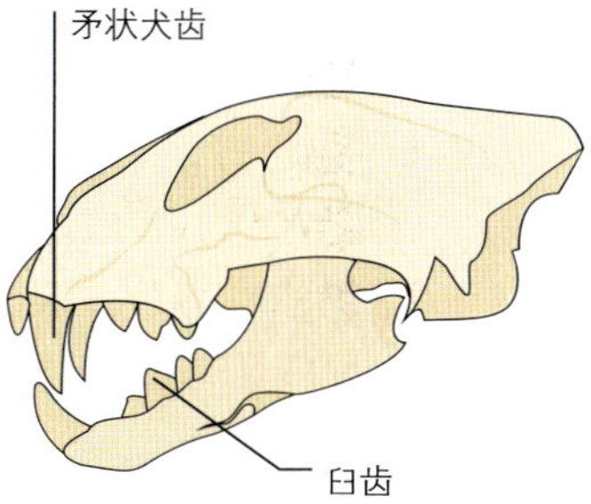

狮

狮具有长而尖的犬齿，用来刺穿和捕捉猎物。还有剪刀一样的臼齿，可以将猎物切成易于吞咽的大小。

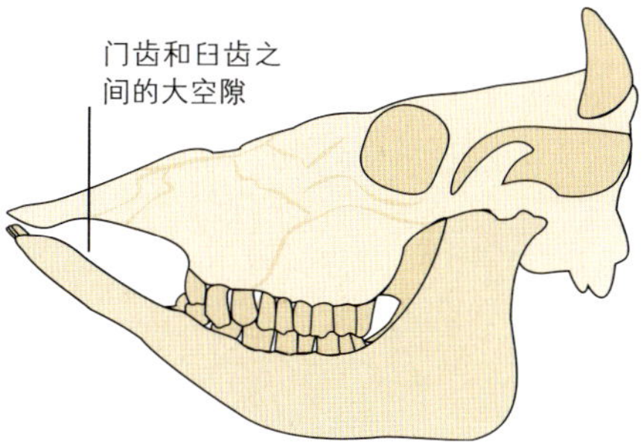

牛

食草动物，比如牛，专门吃草。草很难消化，因此它们具有大而扁平的臼齿，可以把草磨成容易消化的草浆。

高能耗的捕猎

食肉动物需要吃肉，就要捕杀和进食其他动物。肉富含营养，但捕食者常常需要耗费很多宝贵的能量来跟踪、追击和捕杀猎物。

捕食者与猎物
一只松鸡来到水坑边喝水，一只黑背胡狼悄悄靠近并扑向它。

视觉

有些动物，比如鼹鼠，终生生活在完全黑暗的环境里，不需要良好的视力。但除此之外，不管是捕食者还是被捕食者，视觉对动物很重要。动物种类不同，眼睛的类型也有所差别。节肢动物，比如昆虫和蜘蛛，一般有两种眼睛：单眼和复眼。单眼较为简单，可以探测光线的明暗；复眼能够全方位观察周围事物。脊椎动物的眼睛可能朝前，也可能分布在头的两侧。

单眼
蜘蛛和其他节肢动物通常既有简单的单眼，又有更为复杂的眼睛。单眼主要感受光源变化，有些动物的单眼可以估量距离。单眼只有一个晶状体。单眼通常成对出现，长在头顶上。

复眼
很多节肢动物具有复眼。复眼由成千上万个独立的小眼组成，每个小眼都有一个小晶状体。复眼能观测动作，但不能看清细节。飞行类昆虫，如图中这只食蚜蝇，复眼发育程度最高。

脊椎动物的眼睛
哺乳动物、爬行动物、鸟类、鱼类和某些无脊椎动物，比如章鱼，都有两只眼睛。这些眼睛的工作原理类似相机，眼睛里的晶状体将光线聚集到眼睛后方的感光细胞上。这样的眼睛可以观察到光、运动和色彩。

嗅觉和味觉

嗅觉和味觉紧密相连，都使用一类叫作化学感受器的特殊细胞。哺乳动物的嗅感受器在鼻子里，用来闻气味；味感受器在嘴巴里，用来尝味道。这些细胞将接收到的信息传递给大脑，大脑把它们分为已知的或未知的，愉悦的或讨厌的。其他动物的嗅感受器和味感受器分布在身体的其他部位。很多昆虫用触角追踪气味，脚上长着味蕾。蛇类用舌头捕捉空气中的气味分子。

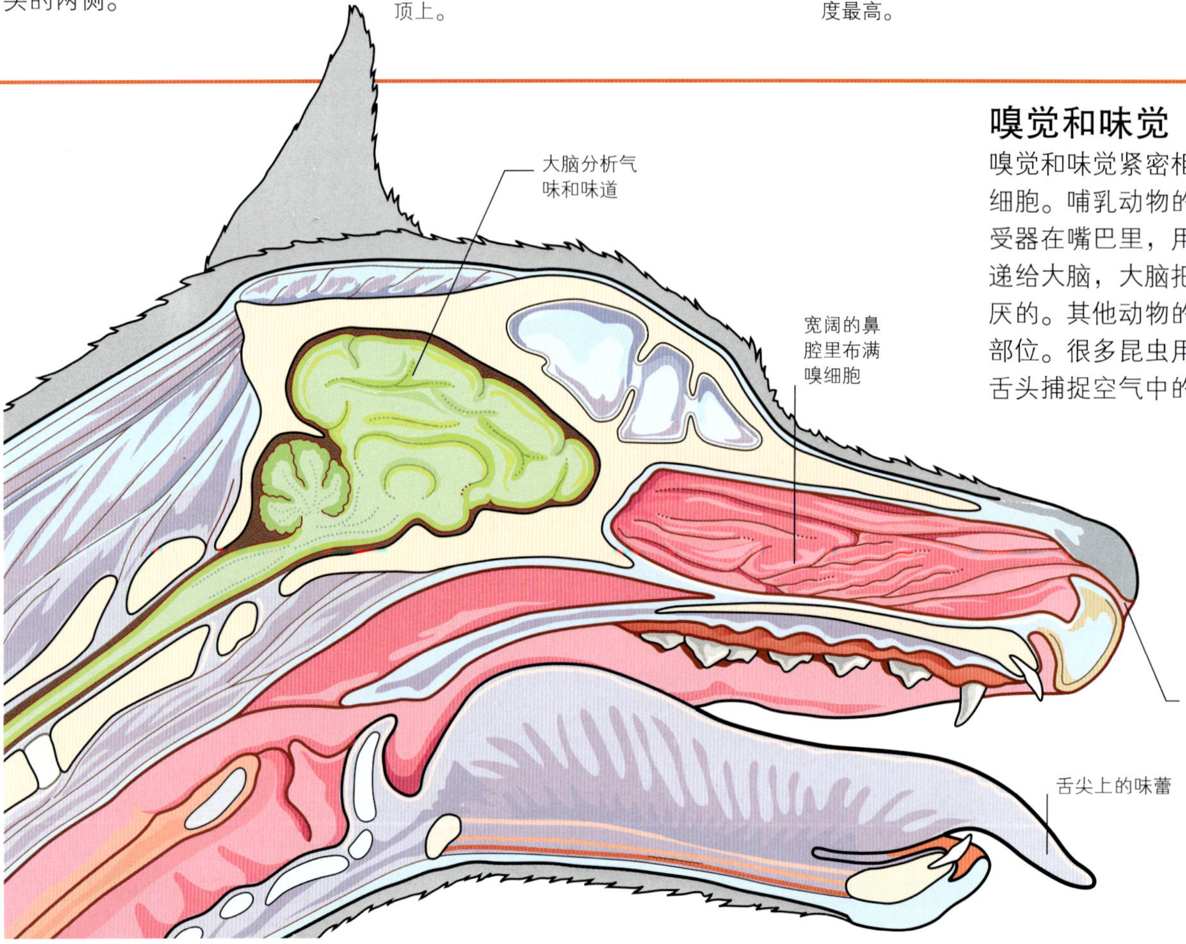

犬类大脑中分析气味的部位占整个大脑的比例，是人类的40倍。

超级敏感的鼻子
犬类的鼻子具有1.25亿—3亿个嗅感受器，而人类只有600万个。犬的两个鼻孔可以独自活动，因此，可以精确定位气味传来的方向。

调整触角
这只雄性帝王蛾的化学感受器分布在两个羽毛似的触角上。触角极其敏感，能够探测到5千米以外的雌蛾释放的信息素。

挑剔的味觉
海豚没有嗅觉，但它们有味觉。海豚的味蕾长在舌头底部。如果有很多食物，它们会从中挑出最喜欢的。

以脚尝味
蝴蝶和许多其他昆虫的化学感受器长在脚上。这些化学感受器具有和其他动物长在舌头上的味蕾同样的功能，可以感知到哪朵花适合进食。

感觉

动物凭借感觉寻找食物、配偶和藏身之所，和它们的社群保持联系，以及躲避敌人。许多动物的视觉、嗅觉、听觉、味觉和触觉这5种感觉，都比人类灵敏很多。不仅如此，有些动物还具有满足自己特殊需求的其他感觉。夜行的蛇类通过探测恒温猎物身体的红外辐射，可以在完全黑暗的环境中捕猎。鸟类可以“看到”地球磁场，从而在迁徙中进行定位。鲨鱼可以接收到其他动物释放的电信号。

触觉

对于在黑暗中行动的动物来说，灵敏的触觉非常重要。猫科动物，不管大小，都有可以在夜间辅助定位的灵敏胡须。同样，生活在混浊水域中的鲇鱼，也使用嘴周像胡须一样的触须来感知食物。触觉最灵敏的动物是几乎没有视力的星鼻鼹。它们长有触突的奇特的口吻部有2.5万个触觉感受器。

听觉

动物通过听觉探知猎物或正在靠近的敌人的动静，以及听见配偶的叫声等其他声音信息。鲸和大象可以通过人类听不见的次声波进行长距离交谈。蝙蝠夜间捕食昆虫时，发出高频的声波，声波遇到障碍物会反射回来。蝙蝠根据听到的回声，进行定位。

有些蝙蝠可以听到**100赫兹以上的高频声音，**比人类能够听到的**最高音高出5倍**。

倾听地下的动静
蝠耳狐具有敏锐的听力，这有助于它们在非洲热带稀树草原上捕食时找到昆虫等小动物。它们的大耳朵可以听到猎物在地下发出的最细小的声音。

外露的耳膜
耳膜，也叫作鼓膜。蛙类的耳膜长在表层皮肤下。如上图所示，有些蛙类的耳膜长在眼睛后面，看上去就像一层薄膜。

耳朵长在想不到的地方
螽斯的胫节上长着耳朵，而蝗虫的耳朵长在肚子上。蝗虫可以通过声音辨别出自己的同类。

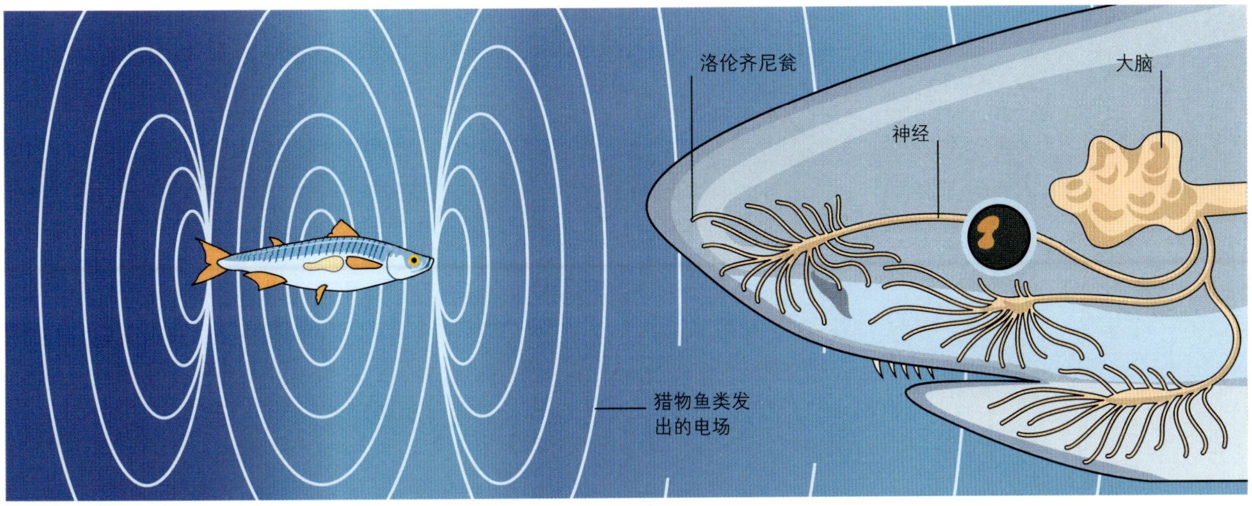

超级感官

鲨鱼具有一种特殊的能力。它们能够探测所有动物产生的最细微的电信号。帮助鲨鱼定位猎物的这种能力来自电感受器。鲨鱼的电感受器叫作洛伦齐尼瓮，上面分布着和鲨鱼鼻子上的小孔中一样的电感受器细胞。这种细胞可以感受水流中的电信号，并通过神经通路把信息传递给鲨鱼的大脑。

交流

即使是过着独居生活的动物，有时也需要和其他动物进行交流。它们可能想要展现自己的存在感，宣布领地权，更多的是求偶。有些动物向附近的同伴发出可辨识的声音或气味进行交流。还有很多动物以可见的视觉信号，比如肢体语言或色彩变化，进行交流。良好的交流在族群中极为重要，因为交流可以保证群体成员的安全，防止群内冲突。

视觉信号

动物可以无声地交流。它们可以用视觉信号，即通过对同伴具有明确意义的肢体语言进行交流。从吓走竞争者、发出警报到求偶，很多意思可以通过尾巴、牙齿和绚丽的色彩表达出来。

表示臣服

这只非洲野犬正在竭力避免麻烦。它低下头表示自己不会对族群里的领导者构成威胁。

叫声和歌声

处于繁殖期的动物发出的声音最响亮，因为多数种类的动物都通过声音求偶。但有些叫声，什么时候都能使用，因为很多动物用声音作为命令或警告。例如，绿猴具有多种警示性叫声，能够清楚表明它们遇到的是哪种威胁。

绿猴

高度社会化的绿猴能够发出多种声音，提醒猴群里的其他成员可能受到不同的威胁。它们发出一种“咕噜咕噜”的声音，表示上方可能会有攻击；发出一种“吱吱”的声音，告诉族群成员爬上树，躲避某种大型猫科动物；发出“咯咯”的声音，提醒其他成员附近有蛇。

鸟鸣

响亮的歌声，表明歌唱的雄鸟身体健康，能够成为很好的伴侣。图中这只欧亚鸲正在通过歌声标记自己的繁殖领域。

呱呱叫的青蛙

很多蛙类通过发出深沉的“呱呱”声或高频的“叽叽”声，吸引配偶。这只红眼树蛙正鼓起声囊，扩大声音。

聒噪的蝗虫

昆虫可以通过体表不同部位的相互摩擦而发声。有的蝗虫用后腿与前翅摩擦发出声音。

尾巴报警器

白尾鹿受到惊吓时，会竖起尾巴逃跑。这样可以露出尾底的白色皮毛，提醒附近的鹿。

求偶展示

图中的雄性极乐鸟在炫耀自己鲜艳的羽毛。用色泽艳丽的超长羽毛向雌鸟表明，它是一个健康的伴侣。

变色

变色龙可以随情绪改变体色。明亮的色彩可能表示恐惧或愤怒。不规则的花纹表示它们在寻求配偶。

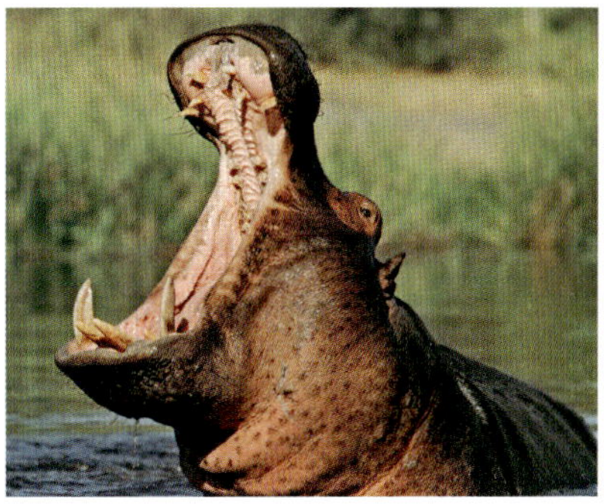

张大嘴巴

图中的河马不是在打哈欠，而是在向其他河马炫耀自己宽阔的嘴巴和巨大的长牙，提醒它们不要来找自己打架。

蜜蜂的舞蹈

觅食的蜜蜂通过摆动身体跳舞，告诉蜂巢里其他蜜蜂它们发现的花蜜和花粉在哪里。舞蹈的方向和速度，能说明食物的距离、位置和质量。

标记行为

具有领域性的动物，会留下记号，标记自己的领地范围。这些记号包括成堆的粪便、爪痕、掉的毛等，记号上通常有尿味。任何忽视这些记号的动物，都会受到挑战，与领地主人进行一场战斗。

熊留下的刮痕

这些爪痕是棕熊留下的。树干上刮痕的高度，可以告诉其他动物这只熊的体形有多大。

利用气味

通过气味进行交流是常见的动物交流方式，很多动物都具有灵敏的嗅觉。每种动物都具有独特的气味。对同类动物来说，改变身体的气味可以传达如情绪、健康状况和繁殖状态等信息。

利用信息素

信息素是一种能影响动物行为的化学信号。图中这些行军蚁正在释放信息素。它们成群地爬过地面，并为后面的蚂蚁留下跟随的信号。

气味记号

大多数哺乳动物面部、臀部或腹部具有腺体，能分泌带有气味的油性物质。动物在栖息地周围的物体上摩擦腺体，留下气味，作为给其他动物的信号。环尾狐猴只生活在马达加斯加岛。图中这只环尾狐猴靠前肢平衡身体，用尾巴下面的分泌腺在一棵小树上做记号。雄性环尾狐猴腕关节内侧和腋窝处也有气味腺。

雄性环尾狐猴在繁殖季节会进行臭味战争。它们用尾巴摩擦身体上的气味腺，然后将气味用向竞争对手。

求偶

在动物王国里，寻找伴侣是一件相当重要的事情。一个物种的延续，依赖于其中雄性和雌性动物的配对繁殖。因此，它们会直接选择一个或多个异性为伴侣。不过，许多雄性动物会用精心设计的求偶表演来吸引潜在伴侣。还有些雄性动物诉诸暴力进行较量，通过激烈争斗来赢得拥有雌性的权利。然而，时机非常重要。大多数动物的繁殖期非常短暂，它们需要在繁殖期内找到伴侣。

正确的选择

动物凭本能就能知道，为什么选择的伴侣会比其他的好。比如，鹿角最高耸的雄鹿或者尾扇最华丽的孔雀，更有可能成功吸引雌性。它们的外表暗示着强健的体魄和超强的生存技能，这些特征很可能会遗传给后代。

长脖子
雄性长颈象鼻虫脖子越长，打败竞争者获得雌性青睐的可能性越大。

精心设计

多数动物中，雌雄的体色、大小和体形都有所不同，这种情况叫作性别二态性。如果动物身上某种有用的特征可以遗传给后代，就会出现性别二态性。这些特征可能是雄性具有超大的身体，或雌性具有保护作用的体色。

色彩变化
毛鳚是一种生活在温暖海域的小型鱼类，雄鱼和雌鱼身上具有不同的体色和花纹。图中左边为雄鱼，繁殖期的红色身体可以吸引雌鱼。

集群繁殖

许多鸟类，特别是像海鹦这样的海鸟，成群聚集在一起，寻找配偶和抚育后代。雌鸟孵卵或照顾幼鸟时，鸟群中数百只鸟给它们提供了更好的保护。

求偶

求偶是指给潜在的一个或数个伴侣留下深刻印象，来博得对方的喜爱。很多雄性动物通过在雌性面前进行炫耀表演来求爱。鸟类一般表演歌唱，有些鸟类，比如松鸡和鹤，则表演舞蹈。鲸和蛙会唱歌和鸣叫。求偶期的猴和鸽子通过理毛或理羽示好。有些蜘蛛和昆虫会送礼物。鸫鹛通过筑鸟巢来展现自己的建筑能力。还有其他动物通过战斗表现自己。

求偶场
求偶场是一个求偶展示场地。春天，雄性艾草松鸡在求偶场观望的雌性面前昂首阔步。雌性一般会挑选印象最为深刻的雄性做伴侣。

鸣叫
雄蛙鼓起声囊，扩大叫声吸引雌蛙。如果有雌蛙靠近，雄蛙会发出更响、更快或者不同音调的叫声，以表明自己确实需要伴侣。

舞蹈
雄性极乐鸟的求偶舞最为精彩。它们展开色彩鲜亮的羽毛，在树枝或地面上跳舞。

配对

大多数鸟类和少数哺乳动物，至少在繁殖季节的部分时间只有一个固定配偶。这样的关系叫作配对结合，通常只持续到后代出生并能够独立生活。有些动物在下一年的繁殖季节会继续和原来的配偶重新结合，甚至终生不变。

敲定关系

雄性和雌性的凤头䴙䴘以水草作为礼物。它们通过交换礼物，表达自己愿意配对。它们会举行一场名为“水草舞”的仪式来确认彼此的关系。

战斗

雄性象海豹在海滩上互相冲撞，角逐霸主地位。胜利者能赢得进入雌海豹群的机会。

求偶亭

雄性缎蓝园丁鸟用树棍在地面搭建求偶亭，并以花朵、浆果和其他闪亮的物品进行装饰。雌鸟选择自己喜欢的求偶亭，与搭建亭子的雄鸟繁育后代。

多配偶制

动物在一个繁殖季节与多个异性进行交配，这就叫作多配偶制。狒狒就是这样。下图为一只雄狒狒带着几只雌狒狒，就属于多配偶制。鹿、某些羚羊类、爬行动物和鸟类大部分是多配偶制。一个雄性仅和一个雌性组成伴侣，叫作单配偶制，也叫作一夫一妻制。

繁殖

所有动物都要繁殖。如果不繁殖后代，这个物种很快就会灭绝。大多数动物通过有性生殖繁殖后代，即成年雄性个体和雌性交配产生后代。这种繁殖方法，意味着后代可以继承双亲的特征，因此，后代更加多样化，生存能力更强。但有些动物可以自体繁殖，产生和亲代一模一样的子代。

体外受精
大多数鱼类和水生动物，受精过程在雌性体外进行。雄性和雌性分别将精子和卵子直接释放到水中，精子和卵子在水中混合，完成受精。如图所示，一条雄鲑鱼正在往一堆鲑鱼卵上释放精子。

双方参与

有性生殖必须有一个雄性和一个雌性。双方产生生殖细胞，雄性的生殖细胞叫作精子，雌性的生殖细胞叫作卵子。精子和卵子经过受精，结合成一个新细胞。这个细胞将会成长为双亲的后代。受精过程可以在雌性体内进行，也可以体外进行。

紧紧抓住
雄蝴蝶与雌蝴蝶的尾部紧紧相接。

等待的游戏
这两只蝴蝶可以维持这个姿势长达一个小时。

体内受精
大多数陆生动物，雄性和雌性交配和受精的过程都在雌性体内完成。蝴蝶尾巴对尾巴进行交配。雄蝴蝶把精子放进雌蝴蝶腹部的储精囊，等待雌蝴蝶往里面产卵进行受精。最后雌蝴蝶再将受精卵产到植物上。

胎生

受精后，新细胞经过多次分裂增殖，成为胚胎。有些动物的胚胎留在母体内，直到发育完全才出生，哺乳动物大多如此。胚胎从母体吸收营养，在母体内一个叫作子宫的器官里持续发育，直到出生。

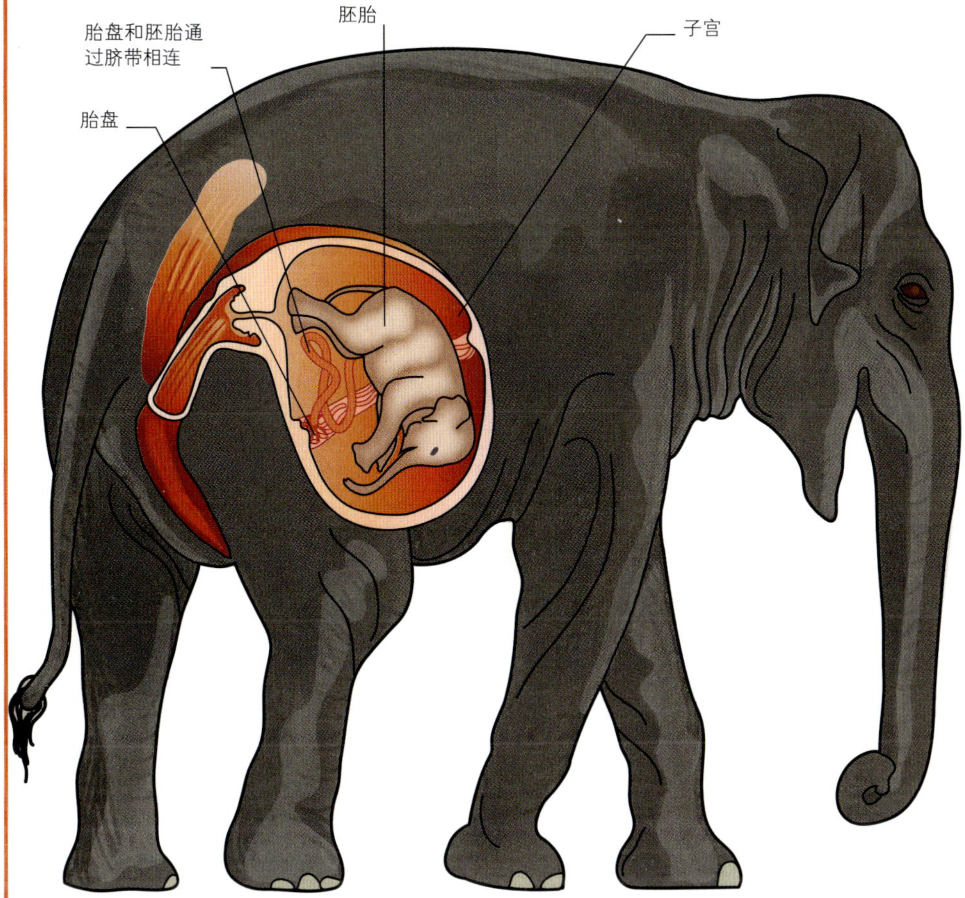

安全的成长之地

在像大象这样的有胎盘类哺乳动物体内，胚胎从母体获得营养，并通过子宫内一个叫作胎盘的临时器官排出代谢废物。

大象的胚胎要在母象体内发育**长达22个月**。大象的怀孕时间，比其他哺乳动物都长。

产卵

大多数动物通过产卵繁殖后代。胚胎在母亲体外的卵中发育，直到成熟后孵化出来。有的卵具有保护性的外壳，但更多动物的卵，像青蛙的卵一样，没有保护壳。有些动物会照顾自己的卵，直到孵化，另一些动物产完卵后就马上离开。

生命支持系统

右图的鸟卵中，包含胚胎生长发育所需的一切营养物质。坚硬的外壳可以保护卵，同时又能进出空气。卵黄为成长的胚胎提供营养。

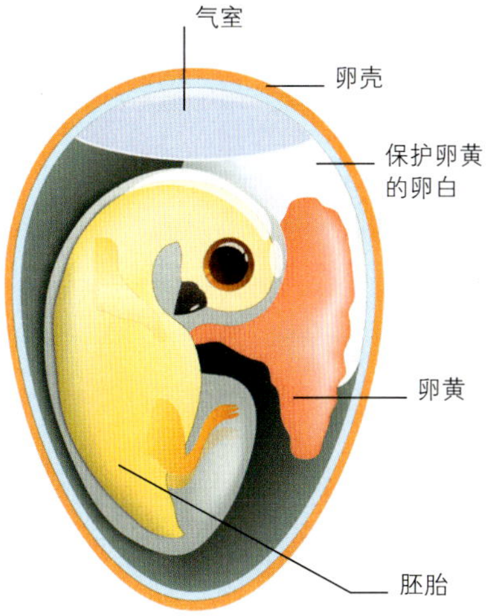

黏滑的蛞蝓
蛞蝓的卵像柔软的果冻。

冲出的毛毛虫
蝴蝶的卵具薄而脆的外壳。

打破束缚
鳄具有一颗特殊的牙齿，可以打破坚韧的外壳。

透明的壳
柔软的鱼卵，几近透明。

找不到配偶时

有些蜗牛、蛞蝓和蠕虫，自己既能够产生精子又能产生卵子。所以，如果找不到配偶，它们能自己繁殖后代。还有的动物小时候是一种性别，成熟后变成另一种。

改变性别

双带锦鱼是一种可以改变性别的鱼。大多数双带锦鱼出生时是雌性，长大后，如果没有足够的雄性进行繁殖，它们就会改变体色，最后变成雄性。

雌性双带锦鱼

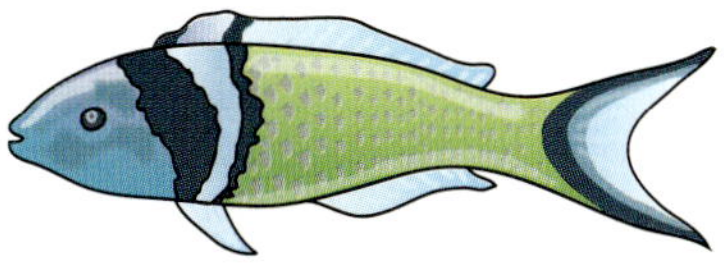

雄性双带锦鱼

无性繁殖

无性繁殖是指动物独自产生和自己完全相同的后代。有些动物在特定环境下，为了快速提高种群个体数量而进行无性繁殖。但大部分这样的动物，也能进行有性繁殖。

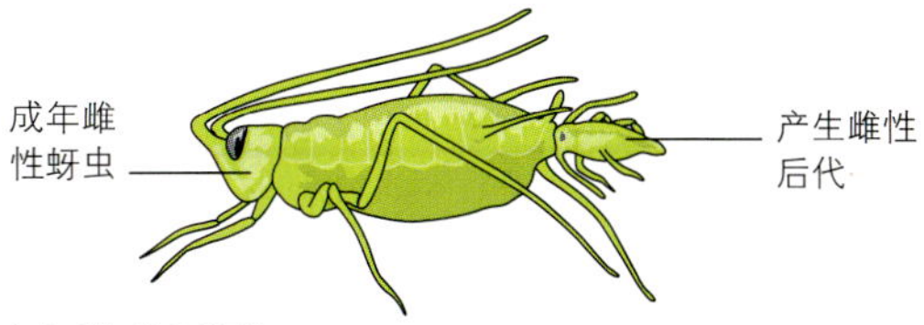

大规模“克隆”

绿色的雌蚜虫不经过受精即可产生后代。一个繁殖季内，一只雌蚜虫能产40代幼虫，这些幼虫都像是克隆一样，和母体一模一样。

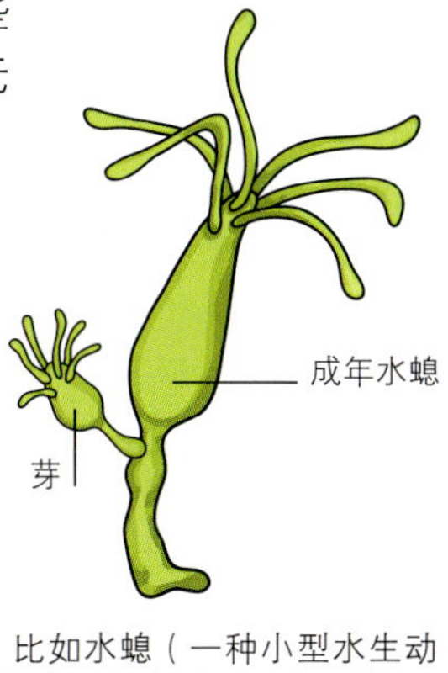

出芽生殖

有些动物，比如水螅（一种小型水生动物），能从身体上长出幼芽，进行繁殖。这些芽脱离母体，形成一个和母体一样的新个体。

亲代抚育

一个物种要生存，其中的成员就必须成功完成各自的生命周期，产生可以继续繁殖的后代。不同的物种有不同的方式来完成养育后代这项重要的任务。很多动物在幼崽小的时候，倾注很多时间和精力来照顾、保护它们，并在幼崽长大后传授它们生存技能。还有些动物，集中精力产生大量后代。繁殖的任务完成后，这些动物并不抚育后代。它们的后代凭借巨大的数量优势，战胜各种风险，最终的幸存者长大成熟，繁殖后代。

繁殖策略

动物有很多方法维持自己种群数量的稳定。有些动物一次产下大量不需要费心关照的后代，保证其中有一些能够幸存。还有些动物一次只产一个幼崽，但对幼崽进行长期照料和保护，直到幼崽安全长大。

数量的优势

雌蛙一次产下数千枚卵，尽管雌蛙并不照顾它们，但庞大的产卵量能确保其中有些能够存活。这些卵，以及从中孵化出来的蝌蚪，大多数都被捕食者吃掉了，只有一小部分存活下来发育为成蛙。

单胎

树袋熊一般隔一年或两年产一胎，一胎只产一只幼崽。每只幼崽都能得到悉心照料。因为后代数量太少，树袋熊整体数量增加缓慢。因此，树袋熊更容易受到生存威胁。

抚育后代

照料后代是一份艰难的工作。鸟类通常会不辞辛苦，付出大量精力照顾后代。雌鸟和雄鸟一般会一起承担照顾后代的责任。但是，其他大多数动物只有雌性照顾后代。很多母兽和幼崽待在一起很长时间，教会它们生存技能。也有少数动物，如几种鱼类，雄性独自承担照顾后代的责任。

兄弟姐妹间的竞争

图中的这几只雏鸟，它们不停鸣叫，乞求父母给自己喂食。为了生存，它们必须互相竞争。父母会首先喂给叫声最大的雏鸟，因为它发出的噪音会给鸟巢引来威胁。父母经常会忽视声音较弱或较为安静的雏鸟，这样的雏鸟一般会饿死。

尽职尽责的爸爸

这只雄性后颌鱼把鱼卵放在自己的嘴巴里，以确保它们安全成长。雌鱼产卵后就会离开，雄鱼继续给卵受精，并独自照顾这些卵。在卵孵化前，雄鱼不能进食。

提供保护

母鳄在高出水面的河堤上挖好洞穴，将卵产在里面，并一直守护着，直到卵孵化。这期间母鳄对任何入侵者都非常凶猛。之后母鳄用其巨大的下颌温柔地帮小鳄鱼爬出卵壳，并把它们放进水里。

临时保姆

某些高度社会化的动物族群内，所有动物都参与到照顾幼崽的工作中，这种现象叫作拟母亲行为。比如雌性银叶猴不管自己有没有生育，都有可能喂养和背抱猴群里的任一幼崽。这种动物的幼崽皮毛呈金黄色，很容易被成年猴子看见。

育儿袋

哺乳动物中的有袋类，比如袋鼠和负鼠，把幼崽装在母体腹部的育儿袋里。幼崽刚出生时幼小无助，需要在育儿袋里生活数周。它们趴在母亲的乳头上吸食乳汁，直到身体足够强壮，才会出来。

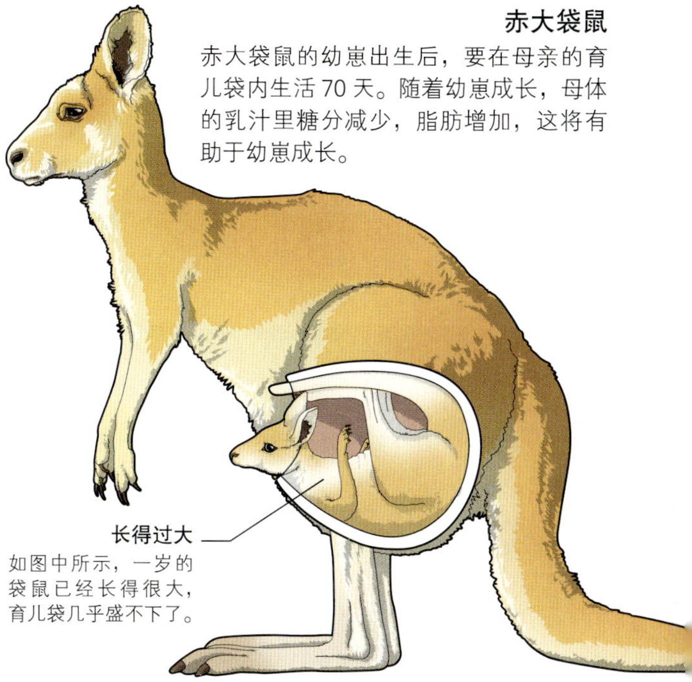

赤大袋鼠

赤大袋鼠的幼崽出生后，要在母亲的育儿袋内生活 70 天。随着幼崽成长，母体的乳汁里糖分减少，脂肪增加，这将有助于幼崽成长。

长得过大

如图中所示，一岁的袋鼠已经长得很大，育儿袋几乎盛不下了。

教授生存技能

这些猎豹幼崽正在母兽的注视下，追逐一只瞪羚幼崽。猎豹幼崽长到一定年龄后，就跟着母兽去捕猎，向母兽学习如何悄悄接近并追逐捕杀猎物。年轻的猎豹不断练习这项技能，到它们一岁时，就能够自己捕食了。

栖息地和生态系统

栖息地就是动物生活的地方。动物已经适应了各种栖息地。它们身上的每个特征——它们的骨骼结构、行为和生命周期，都和它们的生存条件息息相关。动物的生活方式受栖息地里各种不同的因素共同影响。这些因素包括温度、降水量和光照。一种动物的生存状况，也受同个栖息地里其他生物的影响。在栖息地里，生物之间、生物和环境之间互相影响。这些共同形成了生态系统。

生物群落

研究栖息地的学科叫作生态学。生态学家根据气候（天气状况和气温）的不同，把地球分成若干区域，分别对应不同的生物群落。一个生物群落内的动物和植物具有相似的特性，但每个生物群落内又分成许多不同的生态系统。

极地

这是地球上最冷的地方，冬天大部分时间处于黑暗之中。虽然到处是冰，但降水极少。气候条件如此极端，以至很少有动物能一年到头在这里生活。

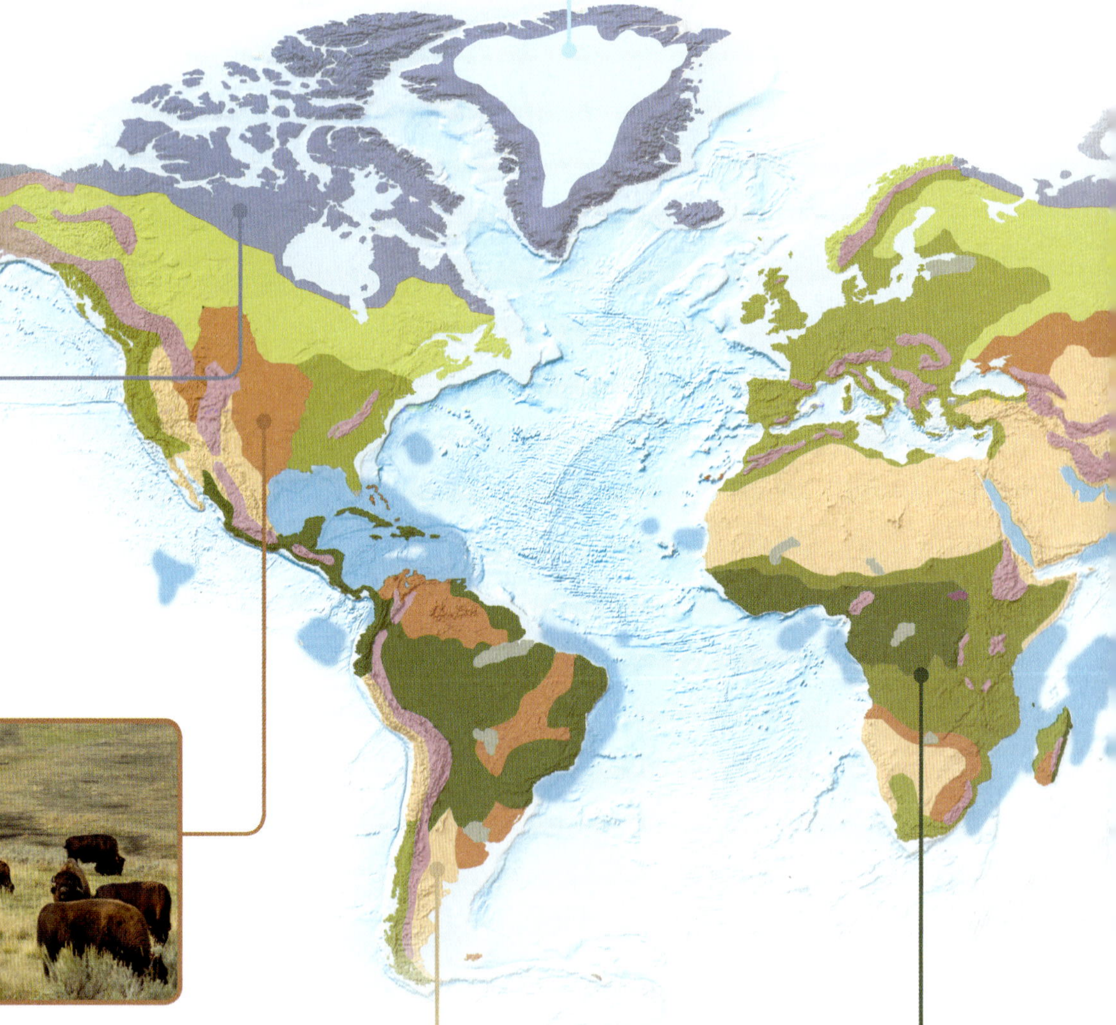

冻原

在靠近极地的地方，冬天很长，土壤冻结，因此，树木无法生长。在短暂的夏季，这里会萌出生长快速的植物。这些植物引来很多不同的食草动物。而像猞猁这样的猎手，也会来到这里，捕捉猎物。

草原

生长速度极快的草覆盖了广阔的地区。这里降水量极少，以至于树木无法生长。草原上成群生活着大型食草动物和穴居的小型哺乳动物。

沙漠

年降水量低于 250 毫米的陆地，被称为沙漠。沙漠里几乎没有植物。只有少数动物，比如蛇，能适应沙漠的极端气候，可以不吃不喝存活很长时间。

雨林

大多数雨林在热带区域，那里日照充足、降水充沛，非常适合植物生长。雨林是最适合动物生存的栖息地。这里生活着猴子、蛇、鸟和昆虫等。

山地

一座山可能同时具有好几种不同的栖息地。越靠近山顶，就越冷，生存条件也越差。只有最顽强的动物，比如山羊和猛禽，能在高海拔地区生活。

目前已知的动植物物种中，**有一半物种生活在雨林地区。**

针叶林

这些常青的森林，又称泰加林。它们一般生长在冬天寒冷漫长的地方。森林里那些树木上坚硬的叶子形状像针一样，不会堆积冰雪。熊、猛禽和狼，都生活在这些北方寒冷的森林里。

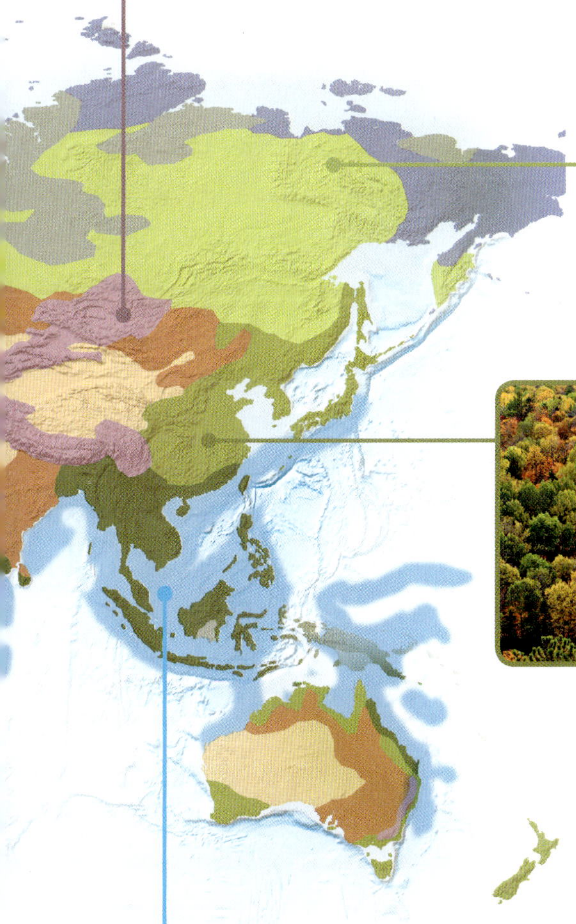

温带森林

这样的森林生长的地方，夏天温暖，冬天凉爽，一年四季都有降水。森林的树木都会落叶，意味着它们通过冬天落叶来储存能量。这些树木为松鼠、鸟和鹿等动物提供了各种浆果、坚果、树叶和种子。

珊瑚礁

温暖地区光照充足的浅海中，常常生活着一些简单的动物——珊瑚。它们群聚在一起，形成珊瑚礁。珊瑚礁是海洋中生物多样性最丰富的地方。很多动物，比如甲壳动物、鲨鱼和其他鱼类，都生活在这里。

大洋区

地球上 70% 的地方都是海洋，而海洋的深度平均为 3.7 千米，这意味着海洋栖息地所占地球总栖息地的比例已超过 99%。物种生存的条件随海洋深度的增加而变化，因此，海洋包含着不同的栖息地。

透光层

白天，阳光能完全照到水深 200 米的地方。这个区域是目前海洋生物种类最丰富的地方。

弱光层

水深 200 米到 1000 米的地方，虽有少量光照，但不足以让藻类生长。这个区域的动物要么进食透光层掉下来的动物尸体，要么游到上面寻找食物。

无光层

水深 1000 米以下，一天 24 小时都处于黑暗之中。唯一的光来自生物发光。这是一类由某些动物或生活在它们体内的细菌发出的光。

深海区

水深 2000 米以下的区域是面积最大的海洋栖息地。但是生活在其中的动物种类极少。只有少数动物能适应那里彻底的黑暗、极端的水压、稀少的食物和几近冰点的水温。

食物网

动物都需要食物提供能量，供它们运动、成长、修复受伤的身体和繁殖。不同的动物具有不同的食性：有些吃植物，有些吃其他动物。根据动物的食性，把不同的动物联系在一起，形成一条食物链。互相联系的食物链形成一个网络，叫作食物网。在食物网中，能量从一个有机体传递到另一个有机体。初始的能量源通常是太阳。植物利用光能进行光合作用合成有机物。

能量金字塔

图中的金字塔，展示了食物网中能量是如何在生命体之间传递的。金字塔的底层是能够自己产生能量的植物。一种动物吃了植物后，又被其他动物吃掉，能量就这样向上传递。但每一级中，大多数能量用来维持动物自身存活，只有 10% 左右的能量传到了上一级。这也就意味着金字塔顶层的动物种类比底层的少很多。

顶级捕食者
金字塔顶层是大型的捕食者，这类捕食者本身没有天敌。它们只吸收了金字塔底层植物所创造能量的 1%。

二级消费者
这部分动物既吃动物也吃植物。每 1000 千克的植物生物量，仅有 10 千克可供二级消费者使用。

初级消费者
只吃植物的动物叫作初级消费者。每 1000 千克的植物生物量仅有 100 千克可供初级消费者使用。

初级生产者
金字塔底层是 1000 千克的植物生物量。

生物量
这个金字塔用生物量，也就是给定区域内有机体总量，来说明食物网内的能量传递过程。生物量使用的是有机体重量之和，而不是有机体的个数之和。

生产者和消费者
动物可以根据吃的东西和在一个食物网里的位置来定义。所有动物都是消费者，也就是说，它们通过消耗食物获得能量。植物是生产者，它们不消耗能量，而是通过光合作用转化太阳能，产生能量。

食肉动物
只吃肉的动物叫作食肉动物。食肉动物一般处于能量稀少的食物网顶端。正是因为它们能够获得的能量有限，所以，狼的数量比兔子少。

杂食动物
既吃植物又吃肉的动物，是杂食动物。杂食动物一般是食物网中的二级消费者，它们既吃能量生产者，也吃初级消费者。

食草动物
初级消费者，比如兔子，只吃植物，它们被称为食草动物。它们通常能找到很多植物，为了满足身体所需的营养，需要吃很多食物。

植物
多数食物金字塔底层是初级生产者，也就是植物。植物通过光合作用把光能转化成有机物质。这些有机物是整个食物网中所有食物能量的来源。

北极食物网

食物网能显示出某个特定栖息地中动物的食性。因为有些动物食性多样，所以食物网一般比较复杂。在这个北极食物网中，初级生产者是类似植物的有机体——浮游植物，初级消费者是生物量最大的浮游动物。

虎鲸

虎鲸是海洋里的顶级捕食者。它们捕食各种动物，没有天敌。

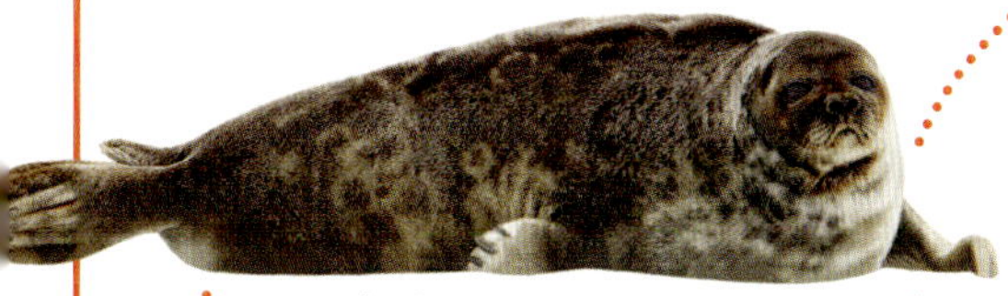

环斑海豹

这是一种食肉动物，进食浮游动物、虾和鱼。它们被虎鲸、鲨鱼和北极熊捕食。

港海豹

这种海豹以沿海水域的鱼为食。它们是虎鲸最喜欢的食物。

北极红点鲑

这是一种生活在浅海的鱼类。它们常以小鱼为食。

浮游动物

指那些小型的随洋流漂动的动物，比如水母、虾和其他吃浮游植物的小动物。

北极鳕鱼

这是一种深海鱼类，以各种浮游生物为食。它们常在冰面下游动，是海豹的食物。

毛鳞鱼

这是一种以浮游生物为食的鱼类，生活在浅滩上，为北极地区食肉动物重要的食物源。

竖琴海豹

海豹多数时间生活在海里，只有在海面浮冰上休息时才离开水。它们以鱼类为食，是虎鲸和北极熊的猎物。

北极熊

在冰冷的北方海洋里，北极熊是食物网顶端的一员。它们在海面浮冰上捕食海豹。没有动物捕食它们。

浮游植物

这种形似植物的有机体，是深海里的初级生产者。它们大多十分微小，漂浮在有光照的水域中。

北极燕鸥

这是一种吃鱼的海鸟。成体通常不会被捕食者捉住，但雏鸟和卵会成为哺乳动物和其他鸟类的食物。

深海食物网

在没有光照的深海区，初级生产者不是类似植物的有机体，而是细菌。这些细菌生活在海底热泉喷口附近，从热水中吸收营养。浮游动物吃掉这些细菌，再被生活在泉口附近大一些的动物吃掉。

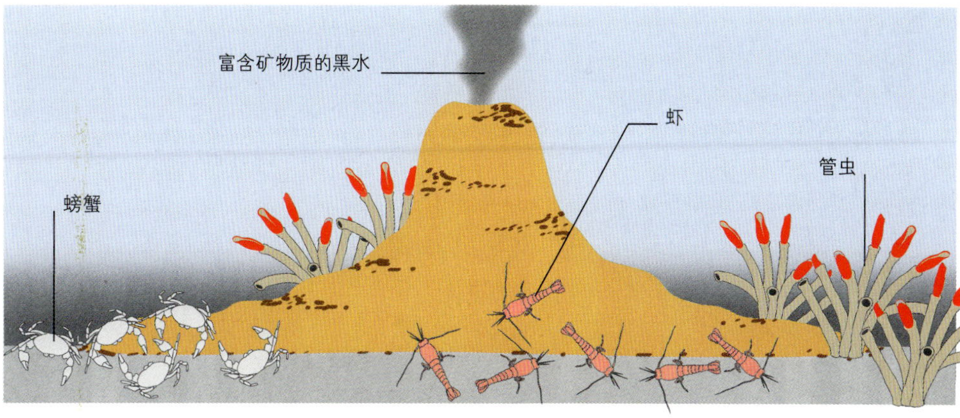

海底黑烟囱

喷出富含矿物质的黑水的热泉口，被称为海底黑烟囱。生活在黑烟囱附近的细菌，从这些水中获取能量，而不是像其他初级生产者那样从阳光中获取能量。

进攻和防守

捕食者为了获得食物而捕捉和攻击其他动物——也就是它们的猎物。捕食者通常感官敏锐、反应迅速、身手矫健，这样可以更好地捕猎。它们还具有捕食的武器，比如尖利的牙齿、喙或长爪等。有些捕食者利用自己的速度优势追捕猎物。有的则隐藏在叶子或草丛中——也许它们会伪装起来——伏击猎物。但猎物也进化出了摆脱捕食者、保护自己的防卫技能。它们可能跑得很快，或者能够狠狠反击。

全副武装

动物进化出了各种捕获并肢解猎物的武器。龙虾的螯可以捏碎猎物，猛禽具有尖利的钩状喙。很多动物具有保护自己的武器，比如象的长牙或水牛的大角。有些毛毛虫身上的刚毛可以黏附在捕食者身上，引起疼痛。而屁步甲能够喷出有毒的化学物质，对抗敌人。

象牙

角

攻击

很多动物独自捕食，它们要么用超常的速度追捕猎物，要么躲藏起来，伏击毫无防备的猎物。还有些动物会设置陷阱或利用诡计诱捕猎物。另外有些动物组成团队，分工合作，智取比它们体形大或难以独自对付的猎物。

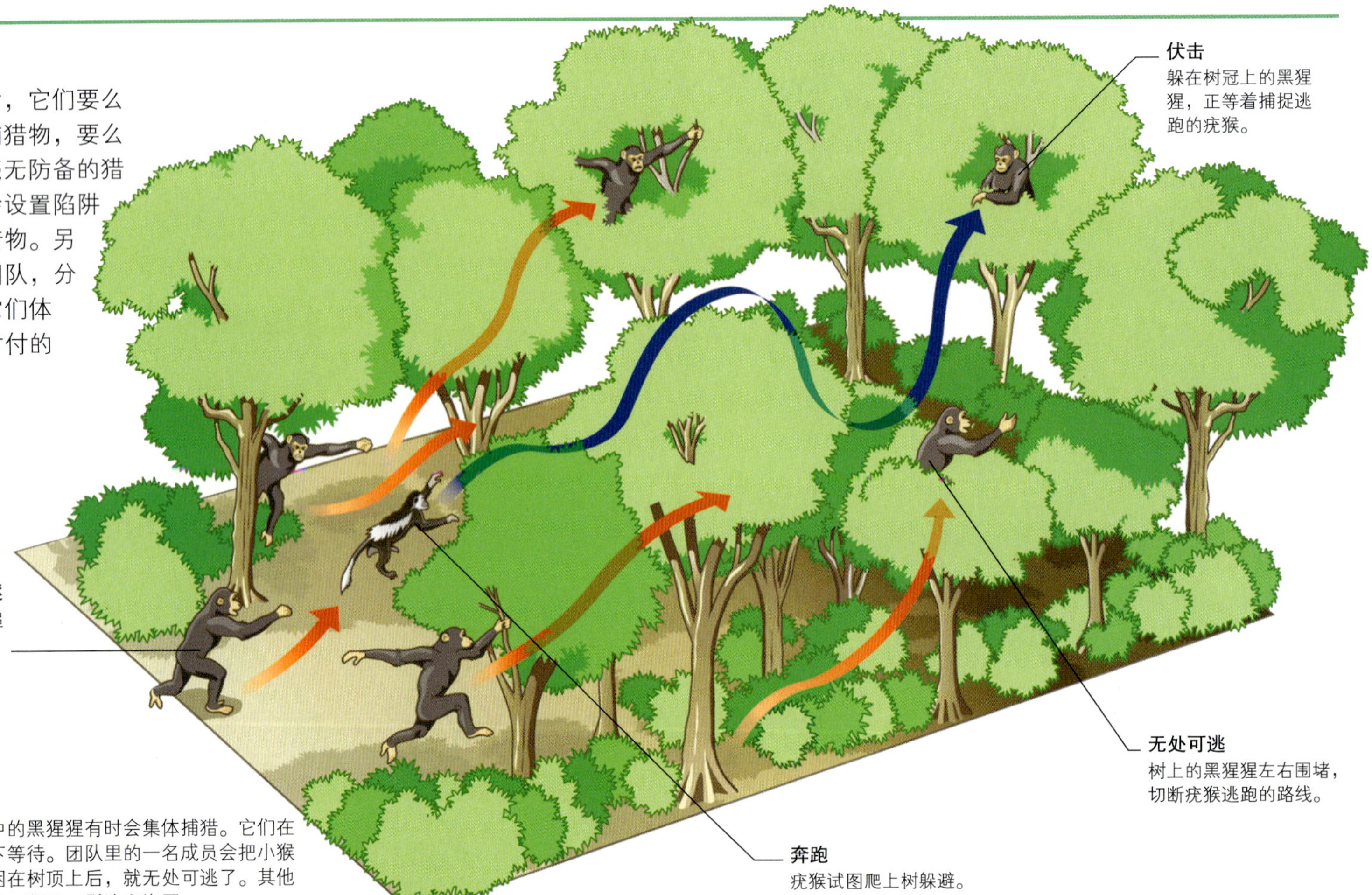

集体捕猎

生活在非洲热带森林中的黑猩猩有时会集体捕猎。它们在树上占据好位置，躺下等待。团队里的一名成员会把小猴子赶进陷阱。猴子被困在树顶上后，就无处可逃了。其他集群捕猎的动物还有狼、狮子、鬣狗和海豚。

快速反应

一只变色龙静坐等待，然后突然快速伸出黏糊糊的舌头，抓住一只路过的飞虫。

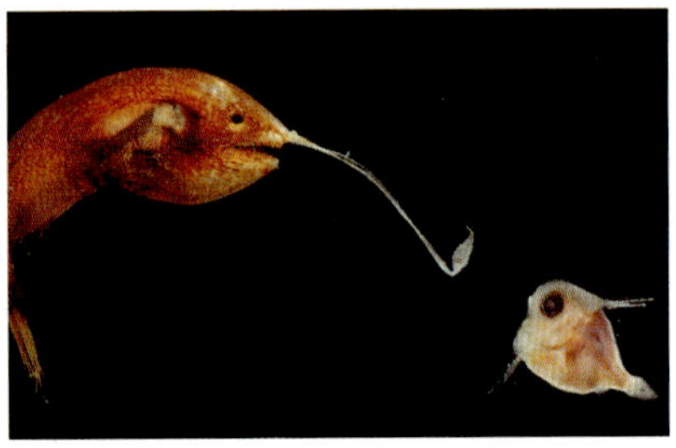

诱捕诡计

鮟鱇鱼身上有一个发光的诱饵，能够吸引小型鱼类。当这些鱼靠得足够近时，鮟鱇鱼就会抓住它们。

陷阱捕捉

蜘蛛黏糊糊的网能够困住经过的昆虫。然后，蜘蛛再在被网困住的猎物身上多加几层蛛丝，将它们完全包裹起来。

潜行和进攻

豹子悄悄接近猎物，直到猎物在捕捉范围内。然后，它闪电般猛冲，向猎物发出致命攻击。

大螯

爪子

毒刺

鹰嘴

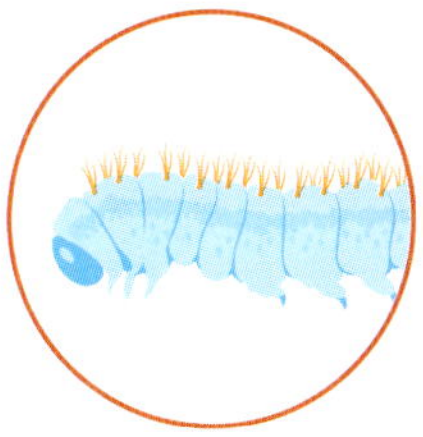

刚毛

毒液

化学武器

很多动物利用化学武器进行攻击或自卫。蝎子和黄蜂有毒刺，有些蜘蛛和蛇类有毒牙。这些武器可能用来麻痹猎物，方便捕食者捕食。动物会用毒液来保护自己，它们一般会先发出警告。比如图中这条响尾蛇就会摇动尾巴发出警告，因为它的毒液有限，不到万不得已不会使用。

自卫

动物遇到攻击时，有很多种方法来保护自己。那些有角、獠牙或有毒牙的动物会奋起反抗。但很多动物还有别的方法。有些动物使用伪装，和环境融为一体；有的动物躲进群体里，寻求庇护；还有些动物会故意离开群体。

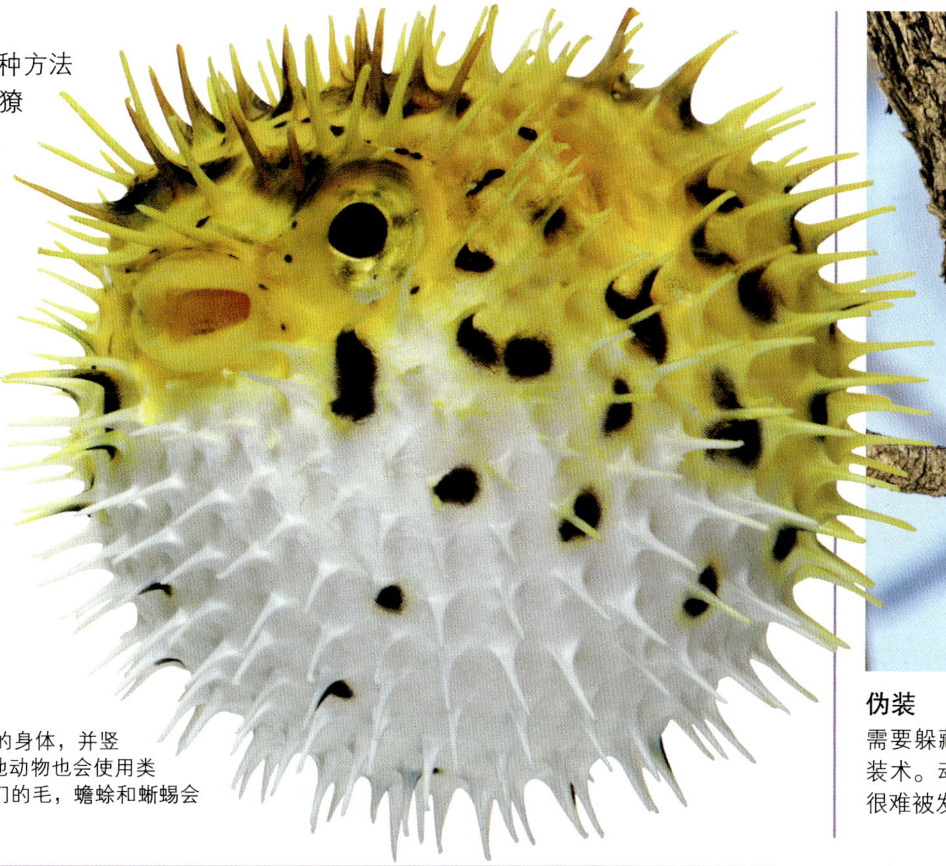

胀起来

河鲀能喝下很多水来增大自己的身体，并竖起身上的刺，吓退捕食者。其他动物也会使用类似的方法。猫科动物会竖起它们的毛，蟾蜍和蜥蜴会鼓起身体，让自己看起来更大。

伪装

需要躲藏的猎物和等待伏击的捕食者都使用伪装术。动物的体色和周围的环境融为一体，就很难被发现，比如图中这只非洲角鸮。

拟态

图中这只兰花螳螂很好地躲在兰花中。它的形态和颜色都模拟兰花以进行伪装，避免被路过的捕食者伤害。

警告和用毒

有些树蛙气味难闻或身上有毒。它们会通过鲜艳明亮的体色加以明示。捕食者会把这样的体色当作警告而远离它们。

挤在一起

图中的角马群中，有很多双眼睛和耳朵在感知可能的危险。动物们紧紧挤在群里，这样可以降低被攻击的可能性。

群居

动物一般群居，或和同类成为近邻。有些动物的种群具有社会性，成员间为了生存而相互合作。有些动物的种群较为松散，成员间不进行合作，但会从对方那里获益。有些动物与其他不同种的动物生活在一起，形成有益的或无害的共生关系。但当一种动物寄生在另一种动物身上时，这种关系可能会带来伤害。

动物种群

大型动物群在海洋和草原这样的栖息地很常见。这些地方的食物分布广泛且均匀。其他栖息地的动物更倾向独自捕猎。动物经常为了提高效率或者为了生命安全而成群迁徙。

鱼群
鱼群能保护鱼的安全。鱼群里的每条鱼游动方向都一样，因此，整个鱼群看起来就像一个大动物。

鸟群
有些鸟群成V字形或一字形迁徙，以降低长途飞行中的空气阻力。

独居
森林动物多数独居。因为它们赖以为生的树木可能分散得比较开，而食物资源又有限。

团队合作

蚂蚁、黄蜂、白蚁和蜜蜂是最有组织性的动物，属真社会性群体，即群里所有成员一起工作，帮助一只雌性（或者雄性和雌性结成的繁殖对）繁殖。群里的大多数成员是“工人”，它们为了帮助“王后”繁殖后代，放弃了自己繁殖后代的机会。

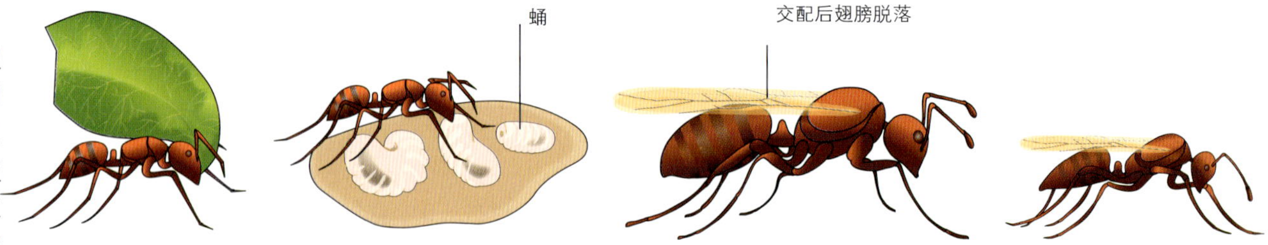

觅食的蚂蚁
年龄较大的工蚁采集树叶，培养真菌，给群里的成员提供食物。

工蚁
较小的工蚁负责照料蚁穴内的幼虫。

蚁后
蚁后是蚁穴里所有工蚁的妈妈。

雄蚁
带翅膀的雄蚁和年轻的蚁后交配，但不留在蚁群。

切叶蚁群的等级分化

社会群体

真正的社会群体内，成员之间协作觅食，共同抚育后代，互相保护。哺乳动物的社会化程度最高。狮子、鲸、黑猩猩和非洲野犬都聚群生活。这些群体中的个体通常都具有亲缘关系，其中的每个成员都会帮助别的成员照顾后代。

象群
社会群体通常有等级制度，其中有些成员起到领导作用。象群通常由年长的雌象领导，以家族为单位聚居。雄象成年后会离开象群，之后多数时间中都独自生活。

共生

一种动物和另一种动物紧密相依，共同生活，这就是共生。有时候共生的两种动物都能从这种关系中受益，但也有只有其中一方受益的情况。

生活在珊瑚礁海域的岩礁鱼类常常来到裂唇鱼建立的“清洁站”，请裂唇鱼帮助清除它们身上的寄生虫和污垢。

海葵和小丑鱼

小丑鱼生活在海葵多刺的触手中。海葵的刺能赶走前来捕食小丑鱼的猎手。反过来，小丑鱼能帮海葵清理触手上的脏东西和寄生虫。

黑斑羚和牛椋鸟

牛椋鸟是一种小型鸟类，以寄生在黑斑羚身上的虱子和蜱为食。牛椋鸟帮黑斑羚保持皮毛的洁净，所以黑斑羚能够忍受它们，但牛椋鸟也会撕开黑斑羚的伤口吸血。

裂唇鱼

体表蓝黄相间的小清洁工裂唇鱼生活在珊瑚礁中。它们经常“接待”大型食肉鱼类，帮助大鱼们清理讨厌的死皮和寄生虫。

寄生虫

还有一种共生关系是寄生。寄生的动物需要宿主，在这种关系中，只有寄生的动物从中获益，而宿主受损，有的甚至死亡。拟寄生的动物把卵产在宿主身上，宿主将会成为寄生动物幼虫的食物。

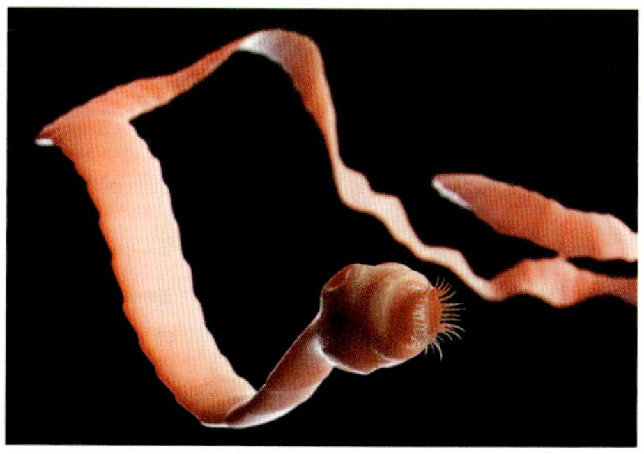

体内寄生虫

绦虫是一种体内寄生虫，也就是说，它们生活在宿主体内。它们吸附在肠道内壁，通过皮肤直接吸收宿主消化过的食物。

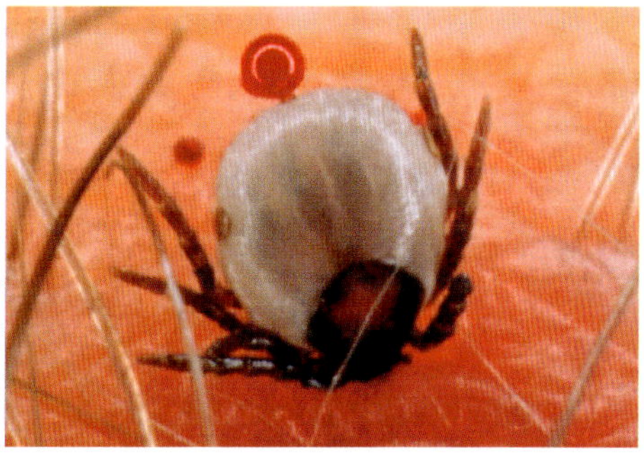

体外寄生虫

顽强的蜱就是体外寄生虫，它们生活在宿主皮肤上。微小的蜱吸食宿主的血液，然后掉到地上开始消化食物。它们的叮咬可以传播疾病。

拟寄生物

图中这只肉虫身上是寄生蜂的卵。由这些卵孵化而成的幼虫会一直以宿主为食。这种寄生蜂在幼虫阶段会以特定的宿主作为食物来源，并在成长过程中逐渐杀死宿主。

巢寄生

有些寄生动物借用宿主为自己养育后代，这被称作巢寄生。宿主投入时间和精力养育那些不是自己后代的个体，而且在这个过程中，可能失去自己真正的后代。大杜鹃是最有名的巢寄生动物。

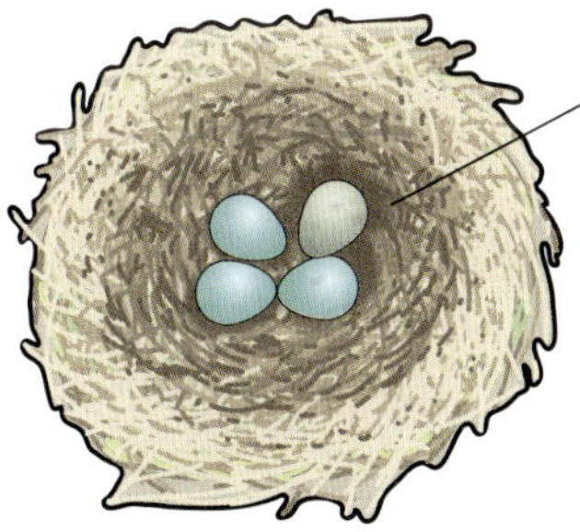

多出来的卵

雌性大杜鹃等待宿主产卵后，趁巢中无鸟看守，会在巢中产一枚自己的卵。宿主回来后不会发现那枚多出的卵。

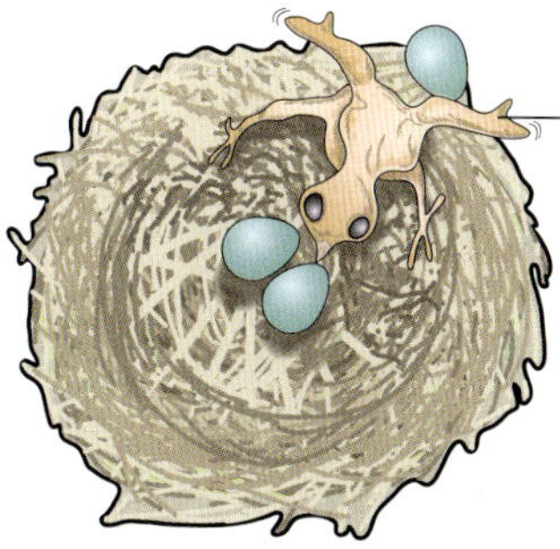

清空

大约 12 天后，大杜鹃的雏鸟会破壳而出，它会把其他没有孵化的卵推出巢外。大杜鹃的雏鸟一般比宿主的雏鸟大，能够抢夺它们的食物。

巢中的大杜鹃

大杜鹃雏鸟模仿宿主雏鸟乞食的叫声，比宿主的雏鸟得到更频繁的喂食。因此，宿主的雏鸟很快会饿死。

迁徙

迁徙，是指动物在不同地方之间规律性往返的活动。多数动物一年迁徙一次，也有的动物每天迁徙，路线一般不会变化。大部分动物组成大群，一起迁徙。迁徙要跨过高山，越过海洋，走过陆地，涉过充满捕食者的河流或食物匮乏的沙漠，是一段充满危险的旅程。有些种类的动物可能中途停下来休息或繁殖后代。这也意味着参加迁徙的动物不一定都能到达目的地，而是它们的后代替它们完成了迁徙。

迁徙的原因

尽管迁徙充满危险，但迁徙的好处却超过危险。这些好处包括充足的食物、更好的繁殖条件和较温和的气候条件。

食物

迁徙路线的终点一般都是食物充足的地方。迁徙的动机可能是某一地区食物充足，也可能是另一地区食物匮乏。

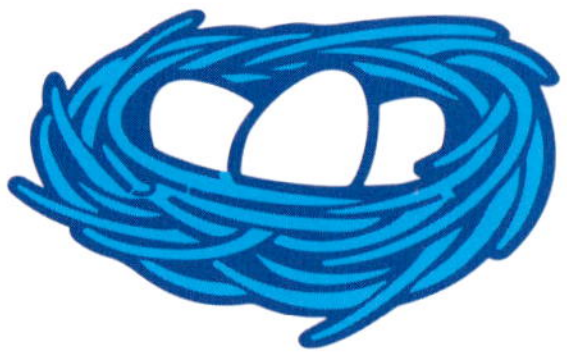

繁殖

独居的动物每年都会迁徙到交配繁殖的地方，它们在那里能找到配偶，也更适合抚育后代。

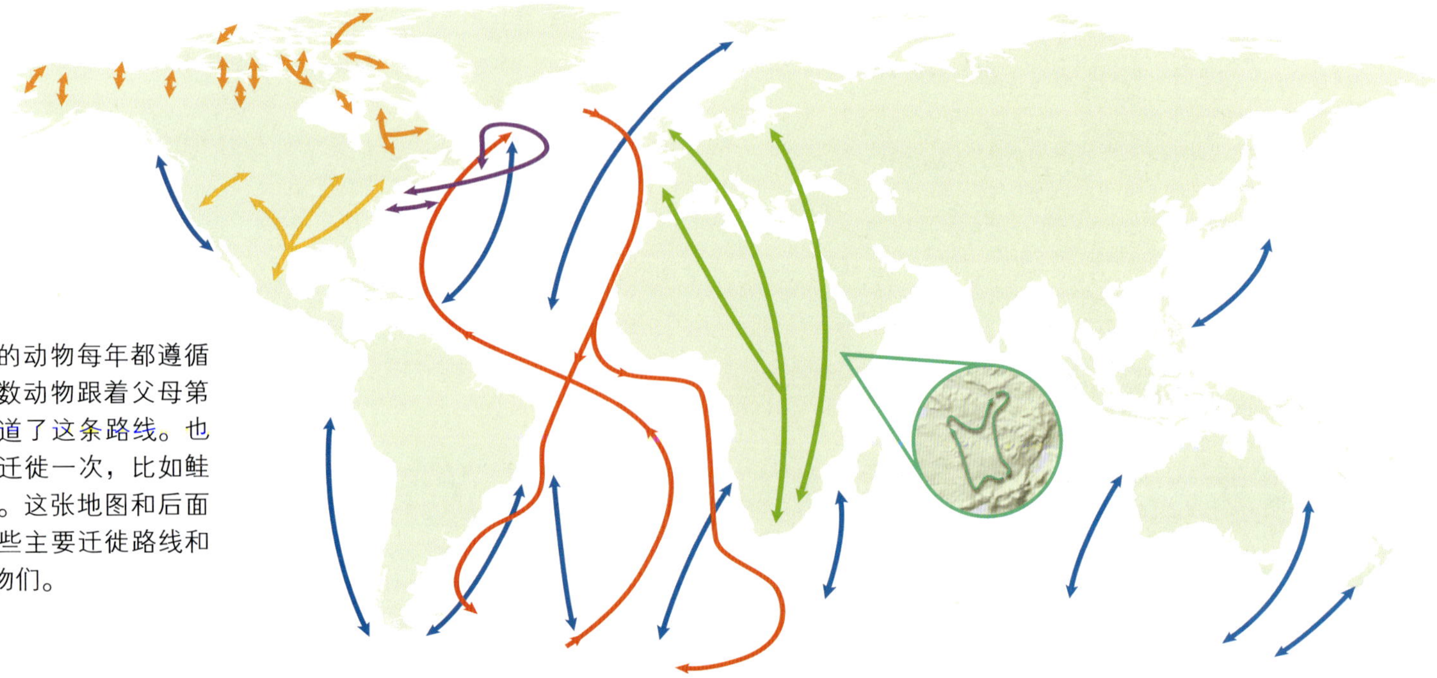

迁徙路线

一般来说，迁徙的动物每年都遵循同样的路线。多数动物跟着父母第一次迁徙时，知道了这条路线。也有些动物一生只迁徙一次，比如鲑鱼和黑脉金斑蝶。这张地图和后面的照片显示出一些主要迁徙路线和走这些路线的动物们。

北美驯鹿

这些大型鹿类，成群结队地在北美洲没有树的凉爽的平原上度过夏天。冬天临近时，鹿群散开，纷纷迁移到南方的森林，躲避冬天的极端严寒。之后，它们再返回北方繁殖。

黑脉金斑蝶

黑脉金斑蝶夏季在美国北部和加拿大南部繁殖，秋天聚大群飞往南方的加利福尼亚和墨西哥度过冬天。风托着它们以每小时 130 千米的速度，飞越 4800 千米的距离。

座头鲸

这些鲸夏天在极地水域觅食。冬天，它们前往温暖的热带水域繁殖，寻找新的配偶，并在那里产下幼崽。之后，座头鲸会带着幼崽，游回极地水域觅食。

气候条件

迁徙一般和季节有关。天气条件从差变好，或从湿变干，都会导致动物迁徙。

过度拥挤

蝗虫会因为食物来源地的同伴数量太多而迁飞。如果蝗虫之间经常互相触碰，就会变得喜欢群居，最终引发集体迁飞。

集群迁徙

度过了凉爽的夏季，到了冬天，种子和浆果都变少了。但觅食者的数量却多了，大家互相拥挤在一起，这就会引发鸟类迁徙。比如图中的太平鸟，会比平时往南飞得更远去寻找食物。这种现象由激剧繁殖引起，所以，它们要飞到超出平常活动范围 1500 千米远的地方。蝗虫集体迁飞也是由激剧繁殖引起的。

大西洋鲑

鲑鱼一生只迁徙一次。鱼卵在河里孵化，幼鱼在河里生活一两年后，会游向大海。它们在大海里长到成年后，再游回原来的河流。它们游向河流上游进行繁殖，在那里交配、产卵，最后死去。

北极燕鸥

这种海鸟的迁徙距离是动物中最长的。它们每年从北极迁移到南极，然后再回来。北极处于夏天时，北极燕鸥在北极繁殖，然后飞往南极，此时南极处于夏天，北极燕鸥在这里觅食。它们迁徙的往返路程约有 7.5 万千米。

塞伦盖蒂白须角马

每年，150 万只塞伦盖蒂白须角马在东非的塞伦盖蒂草原上迁徙。角马喜食矮草，要喝很多水。草原上有雨水的地方就会长出新鲜的草。因此，角马群一年四季追随着降水不停地迁移。

家燕

初夏时节，在欧洲、北美洲和亚洲，常能看到迁徙的家燕。它们在非洲和南美洲度过冬天，再飞往北半球度过温暖的季节。秋天南飞之前，它们会完成筑巢和繁殖。

垂直迁移

很多海洋动物每天都在迁徙，它们从海面迁移到海洋深处。白天，光线照射水面，像水母这样的动物就潜到较暗的海洋深处躲避捕食者。夜晚降临时，它们就会浮上漆黑的海面进食，黎明时再潜下去。

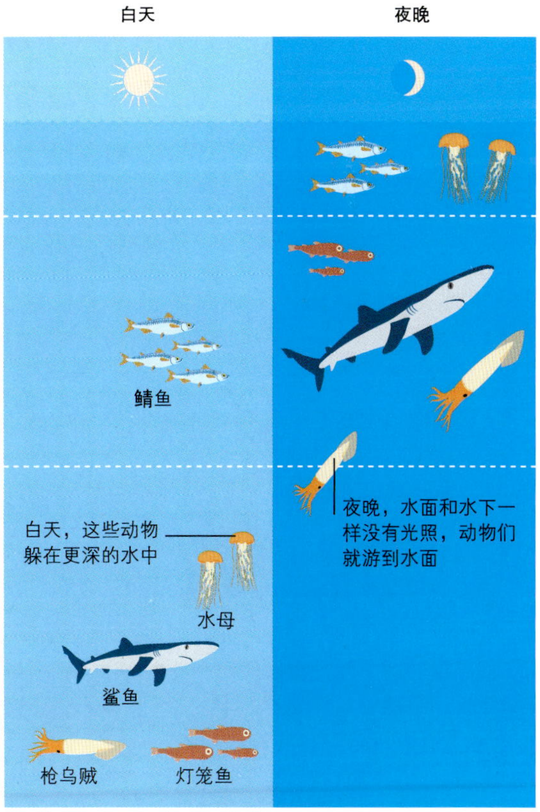

海洋中的日常迁徙

磷虾每天迁移到 **900 多米深的水下** 躲避捕食者。

濒危物种

野生动物捕食其他动物，或被其他动物捕食，或受像地震、森林火灾这样的自然灾害影响，这些都是自然界中的正常现象。但如今动物正面临着一个全新而紧迫的威胁——人类。人类扩建城镇侵占了动物的自然栖息地，人类丢弃的毒害废弃物和垃圾，污染了栖息地。因此，人类活动造成每年成千上万个动物物种灭绝。

情况危急

很多动物处于紧急危险中——现如今，每年多达 3 万种动物濒临灭绝。世界自然保护联盟（IUCN）每年把处于危险之中或濒临灭绝的动物种类进行评估，并编制成《世界自然保护联盟濒危物种红色名录》。但还是有很多动物物种，特别是两栖类和爬行类，尚未得到评估。

注

被世界自然保护联盟评估为“受胁物种”的动物占该类群总体物种的百分比，图中以红色部分表示。

鱼类 已评估物种的 19%

两栖动物 已评估物种的 37%

爬行动物 已评估物种的 27%

鸟类 已评估物种的 23%

哺乳动物 已评估物种的 28%

不同的威胁

很多动物面对的最大问题是栖息地的丧失。如果动物找不到能提供藏身之所、充足食物的栖息地，也就很可能找不到配偶，它们很快就会灭绝。

现在，脊椎动物灭绝的速度，是 6500 万年来最快的。

污染

地球上的陆地、水域和空气，可能会以多种方式受到污染。例如，工业和农业排放的化学物质、污水或其他废物，各种机动车辆排放的尾气，都会造成污染。不论是油轮事故还是在海里清洗油轮造成的石油泄漏，都会导致鸟类和海洋生物死亡（如右图所示），会对沿海栖息地造成数十年的破坏。

砍伐森林

人们为获取燃料、修建农场的房子、建造城市或修路而砍伐森林，导致很多动物失去家园。这破坏了复杂的食物网，使栖息地里的所有动物都受到威胁。

气候变化

因为空气污染和森林砍伐等原因，地球气候正变得越来越热。极地冰盖融化，海平面上升，沙漠扩大，动物的栖息地正在快速消失。

物种入侵

如上图中灰松鼠这样的动物，被人类引入本来不属于它们的地方，给当地物种造成威胁。外来物种可能会捕食当地物种，或争夺其食物和筑巢地点。

未来的希望

保护野生动物，就是保护地球的未来。发展良好的生物多样性（栖息地中多样的动植物种类），不仅对受威胁的动物有利，也对人类有利。我们需要健康的生态系统为我们提供生存必需品，比如食物、水、居所和药物。为了维持地球上的生物多样性，我们急切需要找到方法，保护濒危物种和它们的栖息地。

人工繁殖

人们会帮助一些濒危的野生动物进行人工繁殖，再把出生的后代放回野外。一项人工繁殖的全球计划成功地提高了金狮猬（上图所示）的数量，增加了这个物种在野外复壮的可能。

保护区

国家公园和自然保护区，是为野生动物保留的自然栖息地，使其避免人类的干扰。坦桑尼亚恩戈罗恩戈罗火山口自然保护区（上图所示）里，约有 2.5 万头大型动物。

打击偷猎

有些动物因为皮肤或身体部位可以制作衣服、珠宝或药物，而受到非法捕猎。在肯尼亚（上图所示），为了阻止偷猎和非法贸易，每年都会查获和销毁成吨的象牙。

追踪

为了帮助提高濒危物种的数量，我们需要对它们的生活方式了解更多。图中这只象海豹，在它觅食、繁殖或迁徙时，人们通过装在它身上的信号传输器或摄像机来追踪它的动态。了解动物的习性和行为方式，可以帮助野生动物保护者知道怎样才能最好地保护它们。

已灭绝的动物

动物界一直处于变化中，新的物种会出现，也有些物种会灭绝。但由于人类的原因而造成的物种灭绝越来越普遍。从 17 世纪到 20 世纪末的 300 年中，据统计人类已经造成了数百种动物灭绝，从毛里求斯岛上不会飞的渡渡鸟到非洲唯一的本地熊类阿特拉斯棕熊。

袋狼

袋狼，也叫作塔斯马尼亚狼，属于有袋类，灭绝前生活在澳大利亚的塔斯马尼亚岛。农民认为它们吃羊，所以捕猎它们。同时，它们还受到了野犬激烈的竞争。我们所知的最后一只袋狼（如左图所示），于 1936 年死在了塔斯马尼亚动物园。

词汇表和索引

词汇表

保温层
能够阻止动物体内热量散失的物质，比如脂肪、皮毛或羽毛。

背部
指动物身体腹部的对侧，比如鱼的背鳍所在的部位。

捕食者
捕食其他动物的动物。

哺乳动物
一般为具有毛发的脊椎动物，体温恒定，雌性以乳汁哺育后代。

成年
可以繁殖的年龄。

触角
用来探测空气变化和空气中化学物质的感觉器官，生在头上，一般呈丝状。

触手
某些无脊椎动物的身体延伸出的感觉器官，有触觉、运动和捕食等功能。有的触手上有刺细胞。

刺胞动物
刺胞动物门动物的统称。包括水母、珊瑚和海葵等。

单孔类
少数几种卵生的哺乳动物。比如鸭嘴兽。

单配制
繁殖期，一个雄性动物只和一个雌性动物组成配偶对。

蛋白质
生物体内主要由氨基酸组成的生物大分子，是构成生物体最基本的物质。

毒牙
锋利的中空的牙齿，能够注射毒液。

毒液
动物捕食或自卫时，通过咬或刺释放的有毒液体。

盾板
动物身体上角质的或骨质的板。

多配制
在繁殖期，雄性或雌性有一个以上的配偶。

多足类
节肢动物中的一类。比如蜈蚣，有4对以上的足。

二氧化碳
无机化合物。在动植物生命过程中起着关键作用。

孵化
受精卵经过一系列的胚胎发育完全后，幼体破卵壳而出的过程。

浮力
向上漂浮的力。

浮游生物
漂浮在水中的微小生物。

辐射对称
有机体呈辐射对称是指通过它们身体中轴有多条分割线，都能将它们分成互为镜像的两部分。

复眼
昆虫和甲壳动物的视觉器官。由成千上万个小眼构成，每个小眼有一个微小的晶状体。

腹部
指动物身体背部的对侧，比如哺乳动物的腹部指长着消化器官和生殖器官的部位；节肢动物的腹部指身体的后面部分。

腹足纲
软体动物门下的一纲。身体腹面有肥厚而宽阔的足，比如蜗牛。

管足
棘皮动物水管系统中从辐管分出的管状器官，用于运动、进食和呼吸。

光合作用
绿色植物利用太阳能将二氧化碳和水转变成碳水化合物的过程。

海藻
能够进行光合作用的水生叶状植物。

虹色
由于物体的表面有特殊的结构，当观察角度改变时产生明显变化的颜色。

花粉
花朵产生的微小颗粒，里面含有使种子受精所需的雄性生殖细胞。

花蜜
花朵产生的一种含糖的液体，用来吸引传粉的动物。

回声定位
一种在空气中或水中通过发出超声波和接收回声来定位物体的方法。

肌腱
坚韧致密的组织，肌肉借此附着在骨骼上。

棘皮动物
棘皮动物门动物的统称。包括海星和海胆等皮上带棘的海洋无脊椎动物。

脊索动物
脊索动物门动物的统称。包括所有脊椎动物的一大类动物。

脊椎动物
脊索动物门脊椎动物亚门动物的统称。

寄生虫
一种生活在别的动物（宿主）体内或体表的有机体，对宿主有害。

甲壳动物
具有坚硬外骨骼的动物，足成对出现，腿上有关节，比如蟹和虾。

角蛋白
一种坚韧的结构蛋白，存在于毛发、羽毛、鳞片和指甲中。

节肢动物
具有外骨骼，而且腿部有关节的一类无脊椎动物。

进化
生物物种为了适应时间和空间的改变，通过自然选择而产生变化的现象。

精子
雄性动物的生殖细胞，能够与卵子结合形成受精卵并发育。

鲸目
哺乳纲下的一目。包括鲸、海豚和鼠海豚等。

昆虫
节肢动物中的一大类。身体分成3部分，有3对足，多数具有翅膀。

两侧对称
身体可以分为互为镜像的两部分，这样的身体被称为两侧对称。

两栖动物
脊椎动物中的一类。通常幼体生活在水里，成体可以生活在陆地上，直接呼吸空气。多数仍回到水中繁殖后代。

猎物
被别的动物吃掉的动物。

裂齿
食肉动物特化后的臼齿，用来切咬肉类。

门齿
哺乳动物领骨上扁平的牙齿，用来切碎或啃咬食物。

免疫
不受有毒物质或疾病等危险的影响。

灭绝
一个物种发生全球性的死亡和消失的现象。

爬行动物
脊椎动物中的一类。包括龟、蜥蜴、鳄和蛇等。

栖巢
鸟类或蝙蝠停留休息的地方。

犬齿
食肉动物的又长又尖的牙齿，用来捕捉猎物。

群体
指生活在一起的某种动物或其他生物。

软骨
由软骨细胞、基质及纤维构成的结缔组织。

软体动物
无脊椎动物中的一类。包括蜗牛、蛤蜊和乌贼等。

鳃
动物用于水下呼吸的器官。

色素细胞
动物体内含有生物色素的细胞。

珊瑚虫
腔肠动物中的一类。能够附着在坚硬物体的表面上，也能结合成一个群体。

生境
物种生活的环境。

尸体
动物死后的身体。

食草动物
以植物为食的动物。

食腐动物
以动物尸体或其他有机废物为食的动物。

食肉动物
以捕食其他动物为生的动物。

受精
雄性动物生殖细胞和雌性动物生殖细胞融合的过程。形成的受精卵将会发育成新的个体。

双壳纲
软体动物门下的一纲。有两片呈左右对称的贝壳，可以开合，比如蛤蜊。

双眼视觉
两只眼睛同时看一个物体时，可以看见立体结构，并判断距离。

水管
水生软体动物吸水或排水的肌肉管。具有不同的作用，可以参与呼吸和运动。

水生
指生活在水中的生物。

碳水化合物
富含能量的含糖物质，由碳、氢、氧等组成。

体外受精
指鱼类和两栖类将精子和卵子产在水中，这样便于它们进行精卵结合。

同种相残
同种动物之间相互捕食的现象。

头胸甲
指甲壳动物头胸部上覆盖的坚硬甲壳质外骨骼。

头足纲
软体动物门下的一纲。包括章鱼和乌贼等。

突变
有机体上遗传物质的结构或成分发生突然变化的现象。

退化
生物体的器官在进化过程中部分残留或消失，导致功能减退甚至完全消失。

脱氧核糖核酸
一类带有遗传信息的生物大分子，简称DNA。存在于动植物的细胞中，携带遗传信息，决定生物的外形和各种功能。

唾液
口中分泌的液体，能够帮助消化食物。

外骨骼
昆虫等节肢动物坚硬的外部骨骼。

伪装
指动物体表的色彩或花纹等与环境相似，使动物不易被识别。

尾部
接近动物的尾的部分，或与尾相关的，比如鱼的尾鳍。

吻
动物的口或口周的管状结构。

无脊椎动物
动物界中除脊椎动物以外的其他动物类群的统称。

物种
一群类似的个体，能相互繁殖，并能产生像它们一样具有繁殖能力的后代。

细胞
生命的最小单位。它可以作为一个单细胞存在，也可以形成复杂的有机体。

细菌
具有简单的单细胞结构的微生物。

胸部
昆虫身体的中间部分；哺乳动物脖子和腹部之间的部分。

须肢
一些无脊椎动物口器附近成对分布的附肢，通常用来抓握食物。

血管
血液流通的管道。

亚种
某个物种分布在特定地区的种群。

氧气
一种对大多数有机体都至关重要的气体。有机体通过呼吸系统吸进这种气体，用来分解体内的有机物，释放能量。

夜行
动物在夜间活动。

液压
利用液体传递压力。

荧光
指某种物质受光或其他射线照射时所发出的可见光。

营养物质
生物生存和成长必需的物质。

有袋类
哺乳纲后兽亚纲中的一类动物，早产的幼崽会待在母体的育儿袋里吸奶长大。

有机体
有生命的个体。

有胎盘类
哺乳动物中的一类。雌性动物在孕期会长出一个临时的器官（胎盘）来滋养母体内的胎儿。

幼期
动物发育的早期阶段，外形和成体相似但没有繁殖能力。

杂食动物
既吃植物也吃肉的动物。

再生
重新长出身体的某部分。

蛛形纲
节肢动物门螯肢动物亚门下最大的一纲。包括蜘蛛和蝎子等。

椎骨
鸟类或哺乳动物等体内构成脊椎的短骨。

索引

J

K

L

M

X

Y

Z